罗克韦尔ControlLogix系统
应用技术

伍锦荣　编著

化学工业出版社

·北京·

内 容 提 要

本书介绍罗克韦尔自动化（Rockwell Automation）第三代控制器 ControlLogix 系统的基本概念、硬件软件组成、工作原理和应用方法，并通过 Studio5000 组态软件的使用，详细介绍 ControlLogix 系统的编程组态方法、工程设计开发、安装调试、应用技巧和维护技术，并对系统的深入应用和优化做了论述。

本书可作为 ControlLogix 系统项目开发和维护人员的教材和参考书，也可以作为本科和高职院校学生的学习、实践指导书。

图书在版编目（CIP）数据

罗克韦尔 ControlLogix 系统应用技术/伍锦荣编著. —北京：化学工业出版社，2020.9（2023.4重印）
ISBN 978-7-122-37145-4

Ⅰ.①罗… Ⅱ.①伍… Ⅲ.①可编程序控制器 Ⅳ.①TM571.61

中国版本图书馆 CIP 数据核字（2020）第 093239 号

责任编辑：刘　哲　　　　　　　　　装帧设计：王晓宇
责任校对：杜杏然

出版发行：化学工业出版社（北京市东城区青年湖南街 13 号　邮政编码 100011）
印　　装：北京捷迅佳彩印刷有限公司
787mm×1092mm　1/16　印张 15½　字数 384 千字　2023 年 4 月北京第 1 版第 2 次印刷

购书咨询：010-64518888　　　　　　售后服务：010-64518899
网　　址：http://www.cip.com.cn
凡购买本书，如有缺损质量问题，本社销售中心负责调换。

定　　价：68.00 元

 **前言**

可编程控制器（PLC）是计算机技术、自动控制技术和通信技术等相结合的一种通用自动控制装置，自 20 世纪 60 年代出现以来发展迅猛，已被广泛应用到石油、化工、电力、水处理、交通等众多控制领域。罗克韦尔自动化公司（Rockwell Automation）是美国最大的 PLC 生产厂家之一，ControlLogix 系统是继 PLC-2、PLC-3、SLC-500、PLC-5 等后推出的第三代控制器产品。它在系统结构、数据交换形式以及通信平台等方面做了全面提升，性能已远远超出了传统 PLC 的功能，成为新一代可编程自动控制系统（PACS）。

本书系统介绍 ControlLogix 系统的工作原理和应用技术，包括系统硬件体系架构、ControlLogix 编程、Studio5000 应用软件、系统应用维护、工程设计开发和工程应用实例。作为一门具体针对某个系统的应用类型的书籍，它应该包含哪些主要内容？应该达到什么样的水平？应该怎样组织材料？如何进行论述才能更容易被理解和运用等问题，笔者在培训过程中不断思考和探索。在多年的工程开发应用、运行维护和培训实践中，积累了一些经验和心得体会，自以为可能会对感兴趣学习的人员有所裨益，于是收集资料，整理并完善手稿，结集出版，也作为自己对 ControlLogix 系统多年应用的一个总结。

ControlLogix 系统应用作为一门实践性很强的应用课程，不容易仅仅通过书本简单论述就可以被快速理解和运用。因此，在精心策划、审慎取材的基础上，一方面对书中提及的有关硬件、软件的技术参数和说明，均来自罗克韦尔自动化的中、英文产品手册，并逐一翻译、核实，期间曾几易其稿；另一方面细化了组态编程等内容，删去了部分梯形图指令的解释和运动控制等内容，制作了大量的软件窗口操作截图，结合丰富的应用举例进行说明论述，以启发读者触类旁通，尽可能掌握基本方法和应用技能，同时通过不断的实践，掌握有关技术和灵活应用。书中包含了笔者长期学习和工程应用的心得体会，并通过注释方式加以说明和扩展。全书按照循序渐进、由浅入深的原则进行内容安排，务求做到论述深入浅出和流畅，可读性强，以利于学习。

全书共分 6 章，第 1 章介绍 PLC 的基本概念，第 2 章介绍 ControlLogix 系统组成和组态基础，第 3 章介绍 Studio 软件的组态应用，第 4 章介绍 ControlLogix 系统工程应用，第 5 章介绍 ControlLogix 系统安装、调试和维护，第 6 章介绍 ControlLogix 系统的深入应用。每章后都有小结和练习思考题，帮助读者掌握和巩固知识点。

在本书的编写过程中，得到了罗克韦尔自动化（中国）有限公司杜亚萍、鞠昌坤、陈钦标等的支持，在此谨表示最诚挚的谢意。

笔者衷心希望本书的出版对学习和应用 ControlLogix 系统的读者有所帮助。由于水平有限、应用局限以及系统产品技术更新周期短、功能扩展速度快等，不当之处在所难免，敬请专家、读者不吝赐教，意见或建议可反馈至邮箱 gzwujr@163.com 中，以便修订时改进。

深深感谢家人的支持、关怀和陪伴，使我能够顺利完成本书的编写工作！

伍锦荣　于广州

2020 年 2 月

目 录

第3章　Studio5000 组态应用 / 068

第 4 章　ControlLogix 系统项目设计 / 141

第 5 章　ControlLogix 系统安装、调试和维护 / 156

第
1
章

PLC基本概念与
ControlLogix系统概述

可编程控制器（PLC）是 20 世纪 60 年代末发展起来的一种自动控制系统，用于替代传统继电器的控制电路，实现基本逻辑运算、定时/计数和顺序控制等功能。随着控制技术、计算机技术、网络通信技术和现场总线技术等的不断发展，PLC 系统的功能不断完善和增强，系统的可靠性和适应性日益提高，而且结构紧凑、模块化、安装维护方便，已广泛应用于汽车制造、石油、化工、冶金、造纸、水处理、能源动力、交通、食品、轻工、机器人等多个行业和领域。

国际电工委员会（IEC）在 1987 年的标准草案第 3 稿中对 PLC 做了如下定义：它是一种以微处理器为核心的数字运算的电子系统，专为在工业现场应用而设计。它采用可编程序的存储器，在存储器内部存储执行逻辑运算、顺序控制、定时/计数和算术运算等操作的指令，并通过数字式或模拟式的输入/输出接口控制各种类型的机械或生产过程。PLC 及其有关设备都应按照易于和工业控制系统形成整体、易于扩充功能的原则设计。

PLC 实质上就是一种适用于工业控制现场的专用计算机（系统）。在经历了初创、扩展、成熟和开放等几个历程后，正向大型、高性能、平台化和网络化等方向发展，系统性能更加完善、可靠。同时，采用符合 IEC61131-3 标准❶的软件设计，有多种高级编程语言，使得各种现场控制、生产数据采集和信息管理的实现变得容易、直接。PLC 与集散控制系统（DCS）、现场总线控制系统（FCS）是当今工业控制和智能制造主流的基本过程控制系统（BPCS）。

1.1　PLC 的功能、特点和分类

PLC 随着相关技术的发展而不断得到发展，功能得到不断增强、完善，性能不断提高。同时吸收其他控制系统的优点，又形成新的功能，具有新的特点。

1.1.1　PLC 的主要功能

① 逻辑控制功能。用与、或、非等位处理指令代替继电器等触点的串联、并联以及逻辑连接，实现开关控制、顺序控制等逻辑控制。

② 定时/计数功能。用定时指令实现多种定时或延时控制，定时时间精度高，可以根据应用设定和在运行过程中修改。计数指令可以实现脉冲或开关的加、减计数，使用方便。

③ 信号采集和输出控制功能。通过各种输入接口采集现场的数字信号、模拟信号和脉冲信号；通过输出接口输出数字信号、模拟信号和脉冲信号等去控制电磁阀、指示灯和控制阀等部件或设备。

④ 数据处理功能。能进行各种数据传送、比较、转换、移位、算术和逻辑运算等操作以及复杂的高级运算。

⑤ 网络功能。通过各种通用协议和专用协议的通信模块或网络接口，构成集中式、分布式、分层、远程输入输出链路等网络架构，实现信息共享和交换、集中管理和分散控制、

---

❶　IEC61131 是 IEC 对可编程控制器技术制定的标准，早期是 IEC1131，1993 年国际化后改为 IEC61131。该标准吸收了主要 PLC 厂家的技术和优点，经过不断补充和完善，得到较为广泛的认可和支持。它包括八大部分组成，即 IEC61131-1～8，其中的 IEC61131-3 为编程语言，定义了梯形图（LD）、指令表（IL）、功能块（FB）、结构化文本（ST）和顺序功能图（SFC）等五种图形编程语言规范，是 IEC61131 标准中最重要的部分。大多数 PLC 厂家支持三种及以上的编程语言，通常都有梯形图语言。

我国在 1995 年发布的 GB/T 15969-1～4 规范等同于 IEC61131 对应的部分，并于 1996 年 10 月开始实施。

扩大规模和远程控制等功能。

⑥ 故障诊断功能。可以对系统配置、硬件状态、运行状态、监视定时器（WDT）、网络通信等进行自诊断，发现异常情况时进行报警并提示故障，当出现严重故障或错误时自动停止运行，缩短故障查找和处理时间，提高了系统的有效运行时间和可维护性。

1.1.2 PLC 的主要特点

(1) 可靠性高，抗干扰能力强

PLC 是专为工业控制应用而设计的计算机控制系统，它采用大规模集成电路（LSI）、超大规模集成电路（VLSI）芯片和高品质低功耗元器件等，并采用模块式结构、表面贴片技术（SMT）、防腐处理、通道保护和多种形式的滤波电路、自诊断、冗余容错等技术和方法，在设计、生产和制造过程有较高的要求，使得 PLC 具有高可靠性和抗干扰、抗机械振动等能力。PLC 可以在 $-20 \sim 65℃$、相对湿度为 $35\% \sim 85\%$ 的环境条件下长期稳定工作，平均故障间隔时间（MTBF）可达 10 万小时以上，而故障平均修复时间（MTTR）可小于 20min。

(2) 控制功能强大，输入输出接口丰富

PLC 能实现对开关量输入输出（I/O）、逻辑运算、定时、计数和顺序的控制，以及对模拟量 I/O、算术运算、闭环比例积分微分（PID）控制、驱动控制和运动控制等，功能强大。各种 I/O 接口模块、智能设备接口模块和网络通信模块种类多，功能完善，通用性好，能适应从超小规模到超大规模的各种控制应用要求。

(3) 模块化设计，安装、扩展方便灵活

PLC 采用标准的一体式和模块式硬件结构设计，产品系列化、标准化和网络化，导轨或框架安装方式，现场安装方便，接线简单，扩展容易、快捷，支持多种现场总线，更节省材料和容易安装。相应的组态、控制功能通过软件完成，特别适应现场变更较多的场合。

(4) 编程、维护操作简单易学

PLC 采用工程技术人员习惯的梯形图、功能块图、结构化文本、顺序功能图等编程语言，易学易懂，编程和修改程序方便，系统设计、调试周期短。PLC 还具有完善的显示和诊断功能，故障和异常状态均有显示，便于操作、维护人员及时了解出现的故障。当出现故障时可通过更换模块或插件迅速排除故障。

1.1.3 PLC 的一般分类

PLC 生产厂家众多，种类繁杂，其性能和规格自成系列、各有不同。通常根据结构形式、性能高低、I/O 点数等进行分类。随着技术的发展，PLC 向微型化、专用化、大规模和网络化方向发展，同时不断吸收 DCS 和 FCS 系统的优点，分类的边界和特点已越来越不明显了。

(1) 按结构形式分类

根据 PLC 的结构形式，可将 PLC 分为一体式和模块式两大类❶。

① 一体式。又称为整体式、箱体式或单元式，是将电源、微处理器（CPU）、I/O 接口等部件都集中安装在一个机壳内或底板上，称为主机单元或基本单元。一体式 PLC 结构紧

---

❶ 有的厂家还推出模块可堆叠安装的 PLC 产品，各种功能模块的大小有不同，采用无底板、分层等方式安装，模块间用电缆连接。当前已较少使用。有些资料把它分为第 3 类，称为堆叠式。这里仍把它归类到模块式中去。

凑、体积小、I/O 点数少、价格相对较低、安装方便，一般还配备各种扩展单元，如扩展 I/O 单元、位置控制单元和通信接口等。主机单元和扩展单元之间通常用扁平电缆连接。罗克韦尔自动化的 Micro800、MicroLogix 和西门子的 S7-200、S7-1200 等都是一体式 PLC。

② 模块式。是将 PLC 各组成部分如 CPU、I/O 接口、电源模块等分别做成独立的模块，通过底板、框架、总线扩展等方式连接。大、中型 PLC 和部分小型 PLC 多数采用模块式结构，各种模块可以灵活组合，易于扩展 I/O 容量和各种特殊应用功能，是当前在工业控制系统中广泛应用的结构形式。罗克韦尔自动化的 CompactLogix、ControlLogix 和西门子的 S7-300、S7-400 等都是模块式。

（2）按性能分类

根据 PLC 所具有的性能不同，可将 PLC 分为低档、中档和高档三类。

① 低档 PLC。以开关量为主，具有逻辑运算、定时、计数、移位及自诊断、监控等基本功能，还有少量模拟量 I/O、算术运算、数据传送和比较、通信等功能。低档 PLC 主要用于数据采集、简单逻辑控制和顺序控制等单机控制场合。

② 中档 PLC。除具有低档 PLC 的功能外，还具有较强的模拟量 I/O、算术运算、数据传送和比较、数据转换、智能设备接口、网络等功能。部分中档 PLC 还可具有中断控制、PID 控制等功能，适用于较复杂的控制场合。

③ 高档 PLC。除具有中、低档 PLC 的功能外，还增加更为复杂数学运算、逻辑运算和多任务多程序运行功能，具有更强的 I/O 处理能力、网络功能和自诊断等能力，适用于各种大规模、复杂应用的控制场合。

（3）按 I/O 点数分类

根据 PLC 的 I/O 点数可将 PLC 分为小型、中型和大型三类[1]。

① 小型 PLC。I/O 点数小于 256 点，采用 8 位 CPU，单 CPU 结构，存储器容量为 16KB 以下，采用一体式或模块式结构，适用于单机控制或小规模控制场合。

② 中型 PLC。I/O 点数为 1024 点以下，采用 8 位或 16 位 CPU，单 CPU 结构较多，也有双 CPU 结构的，存储器容量为 32KB 以下，采用模块式结构，适用于中等规模、较复杂的控制场合。

③ 大型 PLC。I/O 点数大于 1024 点，现在大型 PLC 的 I/O 点数可达 10 万点及以上，采用 16 位或 32 位 CPU，多 CPU 架构，存储器容量为 32KB 到 MB 级别，采用模块式结构，适用于各种大规模、复杂应用和综合自动化等控制场合。

1.1.4　当前主要的 PLC 厂家

可以把当前主要的 PLC 厂家分为欧、美、日和国产四大系列。欧系主要是西门子（SIEMENS）、ABB 和莫迪康（MODICON）[2] 等。美系主要是艾伦-布拉德利（Allen-Bradley，以下简称 A-B[3]）和通用法拉克（GE FANUC）等。日系主要是三菱（MITSUBISHI）、欧

---

[1]　点数小于 32 点的 PLC 由于点数少、体积小，也称为微型 PLC；点数超过 4000 点的称为超大规模 PLC。这里分别归于小型和大型 PLC 中去。早期的 PLC 采用 1 位、4 位等 CPU，性能较弱，存储器容量只有几 KB 到几十 KB。当前的 PLC 已普遍采用 16 位或 32 位的 CPU，性能大幅提高，运行速度快，存储器容量可以做得足够大，还能够根据应用情况需要扩展。

[2]　MODICON 属于施耐德（Schneider）集团旗下公司。

[3]　A-B 属于罗克韦尔自动化（Rockwell Automation）旗下公司。

姆龙（OMRON）等。较为熟悉的是较早引入的 PLC，如 A-B、三菱、西门子等。经过几十年的发展，PLC 的主要应用逐步集中到几个最具代表性的产品中。近几年国产 PLC 的性能和水平也有了较大的进步，浙大中控与和利时在大型 PLC 上也崭露头角。当前主要的 PLC 厂家和主要产品型号如表 1-1 所示。

表 1-1　当前主要的 PLC 厂家和主要产品型号（按字母顺序排列）

序号	厂家	特点	主要产品
1	A-B	①系列齐全,中、大型 PLC 优势明显 ②指令集丰富,软件功能强 ③通用 I/O 模块 ④具有先进的通信和数据处理功能	①Micro、MicroLogix 系列 ②CompactLogix 系列 ③SLC100、200、500 系列 ④PLC-2、PLC-3、PLC-5 系列 ⑤Logix5000 系列 ⑥PlantPAX 等
2	ABB	①中、大型 PLC 有优势 ②运行速度快 ③通信和数据处理能力较好	①AC500-eCo ②AC700 ③AC800F、800M 等
3	GE FANUC	①产品系列齐全 ②存储容量大 ③数据处理速度高 ④网络功能强 ⑤软件丰富	①GE-Ⅰ、-Ⅲ ②Micro VersaMax ③GE FANUC 90-30 系列 ④GE FANUC 90-70 系列 ⑤RX3i、RX7i 等
4	MITSUBISHI	①性能价格比较高 ②网络功能强,通信接口丰富 ③硬件、软件使用简单	①F1、F2、FX2N 系列 ②AnA 系列 ③QnA 系列等
5	OMRON	①产品系列齐全,从微小型、中型和大型几大类有几十种型号 ②整体结构紧凑型 ③网络功能强,有多处理器和双冗余结构 ④功能齐全,I/O 容量大,速度快	①C 系列 P 型 ②C200Hα 系列 ③C2000H、CV 系列 ④CQM、CJ、CS 系列等
6	MODICON	①品种、规格齐全 ②软件丰富,编程能力强 ③网络功能强 ④运算速度快	①984 系列 ②Twido 系列 ③Premium 系列 ④Quantum 系列等
7	SIEMENS	①品种、规格齐全 ②结构坚固、密集,扩展灵活 ③输入输出设备选择多 ④软件丰富,编程能力强 ⑤网络功能强 ⑥运算速度快	①LOGO! ②S5 系列 ③S7-200、300、400 系列 ④S7-1200、1500 系列等
8	浙大中控	①先进算法和多任务 ②在线诊断和下载功能强 ③网络接口丰富 ④运算速度快,支持冗余	①G3 系列 ②G5 系列
9	和利时	①有小、中、大 3 个系列 ②易用易维护 ③扩展能力强 ④接口丰富,支持冗余	①LE 系列 ②LM 系列 ③LK 系列

1.2 PLC 的组成和工作原理

1.2.1 PLC 基本组成

PLC 的基本组成包括硬件和软件两大部分。硬件部分包括 CPU、存储器、I/O 接口、扩展接口、通信接口以及电源等；软件部分包括系统软件和用户程序等。

（1）硬件组成

① CPU。PLC 的核心部件，由大规模或超大规模的集成电路芯片构成，有 8 位、16 位和 32 位等处理器，是运算和控制中心。通常所采用的处理器性能越高，PLC 的功能就越强。

② 存储器。存放系统软件（程序）、用户程序和运行数据的单元，包括只读存储器（ROM）和随机读写存储器（RAM）。大多数 PLC 都有扩展存储器，如多媒体卡（MMC）、压缩闪存卡（CF）和安全数字卡（SD）等。

③ I/O 接口。PLC 与现场信号的连接部件。PLC 通过输入接口获得现场各种参数的信号（电压、电流等）等；而通过输出接口，PLC 把执行程序后得到的结果送到现场的执行机构实现控制，如继电器、电磁阀、控制阀等。

④ 扩展接口。用于 PLC 扩展 I/O 点数、信号类型和功能。扩展接口的形式有串行扩展、并行扩展和专用扩展等。

⑤ 通信接口。用于连接编程设备（如编程终端、笔记本电脑和组态站）、I/O 模块和其他智能设备等。通常分为通用接口和专用接口两种。通用接口指标准通用的接口，如 RS-232、RS-485、通用串行总线接口（USB）、以太网口等；专用接口指各 PLC 厂家专有的接口，如 A-B PLC 的缺省协议（DF1）❶ 和增强型数据总线（DH+）❷ 等。

⑥ 电源。把外部电源变成 PLC 内部所需要的直流电源。很多小型 PLC 还可向外提供隔离的直流电源，如 24V DC。

（2）软件组成

PLC 的软件组成分为系统软件（系统程序）和用户程序两部分。

① 系统软件。由制造厂家设计和提供，包括固化在控制器存储器中的系统程序、各种智能模块或接口的固件、编程终端软件，以及在组态站上安装使用的各种组态编程软件等。系统软件通常用于编程组态、系统诊断、输入输出处理、编译、仿真、网络及通信处理、内部和外部监控❸等。如罗克韦尔自动化（RA）的 ControlLogix 系统中的各种固件软件，组态站用的 Studio5000、RSLogix Emulate5000、FactoryTalk View 和西门子的 WinCC、Step7 等都是系统软件。

② 用户程序。指用户根据工程应用的控制要求，按照使用的 PLC 所规定的编程语言（或指令系统）而编写的应用程序。用户程序常采用梯形图、结构文本、功能块等方式来编写，然后用编程工具（如手持编程器、智能图形终端、组态站或工程师站）进行编程并输入到 PLC 的存储器中去。用户程序除 PLC 的控制逻辑外，对有人机界面的系统还包括界面

---

❶ 一种组合了 ANSI X3.28-1976 技术规范的子范畴 D1 和 F1 特征的对等链路层协议。请查阅相关技术规范。

❷ 由一个或多个令牌传送基带链路的 A-B 局域网络。请查阅相关技术规范。

❸ 大多数 PLC 都可以通过通信驱动、OPC 等方式支持第三方的人机接口软件，如 Intouch、iFix 和组态王等，这些软件也都归到系统软件中去。

（如触屏、操作面板或工作站等）的应用程序等，如 5 号压缩机控制程序、C 罐区可燃气体检测系统（GDS）组态文件等都属于用户程序。

1.2.2　PLC 工作过程

PLC 在运行状态下，按照一定的顺序循环执行系统的各种任务，包括系统输入采样、执行用户程序、输出刷新和内部处理等。这个执行的工作过程，称为 PLC 的循环扫描过程。循环一次所需要的时间称为 PLC 的一个扫描周期。PLC 的 I/O 扫描运行方式如图 1-1 所示。

① 输入采样。将所有输入信号的状态读入到 PLC 的存储器（称为输入映像存储器）中去。采样结果将在 PLC 的程序执行时被使用。

② 用户程序执行。按由上到下的顺序对用户程序进行扫描，从输入映像存储器获得所需数据，再将梯形图执行结果写到指定的输出存储器（称为输出映像存储器）中保存。

③ 输出刷新。用户程序执行结束后，输出映像存储器中所保存的输出状态转到输出锁存电路、驱动用户输出设备。这时，PLC 才真正输出。

④ 系统内部处理。指为了保证 PLC 正常、可靠运行的内部管理工作，如运行超时状态监测、中断处理和各种请求及队列处理等。

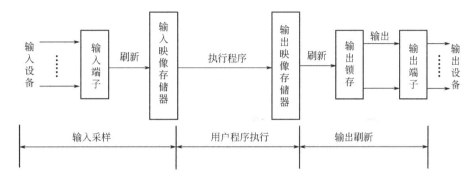

图 1-1　PLC 的 I/O 扫描运行方式

从 PLC 的扫描运行方式可以知道：

① PLC 在执行程序时所用到的数值或状态取自输入映像存储器，并在程序执行阶段保持不变，从而保证在同一个扫描周期内，某一个输入状态对整个用户程序是一致的，不会在程序执行时产生混乱；

② 输出映像存储器的状态，取决于执行程序输出指令的最后结果。

这是理解传统 PLC 循环扫描工作原理的关键。可以这样认为：PLC 的输入状态是在同一时间采集到的，PLC 根据这些输入状态信息，在一定的时间内完成用户程序的扫描处理，并将控制信息集中输出。随着多 CPU、多任务控制器的出现，I/O 数据的通信方式和程序扫描的过程变得复杂，各种任务（如连续任务或中断任务）和规划的程序（或设备阶段、例程）会影响输出数据的刷新，循环扫描的概念有了新的扩展。在应用时要注意系统的高层管理和优化。

1.3　罗克韦尔自动化主要 PLC 产品

罗克韦尔自动化旗下的 A-B 公司是最早生产 PLC 的厂家之一，自从 1970 年代初开始生产 PLC 以来，不断推出新产品，到 1998 年已经发展到第三代产品 ControlLogix，是唯一可在其产品上标志"PLC"字样的厂家，产品被广泛应用到众多领域和行业。

1.3.1 控制器/处理器

A-B PLC 控制器/处理器系列产品覆盖了从微小型、中型和大型的全系列 PLC，代表产品主要有 MicroLogix 系列、SLC-500 系列、Compact 系列、PLC-5 系列和 ControlLogix 系列等，每个系列又按控制能力、I/O 点数、通信方式和应用场合等不同而分成多个型号。PLC-3 及以后产品支持冗余设计，可以最大限度地满足各种控制场合和要求。A-B PLC 的主要控制器/处理器系列如表 1-2 所示[1]。

表 1-2　A-B PLC 的主要控制器/处理器系列

处理器/控制器系列	规模	控制器
MicroLogix、Compact	小型	Micro 系列、MicroLogix 系列、Compact 系列
SLC-500	小、中型	SLC-5/01、5/02、5/03、5/04 和 5/05
PLC-5	中、大型	基本型、增强型、以太网型、保护型、控制网型、VME 型和 250 型
ControlLogix	大型	5550、5560、5570、5580 系列、安全型等
PlantPAx	大型	CompactLogix、ControlLogix

1.3.2 I/O 种类齐全

A-B PLC 的 I/O 接口品种齐全，从最基本的开关量、模拟量 I/O 到过程控制模块、高速计数、复杂运动控制等，几乎覆盖工业应用的绝大多数场合。主要有 1746 系列、1756 系列、1769 系列和 1771 系列等众多产品，而且仍在不断丰富中，如 1715 冗余 I/O 等。I/O 系列如表 1-3 所示。

表 1-3　I/O 系列

序号	目录号	说明	分类
1	1769	Compact I/O	模块式 I/O
2	1746	SLC-500 I/O	
3	1771	PLC-5 通用 I/O	
4	1756	ControlLogix I/O	
5	1734	点 I/O(POINT I/O)	分布式 I/O
6	1790、1791	紧凑式单元 I/O	
	1792	铠装式单元 I/O(Armed I/O)	
	1793、1794	柔性 I/O(FLEX I/O)	
	1797	柔性防爆 I/O(FLEX EX I/O)	
	1798	柔性铠装 I/O	
7	1715	ControlLogix 冗余 I/O	模块式冗余 I/O

[1]　A-B PLC 产品丰富，这里仅列出最具代表性的几种控制器或处理器以方便描述，其他系列如 PLC-2、SLC-100、SLC-150 等中、小型控制器以及 PLC-3、PLC-3/10、PLC-5 等大型控制器，已逐渐退出控制舞台。目前常用的控制器是 Micro、MicroLogix、CompactLogix 和 ControlLogix 等系列。

1.3.3 网络和软件

A-B PLC 系统具有开放、完善的网络系统，包括设备网（DeviceNet）、控制网（ControlNet）和以太网（EtherNet/IP）3 层结构[1]，以及增强型数据数据总线（DH+）、远程 IO（RIO）、高速总线 485（DH485）等。较新一代的控制器可以通过各种通信接口和网络，连接不同系列的 I/O，实现从底层 I/O 设备到上层信息管理网络的经济、灵活、高效的集成和无缝连接。

罗克韦尔软件（Rockwell Software）为其 PLC 系统提供功能强大的软件系统，全面支持各个系列的产品，包括组态编程系列软件（RSLogix 和 Studio5000）、通信连接系列软件（RSLinx）、网络组态系列软件（RSNetWorx）、仿真调试软件（RSLogix Emulate）和人机界面软件（RSView、Factory Talk View）等[2]。这些软件功能强大，操作方便，加快了工程应用开发，更便于系统维护和诊断处理。

1.4 ControlLogix 系统概述

ControlLogix 系统是罗克韦尔自动化旗下 A-B 公司的核心产品，是继 PLC-3、PLC-5 大型处理器后推出的第三代控制器，是基于新的硬件配置、数据结构和通信方式的新一代软硬件控制平台。按照罗克韦尔自动化在 20 世纪 90 年代中提出的"全功能控制平台"设计理念，使用单一控制平台实现全厂范围内的所有控制任务。ControlLogix 控制器的性能已远远超过了传统的 PLC，而且配置更灵活，工程应用开发更便捷，被称为可编程自动控制系统（PACS），只是习惯上仍把它称为 PLC。

1.4.1 主要特点

ControlLogix 系统作为新一代控制器产品，采用模块式结构和框架式安装方式，所有模块都插在框架背板的插槽中，支持带电插拔功能。除了传统的数字量 I/O、模拟量 I/O 外，还支持过程控制、运动控制等。它的主要特点如下。

（1）与传统 PLC 结合紧密

ControlLogix 系统与传统 PLC 连接紧密、方便，从指令集到各种通信接口，可以与 PLC 和 SLC 处理器之间实现无缝连接和集成。

（2）模块化设计

ControlLogix 系统采用模块化设计，丰富的 I/O 和通信模块提供灵活的系统配置，易于扩展。而且所有模块采取小型化、精致化设计，易于安装并节省安装空间。

（3）带电插拔

ControlLogix 系统的主要模块都采取特殊电路设计，除框架电源模块不建议带电插拔外，几乎所有模块都允许带电插拔而不会损坏模块。这对于系统维护提供了极大的方便，既不会影响系统其他部分的正常运行，也缩短了系统的整体维护时间。

（4）高速数据交换

ControlLogix 框架背板有专门的 CPU 处理背板通信，使得各网络和模块链路通过背板

---

[1] EtherNet/IP 中的 IP 是指工业协议（Industrial Protocol）。

[2] 罗克韦尔软件公司提供的软件包括组态、设计、通信、制造运营管理、数据库、人机可视化界面、资产管理、信息与能源管理等众多软件产品，并全面由 RS 系列发展为 FactoryTalk 系列，如 FactoryTalk 系列的 Batch、Energy-Metrix、Historian、Transaction 和 AssertCentre 等。可参考罗克韦尔自动化软件产品目录。

实现高速通信。同时采用生产/消费技术，实现高性能的数据传送。

（5）多控制器并存

从 ControlLogix 第一系列产品 Logix5550 开始，就支持一个框架内有多个控制器。这种多控制器设计可以使每个控制器都能快速从背板获取数据，实现高速控制和数据共享。

（6）分布式 I/O 和处理

ControlLogix 系统具有开放的网络架构，支持 EtherNet/IP、ControlNet 和 DeviceNet 等网络，结合其他专有总线和多个系列的 I/O 模块，构成分布式和远程 I/O 控制系统，实现全厂范围的分布式控制。

（7）支持多任务

ControlLogix 系统提供具有优先级的多任务环境，支持连续型、周期型和事件型任务，可以通过组态定义各种任务的执行，极大地提高了控制器的运行效率和稳定性。

（8）高可靠性

ControlLogix 系统采用特殊的硬件设计和制造技术，具有较好的耐振动、耐高温和抗电气干扰能力，可靠性高，可以安装在较为恶劣的工业现场。

1.4.2 系统功能

ControlLogix 系统功能已覆盖了逻辑顺序控制、过程控制、驱动控制、运动控制等工业控制系统的各种应用。随着控制功能的不断发展和完善，ControlLogix 系统集通用和专用控制于一体，其综合性、集成性和易于开发、维护等性能也不断提高。ControlLogix 系统的控制功能如下。

（1）顺序控制

顺序控制主要用于实现时序逻辑控制。ControlLogix 控制器在 PLC-5 增强型指令系统的基础上进一步完善和扩展，完全满足时序逻辑控制的要求。同时还具有较强的数据处理能力，包括复杂的算术运算功能、文件处理功能等。

（2）过程控制

ControlLogix 控制器指令系统中引入了过程控制常用的功能模块（FB），用结构化的数据形式对应仪表结构数据，通过对功能模块的组态，就可以实现过程控制功能。特别适用于既有大量逻辑时序又有连续控制的应用场合。

（3）驱动控制

驱动控制主要指的是装在变频器上的 DriveLogix 控制器所实现的控制。控制单元将系统的逻辑控制关系及控制参数，直接快速可靠地输出到变频器。集成在系统中的通信结构，使变频器与整个系统融合在一起，实现各种常规的驱动控制。对精度要求特别高、速度快的驱动控制系统，还可以采用专门的调速系统来实现控制。

（4）运动控制

运动控制实现对运动轴的各物理量进行控制，也称为伺服控制。ControlLogix 控制器有专门的运动控制指令，在梯形图或结构化文本程序中直接编制运行，结合各种伺服模块或运动控制模块，通过执行指令来简单快速地实现各种常规的运动控制。对精度要求特别高、速度快或有特殊要求的复杂运动控制，还可以选择专用的数控系统来实现。

1.4.3 主要类型

ControlLogix 系统有多种控制器的类型，包括 1756-ControlLogix 控制器、1769-CompactLogix 控制器、1794-FlexLogix 控制器、1789-SoftLogix 控制器和 DriveLogix 控制器五大类，统称为 Logix5000 控制器。

（1）ControlLogix 控制器

ControlLogix 控制器适用于千点以上的大规模控制应用，采用 1756 框架式安装，模块化结构，各种模块混合使用，控制器可以安装在框架内的任何一个槽内，且多个控制器可以安装在同一个框架中。控制器有多个系列和型号，支持多任务，具有很强的控制和网络通信功能，有多个系列和多种型号，全面替代 PLC-5 系列处理器产品，且安装空间小 20%～50%，支持 NetLinx 网络架构，容易与传统 PLC 产品集成。

（2）CompactLogix 控制器

CompactLogix 控制器适用于控制点数有几百点的中、小规模应用，以 1769 系列的 I/O 模块作为扩展，无框架连接，直接安装在导轨或面板上，可以纵向和横向扩展。不同的 CompactLogix 控制器类型集成有不同的通信接口，支持串行接口、ControlNet 和 EtherNet/IP 接口等。是 SLC-500 系列 PLC 的替代和升级产品，系统性价比高。

（3）FlexLogix 控制器

FlexLogix 控制器是从 1794 系列的适配器发展而来的，应用于分布式控制系统，支持串行接口、ControlNet 和 EtherNet/IP 接口。简单的 FlexLogix 系统包含一个控制器和最多 8 个 I/O 模块。采用标准组件，模块可以混合使用，且无须框架和背板，可安装在导轨和面板上，只占用很小空间。

（4）SoftLogix 控制器

SoftLogix 控制器是基于 PC 平台的控制器，把控制和信息组合在一个单元中，适用于以数据为中心的应用。将操作站和控制器融合在同一台计算机中，支持 NetLinx 网络架构，兼容所有组态编程软件等。

（5）DriveLogix 控制器

DriveLogix 控制器是专用于变频驱动器的控制器，将相关的逻辑控制直接放在变频驱动器上，可以减少控制层和变频驱动器之间的通信。具有高速的 NetLinx 网络通信接口模块，能对本地的 Flex I/O 进行控制，适用于传动系统结构。

1.4.4 网络架构

ControlLogix 系统支持 3 层网络：上层信息网（EtherNet/IP）用于全厂的监控和数据管理；中层控制网（ControlNet）用于实现控制器的实时报文传送；底层设备网（DeviceNet）用于连接现场设备。3 层网络构成 NetLinx 架构，根据特定的应用场合，通过选择不同的通信模块来组成不同的网络。通过 ControlLogix 系统的背板总线，数据不需要控制器及额外的编程组态，就可以进行网络间的自由传送和信息交换。

（1）EtherNet/IP

EtherNet/IP 是一种基于以太网技术和 TCP/IP 的工业以太网，由 IEEE802.3 的物理层和数据链路层标准、TCP/IP 协议簇协议和通用工业协议（CIP）❶ 3 部分组成。在标准以太网技术的基础上提高了设备的互操作性，提供实时 I/O 通信，同时实现信息的对等传输，完成非实时信息的交换。

---

❶ CIP 是一种用于工业应用的通用应用层协议，是由罗克韦尔自动化和国际组织（ODVA、CI 和 IA 等）制定的网络协议。

EtherNet/IP 网络采用通用 RJ45 五类非屏蔽双绞线电缆（UTP）或光纤连接网络交换机实现各设备间的互连，通信速率支持 10/100Mbps 和标准交换机。

（2）ControlNet

ControlNet 是一种实时控制层网络，具有高度的确定性和可复用性，可在单一的物理介质链路上同时高速传输限时型 I/O 数据、互锁数据、消息传送数据，以及包括编程和组态的报文数据，实现程序和配置数据的上传和下载。ControlNet 网络的高效数据传输能力，显著提升了所有系统或应用的 I/O 性能和对等通信能力，通信速率达 5Mbps，支持消息传送、生产/消费标签、人机接口（HMI）和分布式 I/O。

（3）DeviceNet 网络

DeviceNet 网络是一种开放式的设备网络，用于分布式控制的底层现场设备的网络，连接智能传感器、驱动通信、按钮开关和 I/O 适配器等，易于与第三方设备实现数据交换。

DeviceNet 网络有主干线和分支线组成，主干线是整个网络的骨干，支撑电源和所有支线。一个网络只能有一条主干线，不同结构的支线与主干线相连。主干线最大长度由电缆类型和网络速度决定，对于粗缆，当通信速率是 125Kbps 时，主干线的最长距离是 500m。主干线两端必须连接终端电阻，不同的连接器有不同的终端电阻。分支可以是一个节点，也可以是树形、菊花链形等，分支的长度应小于 6m，整个网络的分支长度也有限制。

此外，ControlLogix 系统兼容传统 PLC 的网络，包括 DH＋、RIO 和 DH485 等，支持通用的工业控制网络和总线，如基金会现场总线（FF）和高速可寻址远程传感器协议

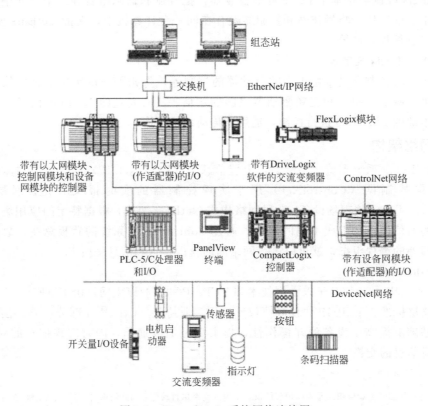

图 1-2　ControlLogix 系统网络连接图

（HART）等，同时还支持与第三方通信的模块，如 Prosoft 公司的 MVI56E 等。通过这些网络系统，可以把各种类型的 PLC、I/O 模块、操作界面等灵活集成，满足各种工程应用的需要。

一个 ControlLogix 系统的典型网络连接如图 1-2 所示。ControlLogix 控制器通过通信接口模块扩展出 3 层网络：底层是 DeviceNet 网络，连接传感器、按钮和指示灯等设备；第 2 层是 ControlNet 网络，连接控制器、具有 ControlNet 接口的各种处理器、监控终端和 I/O；第 3 层是 EtherNet/IP 层，连接以太网接口设备，如控制器、工程师站、操作站、变频器和 I/O 等。

【本章小结】

主要介绍 PLC 的基本功能、特点、组成和工作原理，并简要介绍了罗克韦尔自动化 A-B 主要 PLC 产品及其发展历程，并对 ControlLogix 系统的功能、类型和网络架构做了简要说明。为了更好地掌握 ControlLogix 系统，了解相关的基本概念和特点、功能是会有帮助的。

【练习与思考题】

（1）PLC 的基本硬件组成可归纳为 _____、_____、_____、_____、_____、_____ 等部件。

（2）PLC 从控制规模上可分为 _____、_____ 和 _____ 等几类。

（3）PLC 的扫描过程可分为 _____、_____、_____ 和 _____ 等阶段。

（4）罗克韦尔自动化系统的 3 层网络架构是 _____、_____ 和 _____。

（5）PLC 的定义是什么？常见的结构形式有哪些？

（6）PLC 的基本功能是什么？

（7）简述 PLC 的工作过程。

（8）如何理解 PLC 的循环扫描工作原理？

（9）如何理解 ControlLogix 系统的特点？

（10）ControlLogix 系统的主要控制功能可分为哪几大类？

第2章

ControlLogix
系统组成和组态基础

ControlLogix

ControlLogix 控制器到目前已发展到第 4 系列产品，即从 5550、5560、5570 到最新推出的 5580 系列，目录号分别是 1756-L55、1756-L6X、1756-L7X 和 1756-L8X。其中 1756-L6X 和 1756-L7X 又有 3 种类型的控制器，即标准 ControlLogix 控制器、极端环境 Control-Logix-XT 控制器和安全 GuardLogix 控制器。

从本章开始，着重介绍 ControlLogix 系统的硬件和软件，以当前主流的标准控制器 1756-L7X 进行叙述，如果没有特别说明，均指 1756-L7X 的标准控制器及其组成的控制系统。尽管不同的控制器其性能特点和应用等有所差异，但从原理和使用方法上是相通的，掌握了一种控制器，就可以触类旁通，举一反三，其他类型控制器的学习和应用就不会太难了。

2.1 ControlLogix 硬件组成

ControlLogix 系统硬件采用模块化结构，包括控制器模块、框架、电源模块、I/O 模块、通信模块和其他专用模块等。可以根据不同的应用需要进行灵活配置，构成各种结构和规模的 ControlLogix 控制系统。

2.1.1 控制器

ControlLogix 控制器[1]是控制系统的核心模块，采用 32 位的精简指令处理器（RISC）芯片，负责整个自控系统的控制工作。它采集各种输入模块、通信模块以及其他控制器模块的数据，执行用户编制的程序，输出控制各种执行设备，并通过各种网络接口，为可视化和人机界面提供监视数据和操作接口，来实现全生产全过程的监视和控制。

(1) 主要性能指标

ControlLogix 控制器（V18 版后）可以控制的数字量 I/O 最多可达 256000 点，模拟量 I/O 最多可达 8000 点。一个控制器支持 32 个任务，每个任务最多可有 100 个程序和设备阶段。数据和逻辑存储器（也称为用户内存）最大可达 32MB，并可扩展 64MB 的扩展内存。支持 NetLinx 开放网络和控制器冗余，支持梯形图、结构化文本、功能块、顺序功能图等编程语言等。ControlLogix 控制器为双 CPU 设计，一个称为逻辑 CPU，负责逻辑控制和数据处理；另一个称为背板 CPU，负责背板通信。扫描速度小于 0.03ms/K 平均布尔指令，内置 USB 端口运行速度达 12Mbps。1756-L7X 控制器的主要性能指标如表 2-1 所示。

表 2-1 1756-L7X 控制器主要性能指标

特性	1756-L7X
控制器任务	32 个；每个任务可有 100 个程序和设备阶段；事件任务：所有事件触发器
用户内存	L71：2MB；L72：4MB；L73：8MB；L74：16MB；L75：32MB
存储卡	SD 卡
内置端口	一个 USB 口
通信选项	EtherNet/IP、ControlNet、DeviceNet、DH＋、RIO、SynchLink、USB
控制器最大连接	500 个
控制器冗余	支持除运动控制应用外的所有应用
编程语言	梯形图 LD、结构化文本 ST、功能块图 FBD、顺序功能图 SFC

---

[1] 控制器指不含网络通信接口的控制单元或模块，处理器指含有网络通信接口的控制器。ControlLogix 系统采用独立通信模块的形式，控制单元不含网络通信接口，因此通常称为控制器。PLC-5 和 SLC-500 等系列的控制单元都含有通信接口，通过选择通信网络确定控制单元型号，所以常称为处理器。

（2）控制器模块和部件

1756-L7X 控制器模块外形如图 2-1 所示，图中打开了储能模块（ESM）卡槽。控制器模块的面板上部是状态显示屏，滚动显示控制器的固件版本、储能模块状态、项目状态和严重故障❶信息等；显示屏下部是发光二极管（LED）状态指示灯，分别指示控制器的运行状态、I/O 强制、SD 状态和控制器状态等❷；指示灯下方是一个模式开关，也称为钥匙开关，用专门配置的钥匙来切换控制器的工作模式；模式开关右侧是 SD 卡槽，用于安装 SD 卡；模块下部是 ESM 模块插槽和 USB 串行接口。

模式开关有 3 挡，即运行（RUN）、远程（REM）和编程（PROG），表示 3 种工作模式。

① 在 RUN 模式时，控制器运行各种任务，控制输入和输出。组态站不能改变控制器的工作状态，也不能在线修改控制器的程序。正常运行时，为了防止不必要的误动，可切换到 RUN 模式并取走钥匙，放好备用。

② 在 REM 模式时，控制器保持钥匙开关切换时的工作状态，即从 RUN 切换到 REM 时保持运行状态；从 PROG 切换到 REM 时保持编程状态。组态站可以远程改变控制器的工作模式：在线编辑、修改程序、下装和运行等。如果经常需要修改程序或远程启停控制器，通常切换到 REM 模式。

③ 在 PROG 模式时，控制器处于编程模式，停止运行任务和输出。组态站可以进行在线编辑、修改和下装等，但不能改变控制器的工作状态。

2.1.2 框架

ControlLogix 系统框架❸用来安装除电源模块之外的各种系统模块，有 4 槽、7 槽、10 槽、13 槽和 17 槽 5 种框架尺寸，目录号分别是 1756-A4、A7、A10、A13 和 A17，插槽编号都是从 0 号开始。框架的背板有高速总线，各种模块通过背板总线进行数据传递和交换。安装了标准电源模块的 1756-A4 框架如图 2-2 所示。

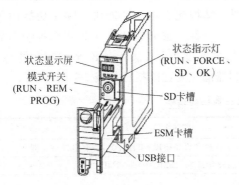

图 2-1　1756-L7X 控制器模块外形图

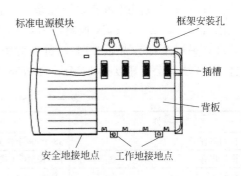

图 2-2　安装了标准电源模块的 1756-A4 框架

2.1.3 系统电源模块

系统电源模块给框架背板提供 1.2V、3.3V、5V 和 24V 等多种直流电源，有非冗余和

---

❶ 也称为主要故障或重大故障。

❷ 状态显示屏和指示灯的详细含义请查阅有关使用手册和说明及第 5 章 5.3.3 节相关内容。

❸ 框架（Chassis）也称为底盘，指安装模块的物理支架，带有插槽和背板。有些资料也称为机架。由于 PLC-5 的 I/O 寻址单位是机架（Rack），虽然 ControlLogix 系统的寻址方式已不同，为了统一概念，这里仍称为框架。

冗余电源模块两大类。输入电压有交流和直流两种,有多种输入电压等级和输出电压。非冗余电源有标准电源模块和细长型电源模块等,安装在框架的最左侧,通过插槽给背板供电。当需要冗余电源供电时,可采用两块冗余电源模块、两条连接电缆和一块框架适配器连接模块组成冗余电源套件。标准电源供电和冗余电源供电都不占用框架的槽位。典型的电源性能指标如表 2-2 所示。

表 2-2　典型的电源性能指标

电源目录号	描述	输入电压范围	最大背板输出功率	说明
1756-PA72	标准交流输入电源	85~265 (V AC)	总 75W; 10A@5V DC;2.8A@24V DC	兼容标准框架和 B 系列框架
1756-PA75			总 75W; 13A@5V DC;2.8A@24V DC	
1756-PB72	标准直流输入电源	18~32 (V DC)	总 75W; 10A@5V DC;2.8A@24V DC	
1756-PB75			总 75W; 10A@5V DC;2.8A@24V DC	
1756-PA75R/A	冗余交流输入电源	85~265 (V AC)	总 75W; 13A@5V DC;2.8A@24V DC	
1756-PB75R/A	冗余直流输入电源	18~32 (V DC)	总 75W; 13A@5V DC;2.8A@24V DC	
1756-PAR2 或 1756-PBR2	冗余电源套件	85~265 (V AC)	—	①两块 1756-PA75R 或 1756-PB75R ②两条 1756-CPR2 电缆(0.9m) ③一块 1756-PSCA2 框架适配器连接模块

2.1.4　I/O 模块

I/O 模块是 ControlLogix 控制器与现场设备的信号接口。ControlLogix 系统提供种类众多的 1756 系列 I/O 模块,覆盖工业控制中绝大多数的信号类型。I/O 模块可以混合安装在框架的插槽中,支持带电插拔,现场仪表设备的信号可以直接与模块相连,也可以通过可拆卸的端子块和接口模块(IFM/AIFM)与 I/O 模块相连。I/O 模块还可以根据组态,提供相应的信息和附加的功能❶。

(1) I/O 模块的基本特点

I/O 模块有交流、直流和数字、模拟信号模块 4 大类,包括交流数字量 I/O 模块、直流数字量 I/O 模块、继电器触点模块、模拟量 I/O 模块、热电阻与热电偶模块输入、组合 I/O 模块等。每一种类型又有众多型号,分别对应于不同点数、电压电流类型、工作电压范围、电阻范围、分辨率、通道是否隔离和通道故障诊断等。数字量模块也称为开关量模块。

① 数字量输入(DI)模块采集、接收现场仪表设备的数字量信号,包括按钮、选择开关、行程开关、接近开关、光电开关、数字拨码开关、继电器触点等,并把状态信号通过背板传送给控制器和其他监听设备❷。

② 数字量输出(DO)模块通过背板接收控制器输出的数字量信号,对各种执行部件或

---

❶　指除了过程参数检测外的其他检测、诊断功能,如模拟量模块常用的附加功能有数字滤波、过程报警、速率报警和断线检测等。不同 I/O 模块的附加功能是不一样的,可根据应用需要选择和使用。具体可参考模块的用户手册。

❷　ControlLogix 系统允许框架内有多个控制器运行,控制 I/O 模块的控制器称为 I/O 模块的所有者、拥有者或宿主,其他控制器或设备也可以通过监听获取信息,称为监听者或监听设备。

仪表设备进行控制，包括接触器、电磁阀、继电器和指示灯等。

③ 模拟量输入（AI）模块采集、接收由电位器、转速探头、变送器等仪表设备输出的连续变化模拟信号，通过 A/D 转换器把信号转换为控制器需要的数值，并通过背板传送给控制器和其他监听设备。

④ 模拟量输出（AO）模块把控制器从背板传送的数值通过 D/A 转换器转换为标准模拟量信号输出，去控制阀门定位器等仪表设备以及电机等。

⑤ I/O 模块通道间大多采用分组隔离方式的模块，每组共用一个公共端子和电源回路。也有每个通道都隔离的分隔隔离方式。

⑥ 晶体管型输出模块动作速度快，无触点，开关次数几乎没有限制。继电器型输出可以提高通道的负载能力，还可以选用多种负载的供电类型。

⑦ I/O 模块的灌流和拉流是指信号电流经过现场仪表设备后流入或流出模块。电流流入模块的称为灌流（Sink），流出模块的称为拉流（Source），如图 2-3 所示。

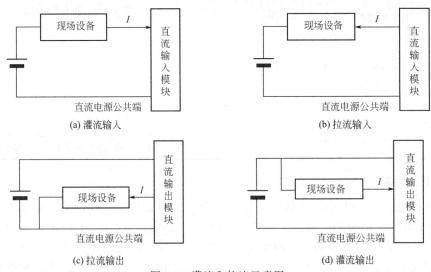

图 2-3　灌流和拉流示意图

⑧ A/D 和 D/A 转换　模拟量模块的 A/D 转换把输入的模拟信号转换为整型数，D/A 转换把控制器运算后的整型数转换为模拟量输出。整型数的大小与转换器的处理位数有关。以 12 位转换器为例，模拟量 4～20mA 的 A/D 和 D/A 转换如图 2-4 所示。1756 系列模拟量模块通过通道组态完成 A/D 和 D/A 转换，只需要定义好每个通道相应的工程单位转换就可以了。

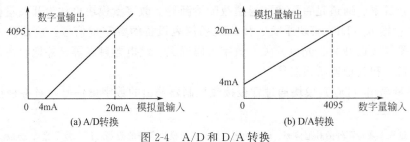

图 2-4　A/D 和 D/A 转换

⑨ I/O 模块的命名　1756 系列 I/O 模块的命名如表 2-3 所示。掌握命名规则，对模块的选型和应用都是很有帮助的。如模块型号 1756-OB8EI，就是 1756 系列的直流 10～30V DC、8

点、带电子保险的隔离型输出模块。此外，1756 系列 I/O 中还有一些特殊模块的命名，如 1756-MODULE，在工程中用于第三方连接而在模块选择一览表中没有的模块❶。

表 2-3　1756 系列 I/O 模块的命名

系列号	连接符	类型				
		I	输入类型			
		O	输出类型			
			主要特性			
			A	交流(79～132V AC)		
			B	直流(10～30V DC)		
			C	直流(30～60V DC)		
			F	快速响应模拟量		
			H	直流(90～146V DC)		
			M	交流(159～265V AC)		
			N	交流(10～30V AC)		
			R	热电阻输入		
			T	热电偶输入		
			W	继电器触点输出		
			X	常闭触点输出		
			点数			
				特性码		
				D	诊断	
				E	电子保险	
				F	FF 协议	
				H	HART 协议	
			2、4、8、16、32 等	I	隔离	
				SOE	顺序记录	
				附加特性码		
1756	—	O	B	8	E	I

（2）常用 I/O 模块

在过程控制中常用直流 I/O 模块，它们的性能指标如表 2-4 所示。

① 1756-IB16D 模块　1756-IB16D 模块是 16 点直流灌入型 DI 模块，有 12V DC 和 24V DC 两种电压类别，输入通道分 4 组，每组 4 点，共用一个公共端，每个通道与背板采用光电隔离。模块的外部回路接线图❷如图 2-5 所示。在输入开关的两端并联一个电阻，就可以使用外部断线自动诊断功能。当外部断线时，对应通道的故障指示灯就会亮。

---

❶　通常可以通过安装第三方驱动程序实现。与仿真软件对应的 I/O 模块选择也使用 1756-MODULE 模块。可参阅第 3 章 3.7 相关组态内容。

❷　掌握 I/O 模块的接线图是十分重要的。从现场应用看，是正确构成控制系统仪表回路的关键，也是回路故障查找和分析处理的基础。

I/O 模块的外围设备符号，如开关、按钮、电阻和负载等，与《GB 4728 电气图用图形符号》标准中的符号不尽相同，主要是为了与组态编程软件中的帮助内容相一致，以便于理解。具体应用时应使用国标中的标准符号。下同。

表 2-4　常用的 4 种直流 I/O 模块性能指标

模块目录号	输入/输出	电压类别/输入范围	工作电压范围/分辨率	可拆卸端子块
1756-IB16D	16 点诊断输入（4 点/组）	12/24V DC 灌入型	10～30V DC	1756-TBCH 1756-TBS6H
1756-OB16D	16 点诊断输入（8 点/组）	12/24V DC 拉出型	10～30V DC	
1756-IF16	16 点单端输入或 8 点差分输入或 4 点差分（高速）输入	±10.5V 0～10.5V 0～5.25V 0～21mA	16 位	
1756-OF8	8 点电压或电流输出	±10.4V 0～21mA	15 位	1756-TBNH 1756-TBSH

② 1756-OB16D 模块　1756-OB16D 模块是 16 点直流拉出型 DO 模块，有 12V DC 和 24V DC 两种电压类别，16 点输出分 2 组，每组 8 点有一个公共端，每个通道与背板采用光电隔离。每点最大输出电流为 2A，每个模块最大输出电流为 8A。模块带诊断功能，当有故障时对应通道的故障指示灯就会亮。模块的外部回路接线图如图 2-6 所示。

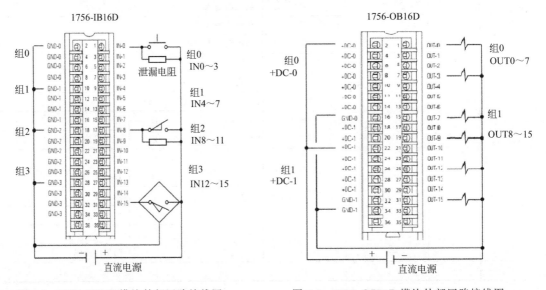

图 2-5　1756-IB16D 模块外部回路接线图　　　图 2-6　1756-OB16D 模块外部回路接线图

③ 1756-IF16 模块　1756-IF16 模块是非隔离型模拟量电压/电流输入模块，有多种电压/电流输入信号范围，如 -10～10V、0～5V、0～10V、0～20mA 等。内置有滤波器，具有欠压（流）/过压（流）范围检测、断线检测、过程量和速率报警等附加功能。支持单端、差分和高速模式差分 3 种接线方式，分别提供 16 路、8 路和 4 路输入通道。单端和差分电流输入接线图分别如图 2-7 和图 2-8 所示，图中 A 表示二线制仪表，B 表示四线制仪表。

④ 1756-OF8 模块　1756-OF8 模块是非隔离型 AO 模块，有 8 个模拟量输出通道，可以混用电流/电压输出，具有斜坡/速率限制、初始化保持、开路检测、钳位/限值报警和数据回送等附加功能。电流输出连接 IOUT 端子，电压输出连接 VOUT 端子。模块的外部回路接线图如 2-9 所示，通道 0 为电流输出，通道 2 为电压输出。DO 模块的外形图如图 2-10 所示，其他 I/O 模块的外形类似。

各种 I/O 模块的外部回路信号连接和组件的装配会略有差异。I/O 模块还可以选择专用

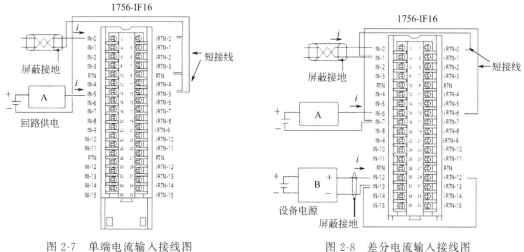

图 2-7　单端电流输入接线图　　　　　　　图 2-8　差分电流输入接线图

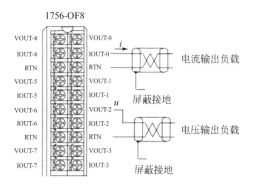

图 2-9　1756-OF8 模块外部回路接线图

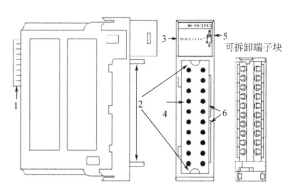

图 2-10　DO 模块外形图

1—背板连接器；2—顶、底部导轨；3—状态指示灯；
4—连接器引脚；5—锁销；6—匹配槽

的连接电缆和现场接口模块（IFM/AIFM）与现场仪表信号相连，如图 2-11 所示，既可简化信号连接，也增加系统配置的灵活性。

图 2-11　I/O 模块与接口模块的连接

2.1.5　通信模块

通信模块是 ControlLogix 系统的网络接口，不同的通信模块连接不同的网络，安装在框架中的各种网络接口模块通过背板实现网络间的连接，不需要控制器模块。ControlLogix 系统支持多种通信网络，如 EtherNet/IP、ControlNet、DeviceNet、DH＋、RIO 和基金会现场总线（FF）等。通过这些通信模块，控制器就可以访问相应的网络，进而控制或监听网络中的 I/O 设备。

（1）EtherNet/IP 模块

ControlLogix 控制器通过 EtherNet/IP 通信模块连接 EtherNet/IP 网络，每个模块最多可以支持 128 个 TCP/IP 连接和 128 个逻辑连接。通信介质、传输距离、传输速率等与商用以太网相同，采用五类双绞线时传输距离达 100m，传输速率达 100Mbps；采用单模光纤可传输 30km 及更远。支持星形和环形拓扑结构。常用的 EtherNet/IP 模块和特性如表 2-5 所示。

表 2-5 常用的 EtherNet/IP 模块和特性

模块目录号	通信速率/bps	特性
1756-ENBT	10M/100M	①连接控制器与 I/O 模块,对于分布式 I/O 需要使用适配器 ②通过信息与其他 EtherNet/IP 设备通信 ③按生产/消费模式作为 Logix5000 控制器间的数据共享途径 ④桥接各个 EtherNet/IP 节点,并将信息转发到其他网络上的设备 ⑤支持 128 个逻辑连接
1756-EN2T	10M/100M	①功能与 1756-ENBT 模块相同,性能大幅提高,适用于要求更高的应用场合 ②通过 USB 端口提供临时配置连接 ③使用旋转开关快速配置 IP 地址 ④支持 256 个逻辑连接
1756-EN2TSC	10M/100M	同 1756-EN2T,安全通信模块
1756-EN2TP	10M/100M	①功能与 1756-EN2T 模块相同 ②以太网桥,双口,带并行冗余协议（PRP） ③最大支持 8 轴运动控制
1756-EN2TR	10M/100M	①功能与 1756-EN2T 模块相同 ②支持环形拓扑网络通信,可实现具备单故障容错能力的设备级环形网络（DLR） ③内嵌交换机 ④最大支持 8 轴运动控制
1756-EN2F	100M	①功能与 1756-EN2T 模块相同 ②通过模块上的 LC 型光纤连接器连接光纤 ③支持 256 个逻辑连接
1756-EN3TR	100M	①同 1756-EN2TR ②内嵌交换机 ③最大支持 128 轴运动控制

（2）ControlNet 模块

ControlNet 模块连接 ControlNet 网络，采用 RG6 同轴电缆，支持光纤中继器和冗余介质。支持总线型、星形、树形和混合拓扑结构，网络速度达 5Mbps。干线长度与节点数量有关，单网段，2 个节点时干线长度达 1km，48 个节点时干线长度为 250m。ControlNet 网最多支持 99 个节点，有 128 个连接，终端电阻为 BNC 型，阻值 75Ω。常用的 ControlNet 通信模块和特性如表 2-6 所示。

（3）DeviceNet 模块

DeviceNet 通信模块连接 DeviceNet 网络，采用典型的干线-分支拓扑结构，支持粗缆、细缆和扁平电缆。可容纳 64 个节点地址，每个节点支持的 I/O 数量没有限制，支持对等通信、多主或主/从通信模式和冗余结构，网络速度可选 125Kbps、250Kbps 和 500Kbps。干

表 2-6 常用的 ControlNet 通信模块和特性

模块目录号	特性
1756-CNB	①控制 I/O 模块 ②通过信息与其他 ControlNet 设备通信 ③按生产/消费模式与其他 Logix5000 控制器共享数据 ④桥接各个 ControlNet 节点,并将信息转发到其他网络上的设备
1756-CNBR	①功能与 1756-CBN 模块相同 ②支持 ControlNet 冗余介质
1756-CN2	①功能与 1756-CBN 模块相同 ②性能大幅提升,适用于要求更严苛的应用场合
1756-CN2R	①功能与 1756-CN2 模块相同 ②支持 ControlNet 冗余介质

线长度与通信速率成反比,采用粗缆时,最长干线长度达 500m。终端电阻为 120Ω,不少于 1/4W,有圆缆孔式、圆缆针式和扁平电缆式 3 种型式。常用的 DeviceNet 通信模块和特性如表 2-7 所示。

表 2-7 常用的 DeviceNet 通信模块和特性

模块目录号	特性
1756-DNB	①控制 I/O 模块 ②通过信息与其他 DeviceNet 设备通信
1788-EN2DN	将 EtherNet/IP 网络链接到 DeviceNet 网络
1788-CN2DN	将 ControlNet 网络链接到 DeviceNet 网络

(4) 其他通信和模块

① DH+ 是罗克韦尔自动化控制层的一种工业控制局域网,支持远程编程,可以连接各种处理器、计算机、人机界面等设备。DH+ 采用总线结构和令牌传送协议,只有持有令牌的节点才能发送数据。DH+ 采用标准双绞线作为传输介质,按菊花链或主干/分支的连接方式,单条 DH+ 网络可最多连接 32 个工作站,通道 A 支持 57.6Kbps、115.2Kbps 和 230.4Kbps 等三种通信速率,传送距离分别为 3024m、1524m 和 230m;通道 B 支持 57.6Kbps 和 115.2Kbps 两种速率。

② RIO 链路是处理器与远程 I/O 机架、智能设备、操作员界面等设备的通信链路,处理器通过内置的扫描器端口或独立的扫描器模块对所有的远程 I/O 设备进行数据交换。RIO 还可连接兼容的第三方产品,如机器人、焊接控制器、无线调制解调器等。RIO 采用标准双绞线作为传输介质,通过光纤中继可支持光纤传输。采用菊花链或主干/分支的连接方式和主/从通信方式。最多可以连接 32 个 I/O 机架或适配器式的设备,支持 57.6Kbps、115.2Kbps 和 230.4Kbps 等三种通信速率,传送距离分别为 3024m、1524m 和 762m。

1756-DHRIO 模块是 ControlLogix 系统的 DH+ 和 RIO 网路通信模块,具有传统 DH+ 和 RIO 通道的全部技术特性,可以通过拨码开关组态为 DH+ 通道或 RIO 通道,使用 MSG 或生产/消费标签完成各种数据的交换和共享,可实现 ControlLogix 控制器与处理器之间的信息交换和数据共享,以及用作扫描器控制远程 I/O,协调多种设备的通信工作。同时,可提高系统集成的灵活性和选择性,降低集成和维护等费用。典型的 DH+ 和 RIO 网络架构分别如图 2-12 和图 2-13 所示。

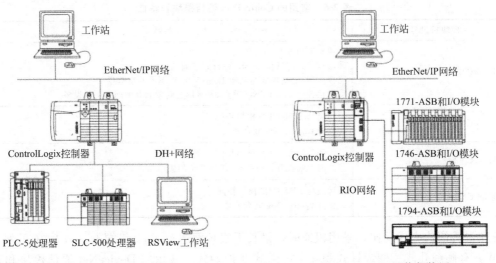

图 2-12　DH＋网络架构图　　　　　图 2-13　RIO 网络架构图

除 DH＋和 RIO 外，罗克韦尔自动化系统的传统网络还有 DH-485 以及第三方通信模块，如 Prosoft 公司的 MVI56E-MCM 进行 ModBus 通信等。ControlLogix 控制器可以采用这些通信网络对上一代控制系统进行升级、改造，连接各个系列的 I/O 模块等，都具有很好的兼容性。

2.2　冗余系统

虽然 PLC 系统具有很高的可靠性，而且大多模块支持在线插拔，当系统出现故障时可以在线快速维修，能满足大多数的应用场合。但对于可靠性要求较高的应用场合，如石油、化工、冶金、长输管道、核电等的基本控制系统（BPCS）和安全联锁系统（SIS），系统故障会引起较大的经济损失，甚至造成人员伤亡和环保问题，因此，需要采用冗余技术来进一步提高系统的可靠性，确保系统长周期、稳定运行。

2.2.1　冗余技术概述

（1）基本概念

冗余技术是指采用 2 个及以上部件或系统实现相同的功能，并且互为备用及切换的技术。冗余的目的是使系统在运行时不受单个设备故障的影响，而且故障部件维护时也不会对系统的功能产生影响，从而提高整个控制系统的可靠性和可维护性。

（2）冗余技术分类和工作原理

冗余技术有多种分类方法。按照冗余工作方式分类，可分为并行冗余和热备冗余；按照实现的方式分类，可分为硬件冗余和软件冗余；按照冗余在系统中所处的位置分类，可分为元件级、部件级和系统级冗余；按照冗余程度分类，可分为 1:1 冗余、1:n 冗余；按照应用需求分类，可分为控制器冗余、通信冗余、电源冗余和 I/O 冗余等。

① 并行冗余　也称为工作冗余，指冗余部件或系统并行工作，同时实现输入/输出控制，任何一套系统出现故障时不会影响另一套系统的工作，如直流电源的冗余、2 个独立进行数据采集的计算机系统、多个控制器同时控制 I/O 等。

② 热备冗余　也称为非工作冗余或后备冗余，是指冗余部件或系统按主从方式工作，

主系统控制输入/输出，当主系统出现故障时切换到从系统进行控制。切换时间的长短由冗余系统的性能决定。

③ 硬件冗余　采用专门的冗余模块判断主、从控制器，并自动传送所有冗余数据到从控制器实现同步，切换时间短，能实现无扰动切换。

④ 软件冗余　采用软件编程的方式判断主、从控制器，组织冗余需要的数据，并编写逻辑传送数据到从控制器实现同步，切换时间相对较长，对切换时间有要求的应用场合要注意切换时间对输出的影响。

当前大多数 PLC 的控制器冗余系统都是采用热备冗余技术，两套互为热备的控制器以主、从方式运行，主控制器扫描 I/O 和控制输出，并通过硬件或软件编程的方式把需要的数据同步传送给从控制器。当主控制器出现故障时，在足够短的时间内自动切换到从控制器，从控制器成为主控制器，接管控制 I/O，从而确保整个系统可以不间断地可靠运行。

2.2.2　ControlLogix 系统冗余配置

ControlLogix 控制器冗余属于硬件热备冗余❶。控制系统的冗余可根据具体应用需求进行灵活配置，包括网络冗余、电源冗余、控制器冗余、I/O 模块冗余以及组合冗余方式。

（1）网络冗余

当考虑网络部分是系统薄弱环节时，可采用网络冗余，也称为介质冗余。ControlLogix 系统使用 1756-CN2R 模块组成冗余 ControlNet 网络实现网络冗余，如图 2-14 所示。图中，ControlNet 网络有 3 对节点：第 1 对是工作站节点，带有冗余 ControlNet 网卡；第 2 对是 ControlLogix 控制站节点，带有冗余介质的 ControlNet 模块连接网络，控制 1756 系列 I/O；第 3 对是 PLC-5/C 处理器❷节点，处理器有冗余 ControlNet 端口连接网络，控制 1771 系列 I/O。

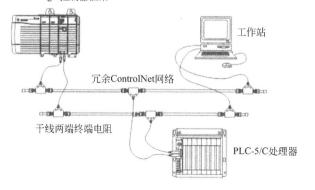

图 2-14　ControlNet 网络冗余

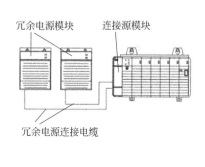

图 2-15　电源冗余

（2）电源冗余

当考虑电源是系统薄弱环节时，可以采用 1756-PAR2（或 1756-PBR2）冗余电源套件给每个框架供电，如图 2-15 所示。同时，还可以考虑使用不同的外供电回路分别给冗余电

---

❶　ControlLogix 系统资料中没有明确这样的表述。这是笔者根据系统冗余分类和其功能的理解而做出的判断。目前绝大多数的 PLC 和 DCS 都属于这种冗余方式。

❷　本书采用简洁的方式表示传统的 PLC，PLC-5/C 处理器表示带 ControlNet 通信端口的 PLC-5 处理器，有多种规格。下同。

源模块供电，进一步提高电源的可靠性。冗余电源模块有故障报警触点，可作为 DI 点引入到系统的输入模块作状态监测和预警。

(3) 控制器冗余

当考虑控制器故障可能引起重大问题的应用场合（如系统经过评估，要求按 SIL2 配置控制系统时），可采用两套完全一样的 ControlLogix 控制器组成冗余控制器系统。控制器冗余是 ControlLogix 系统冗余的核心。

控制器冗余配置要求包括：

① 主、从两个框架尺寸一致，先上电的框架为主框架；

② 每个框架中至少有 1 块控制器模块 1756-L7X、1 块冗余模块 1756-RM2 和至少 1 块 ControlNet 模块 1756-CN2R 或 1 块 EtherNet/IP 以太网模块 1756-EN2T；

③ 模块安装顺序、ControlNet 模块的节点地址、以太网模块的 IP 地址都要一致；

④ 冗余模块通过 1756-RMCx❶ 同步电缆连接，冗余框架中不能有 I/O 模块；

⑤ 模块系列、固件版本和控制器运行的程序版本一致，冗余控制器中不能有事件型任务和被禁止的任务。

增强型冗余系统中，1756-L7X 控制器对应的冗余模块固件版本是 19.053。冗余框架中的 ControlNet 和 EtherNet/IP 通信模块必须是增强型，即目录号中都包含一个 "2" 字，例如 1756-EN2T 模块。冗余模块 1756-RM2/A 只占一个槽位，不能与 1756-RM/A 和 1756-RM/B 配对，更不支持早期的占 2 个槽位的 SRM 冗余模块。一个冗余控制器系统如图 2-16 所示。图中，实现控制器冗余和 ControlNet 网络冗余，其中的一个远程框架带冗余电源。

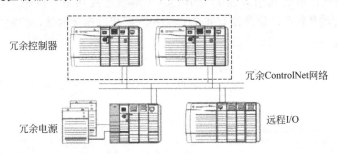

图 2-16　冗余控制器系统

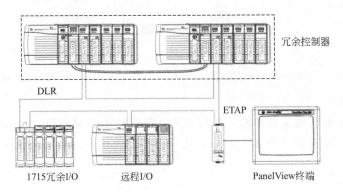

图 2-17　1715 系列冗余 I/O

---

❶ 1756-RMC 有 3 种长度：1m、3m 和 10m，x 即长度，对应的型号为 1756-RMC1、1756-RMC3 和 1756-RMC10。

（4）I/O 模块冗余

当考虑 I/O 模块故障可能引起重大问题的应用场合，可以采用 I/O 冗余设计，如图 2-17 所示。图中，冗余控制器框架中配置了具有环形拓扑通信能力的以太网模块 1756-EN2TR，与 1715-冗余 I/O 的以太网适配器 1715-AENTR 构成设备级环形网络（DLR），PanelView 图形终端通过以太网分接器（ETAP）接入环网，作为设备级的监视和操作控制。环网中还有一个 1756 远程 I/O 站。借助 DLR 技术，控制器和 I/O 模块的可靠性和可维护性得到进一步提高。

2.3 组态编程工具

ControlLogix 系统的组态编程工具包括组态编程软件 Studio5000、通信连接软件 RSLinx、网络组态软件 RSNetWorx 和仿真软件 RSLogix Emulate5000 等。Studio5000 是罗克韦尔自动化在 2000 年前后推出的软件，V21 版或更高版本支持 1756-L7X 控制器。Studio 5000 逻辑设计器（Logix Designer）将 ControlLogix 系统的项目和设计组成到一体化的通用环境中，是 RSLogix5000 的全面更新换代版本，实现离散、过程、批量、运动、驱动和安全控制的全部应用开发功能❶。

本书以当前主流的 Studio5000 V24.0 专业版进行叙述和组态编程举例。如无特殊说明，默认指 Studio5000 Logix Designer。不管是新学习使用的，还是已熟悉使用 RSLogix5000 组态编程软件的人员，只要按步骤学习和操作，会很容易掌握 Studio5000 的使用。

2.3.1 Studio5000 组态编程软件

Studio5000 软件的功能包括对控制器的组态、编程、监视控制器状态、I/O 刷新、系统诊断以及对外信息交换、数据和文件组织管理等。Studio5000 随着控制器的升级换代，不断推出新的版本，V21 版或更高的版本支持 1756-L7X 等控制器。

（1）Studio5000 主要特点

① 编程方便快捷。提供自由格式程序编辑器，拖放编辑操作，可以同时修改多个逻辑，也可以点击页面相关提示输入等。

② 组态灵活简单。对话式组态，图形编辑器完成控制器、I/O 等各种组态。

③ 指令功能丰富。包括梯形图、结构化文本、功能块、用户自定义指令等。

④ I/O 寻址更准确。直接使用操作数寻址方式，浏览获取 I/O 数据和数据库标签，减少人为输入造成的错误。

⑤ 在线功能强。包括各种在线帮助、屏幕信息，参考资源信息量大。

（2）界面布局

安装好 Studio5000 软件，桌面上通常会有快捷键，双击图标或在【开始】（Start）菜单中打开 Studio5000 软件，新建或选择项目后显示的界面如图 2-18 所示。

这是 Windows 风格的操作窗口，包括标题栏、菜单栏、工具栏、状态栏、控制器面板区、网络路径区、指令栏区、控制器管理器❷和编辑操作区等。

---

❶ Studio5000 版本还在不断推出新版本以支持新控制器和新功能。2014 年后推出的 Studio Architect，包含了 ControlLogix 系统的集成网络架构设计，可以查看、配置和维护整个 Logix5000 系统，还能与第三方系统交换数据，简化了开发工作，且功能更强，操作更便捷。

❷ 早期版本和资料都称为项目管理器，这里统一为控制器管理器。

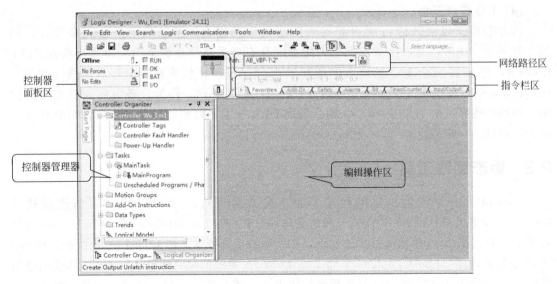

图 2-18　Studio5000 软件

2.3.2　RSLinx 连接软件

RSLinx 是组态站（指编程终端和工程师站等）与 ControlLogix 控制器之间必需的连接软件，可以建立并组态通信驱动，浏览已建立的网络、节点和网络设备通信诊断等。RSLinx 有多个系列和不同的版本[1]，其中 RSLinx Classic Lite V2.59 或更高的版本支持 1756-L7X 控制器。

组态站与控制器的通信连接，通常通过 EtherNet/IP 模块或 ControlNet 模块建立与 1756 框架的稳定连接，还可以通过控制器上的 USB 口建立临时连接。临时连接仅作为短时

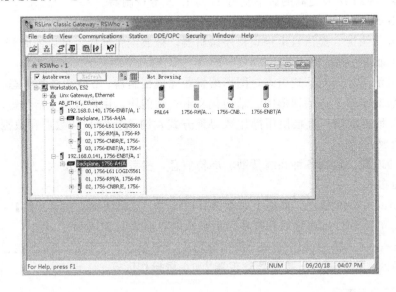

图 2-19　RSLinx 软件

---

[1]　RSLinx Classic 系列包括 Lite（简装）、Single Node（单节点）、OEM 和 Gateway（网关）版，功能各有不同，由采购的授权决定。

间通信连接，如模块固件版本刷新、点对点组态下载等。RSLinx 软件如图 2-19 所示。

2.3.3 RSNetWorx 网络组态软件

RSNetWorx 是控制器的网络组态、监视控制和优化软件。对应于 ControlLogix 系统的信息层、控制层和设备层等 3 层网络，组态软件分别是 RSNetWorx for EtherNet/IP、RSNetWorx for ControlNet 和 RSNetWorx for DeviceNet。3 个软件的页面和功能类似，分别可以组态、监视数据、配置和优化网络参数等。RSNetWorx for ControlNet 软件页面如图 2-20 所示。

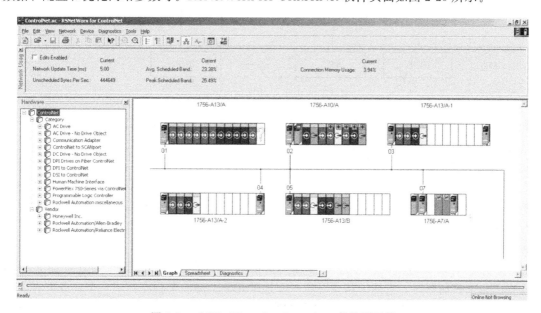

图 2-20　RSNetWorx for ControlNet 软件页面图

2.4　控制器文件结构

控制器的文件结构是指控制器的程序文件结构和数据文件结构。在使用控制器前，应该学习和了解控制器的文件结构，这对于合理设计程序文件，规划程序、设备阶段和数据及数据库结构，优化控制器内存和逻辑执行等，都是十分有帮助的。

2.4.1　程序文件

程序文件是用户编写的针对控制应用的执行文件，一个 ControlLogix 项目的程序文件结构包括 3 层，即任务（Task）层、程序（Program）层和例程（Routine）层，结构层次图如图 2-21 所示。其中，一个项目最多可以定义 32 个任务，每个任务最多可以定义 100 个程序、设备阶段或它们的组合。每个程序或设备阶段拥有自己独立的数据库和例程，例程的个数由控制器的内存决定，只要内存足够大，例程的数量没有具体限制。

（1）任务

任务是一个项目所有与控制有关的数据和逻辑的总和，有连续型、周期型和事件触发型 3 种执行类型。连续型任务是指周而复始执行的任务，周期型任务是指定时（中断）执行的逻辑程序，事件触发型任务是指事件触发引起的调用任务。

一个项目只能定义一个连续型任务。连续型任务执行期间，可以被周期型任务和事件触发型任务中断（周期型任务和事件触发型任务因此也称为中断型任务）。中断型任务的中断

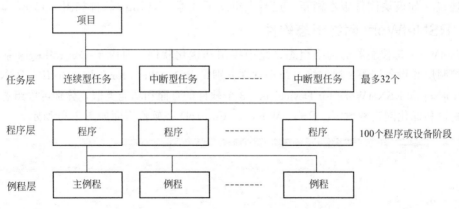

图 2-21　程序文件结构层次图

级别有 15 个，序号为 1～15，序号越小，中断级别就越高，任务的优先权也越高。高优先权任务可以中断所有低优先权的任务，一个中断任务完成后返回到断点继续执行。

（2）程序和设备阶段

① 程序是任务的下一层结构，由独立的数据库和例程组成。在数据库中建立的标签只能被程序内的例程引用，属于内部数据。每个程序中必须指定一个例程为主例程，作为程序运行的启动程序，其余的例程由主例程中调用。程序中还可以指定一个故障处理例程，以解决程序中的例程在运行时引起的故障。

程序是一个完整的结构，可以理解为一个传统的处理器。当把传统的处理器移植到 ControlLogix 控制器时，它的结构就对应一个连续任务下的一个程序。当一个任务下有多个程序时，控制器将按程序的组态顺序执行。这个顺序可以根据需要在任务组态中进行调整。

② 设备阶段是专门针对基于状态转换模型的控制场合而开发的程序设计方法，也称为设备相位。Stuio5000（或 RSLogix5000 V15 版及以后的版本）支持设备阶段的编程和管理功能。它把设备运行划分为各个操作状态循环操作，任何时候只有一个模块处于激活处理中，每个状态按照设定的时间或给定的条件，决定完成并进入下一个状态。设备阶段采用标准化的状态编程模型，把编制的程序代码写入规定的状态模块，模块之间只需通过转换和命令调用来实现控制。

设备阶段有自己独立的数据库和例程，要建立各种阶段状态例程，包括类似于主控例程的预设状态例程或初始化状态例程等。设备阶段与程序处于同等位置，只是针对的应用对象不同而已。

（3）例程

例程是控制器执行的所有控制代码的集合，也称为子程序，是一个项目实现各种控制策略的执行逻辑代码。例程可以用任一种编程语言进行编写，每个例程只能引用控制器数据库和所在程序的数据库。

2.4.2　数据文件

ControlLogix 系统的数据文件与传统的 PLC 处理器不同，它采用数据标签❶来表示程序处理的数据或对象。数据文件是用户程序中使用的数据标签的集合，也称为数据库。一个好

---

❶　有些资料也称为标志、标记或标识等，这里统一称为标签。它是 ControlLogix 控制器内存的寻址单位。

的 ControlLogix 项目，不仅要建立数据文件，还要对数据进行合理的规划，包括数据范围、数据类型和结构等。

（1）数据标签

数据标签由字母开头，包括大小写字母、数字 0～9 和下划线组成，如 Switch_1、Pump_5 和 Start 等。在同一个数据范围内，数据标签不分大小写，大小写主要用于辅助记忆。由于数据标签在数据库中是按字母顺序排列的，所以可用前缀、补齐标签字符长度的方法进行命名，如 A1_TK001、A2_TK151 等。简洁的数据标签可以节省内存。

（2）数据范围

ControlLogix 系统建立的数据文件可分为全局数据范围和程序数据范围。全局数据范围又称为控制器数据范围，对外数据和内部数据全部都可以被控制器中的所有程序或例程引用。程序数据范围属于各程序的内部数据，只能被所在程序中的例程引用。各程序数据范围是相互隔离的，不同程序范围中的标签可以重名。

（3）数据类型

ControlLogix 系统的数据类型有基本数据类型和结构数据类型两种。基本数据类型构成结构数据类型，结构数据类型和关系数据库的记录结构方式一致，有利于数据采集和管理系统的数据交换。

① 基本数据类型　基本数据类型包括布尔型（BOOL）、短整数型（SINT）、整数型（INT）、双整数型（DINT）和实数型（REAL），是程序或人机界面引用地址的最小单位，通常称为操作数。基本数据类型的名称、符号、格式和数值范围如表 2-8 所示，实数型数据可以表示小数。

表 2-8　基本数据类型的名称、符号、格式和数值范围

数据类型	符号	位数	数值范围
布尔型	BOOL	1	0 或 1
短整数型	SINT	8	$-128 \sim +127$
整数型	INT	16	$-32768 \sim +32767$
双整数型	DINT	32	$-2147483648 \sim +2147483647$
实数型	REAL	32	$-3.40282347 \times 10^{38} \sim -1.17549435 \times 10^{-38}$（负数），0，$1.17549435 \times 10^{-38} \sim 3.40282347 \times 10^{38}$（正数）

ControlLogix 系统数据处理的基本单位是 32 位共 4 字节（B），数据标签的类型为 BOOL、SINT 或 INT 时，数据位分别只有 1 位、8 位和 16 位，控制器仍按一个完整的 32 位分配内存空间，空余的位被闲置。基本数据类型的内存空间占用如图 2-22 阴影部分所示。很显然，这样的内存分配其优点是简单，缺点是占用内存较多。

图 2-22　基本数据类型内存空间占用图

CPU 处理不同的数据类型时运算速度是不同的，如采用 SINT 或 INT 类型运算时，CPU 需要把 SINT 或 INT 转换成 DINT 后进行运算，运算完成后还要将结果分别转换为 SINT 或 INT 型数据，这都需要占用 CPU 处理时间。混合运算时的转换略有不同，如 SINT 与 DINT 运算，结果为 DINT 等。数据类型都是 DINT 时，数据处理时不需要转换，运算速度较快。具体应用编程时要注意，如果运算量不大，CPU 运行速度足够快，这点时间是可以忽略的。但如果程序较大，就需要做进一步优化❶。

② 结构数据类型　结构数据类型包括系统预定义结构数据类型、用户自定义结构数据类型和数组等 3 种，每一种类型又包含几种形式，如表 2-9 所示。

表 2-9　结构数据类型表

结构数据类型	数据类型
系统预定义结构数据类型	I/O 组态数据
	多字元素文件数据(定时器和计数器)
	系统组态信息和状态数据
用户自定义结构数据类型	字符串自定义数据结构
	用户自定义数据结构
	AOI 自定义指令
数组	基本数据类型和结构数据类型

a. 系统预定义结构数据类型　指系统预先定义的结构数据，具有固定的形式，在组态编程定义时自动产生。它包括以下几种形式。

（a）I/O 组态时产生的数据。ControlLogix 系统在创建 I/O 模块时，数据库中自动生成相应的 I/O 结构数据。设在本地框架 1 号和 2 号槽位分别添加 DI 和 DO 模块时，就有：

Local:1:C——本地框架 1 号槽位 DI 模块组态数据；

Local:1:I——本地框架 1 号槽位 DI 模块输入数据；

Local:2:C——本地框架 2 号槽位 DO 模块组态数据；

Local:2:I——本地框架 2 号槽位 DO 模块状态数据；

Local:2:O——本地框架 2 号槽位 DO 模块输出数据。

每一种 I/O 模块其结构数据是不一样的，编程时可以直接采用相应的数据，或通过别名的方式读写 I/O 通道。I/O 模块的这种结构数据，大大简化了 ControlLogix 系统的 I/O 寻址方式。如 Local:1:I.Data.1 表示本地框架 1 号槽位 DI 模块的输入通道 1，Local:2:O.Data.7 表示本地框架 2 号槽位的 DO 模块的输出通道 7 等。AI 和 AO 模块的定义和别名调用方法类似。

（b）多字元素文件数据。ControlLogix 系统扩展了 PLC-5 增强型指令集，并继续引用传统 PLC 指令集中的多字元素文件，同时把指令中的 16 位整型数转换为 32 位双整型数。如定时器（Timer）指令、计数器（Counter）指令、比例积分微分（PID）指令、信息（MSG）指令和顺序功能图（SFC）操作指令等。

（c）运动控制、功能块图、设备阶段以及系统组态信息和状态信息对应的数据结构，分别在运动控制编程、功能块（过程控制）编程、设备阶段编程以及使用设置系统参数指令

---

❶　可参阅第 6 章 6.5 有关系统优化内容。

（SSV）和读取系统参数指令（GSV）时引用。

b. 用户自定义结构数据类型　指用户根据应用需要自行定义的结构数据。它包括以下几种形式。

（a）字符串自定义数据结构。用户可以自行定义长度为 1KB～64KB 的字符串数据结构，用于 ASCII 码的数据（英文字符和数字符号等）表述。数据结构中默认一个长度为 82B 的字符串，与传统 PLC-5/SLC-500 系统中定义的字符串长度一致以保证能相互兼容。

（b）用户自定义数据结构。用户自定义数据结构（UDF）是在编程时为了某一控制任务组织相关数据而建立的数据结构，以便于数据的查找、监视和传输等。在建立数据结构的过程中，数据元素的定义顺序与存储器空间的占用有关。BOOL 类型占 1 位，每建立一个 BOOL 元素，都会存放在剩余的空间上。如果空间不够，再划出新的 32 位字的空间。同理，SINT 类型占 8 位，每建立一个 SINT 元素，都会存放在剩余的空间上。如果空间不够，再划出新的 32 位字的空间。其他类型以此类推。一个完整的用户自定义数据结构 UDF 的大小一定是 32 位的整数倍。

图 2-23 所示是一个为电机控制而建立的 UDF，各种数据类型占用的存储空间与定义的顺序（而不是按字母顺序）和它们的类型有关，把相同类型的数据整理到一起，数据所占用的空间只需 40B（10×4＝40B），比原来基本数据类型所占空间（14×4＝56B）要小得多。

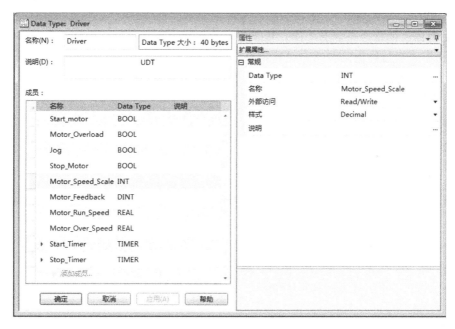

图 2-23　UDF 存储空间

（c）AOI 自定义指令结构。AOI 自定义指令数据结构是建立 AOI 时需要分配的输入/输出参数和指令内部使用的参数构成的数据库，类似于指令的数据结构。AOI 建立后，就会在项目目录的【用户自定义】（Add-On-Defined）文件夹中自动产生与 AOI 指令同名的自定义数据结构。AOI 指令调用时，都要分配一个相应结构的数据标签，作为指令执行时的输入和输出参数。

c. 数组　数组是同一数据类型连续分布的集合，可由基本数据类型和结构数据类型构成。数组有 1 维、2 维和 3 维等三种结构。数组中元素的个数没有限制，大小取决于控制器内存。一个数组元素具有相同的数据形式，而且可以用算术表达式来运算。

如数组数据 Array_1 [2] 表示一个 1 维数据，数组名为 Array_1，[2] 表示数组的第 3 个元素（0、1 和 2）。Pump_2 [1,3] 表示一个 2 维数组中的第 2 行、第 3 列交叉的元素。同理，Motor_A [2,3,0] 表示一个 3 维数组，数组名为 Motor_A，[2,3,0] 表示其中 3 维中第 3、第 4 和第 0 行交叉点的元素。如图 2-24 所示，图中黑点的位置就表示数组元素的位置。

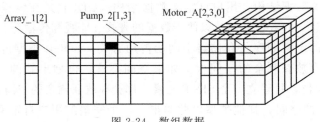

图 2-24　数组数据

2.5　编程语言和指令系统

编程语言是系统提供的、用于项目应用中编写控制逻辑的工具。ControlLogix 系统的编程语言符合 IEC61131-3 标准，有梯形图、结构化文本、功能块图和顺序功能图等 4 种编程语言[1]。每种语言的指令条数有不同，指令符号和参数也有差异，有的指令只用于某种控制场合。如梯形图和结构化文本的定时器指令 TON 与 TONR 形式不同，顺序功能图不支持 ASCII 指令等。可以根据不同的应用场合和工程技术人员或维护人员的编程习惯来选择和使用编程语言。

2.5.1　编程语言简述

（1）梯形图

梯形图（LD）是 PLC 的一种最典型的也是最基本的编程方式，它沿用了继电器的触点、线圈、串联、并联等术语和图形符号，并增加了新的功能和逻辑符号，具有直观、易学、好理解的特点，成为使用最为广泛的编程方式，适用于顺序逻辑控制、离散量控制、定时/计数控制等。

梯形图一般由 2 条母线和指令构成的梯级（Rung）或阶梯组成，每条梯级包括输入指令和输出指令。输入指令和左母线相接，输出指令最后连接右母线[2]。梯形图以结束语句（END）表示程序结束。典型的梯形图如图 2-25 所示，这是一个延时通逻辑，当开关Swith_1 闭合后 10s，绿灯 Green_Light 亮。

（2）结构化文本

结构化文本（ST）是一种类似于高级语言如 C 语言和 PASCAL 等语言的编程语言，能很方便地建立、编辑修改和实现比较复杂的控制算法。结构化文本包括赋值、条件、循环、重复、跳出等基本语句。特别是在数据处理、计算、存储、判断、优化算法等应用场合，以

---

[1]　有关 ControlLogix 系统的编程语言还可以参考第 6 章 6.2 相关内容和编程手册。

[2]　有的 PLC 厂家的梯形图只有左母线，省略了右母线，每条阶梯的长度不一样，但不会影响控制功能和阅读理解。详细的梯形图编程可参考《通用指令参考手册》和《通用程序编程手册》等相关的内容。

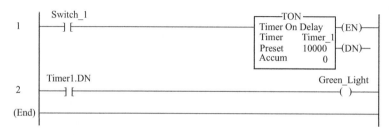
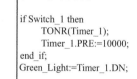

图 2-25　梯形图　　　　　　　　　　图 2-26　结构化文本

及涉及多种数据类型处理的应用中使用广泛。

图 2-25 梯形图可以写成图 2-26 所示的结构化文本语句。

（3）功能块图

功能块图（FBD）是一种可视化的编程语言，使用类似布尔代数的图形逻辑符号来表示控制逻辑。同时引用仪表控制回路组态方式，用功能块之间的连接来建立程序结构，并放在表单中。每个功能块都定义控制策略并连接输入端和输出端来实现过程控制。

ControlLogix 系统有丰富的功能块指令，适用于有数字电路基础和过程控制经验的技术人员使用。典型的功能块控制图如图 2-27 所示，这是一个带复位标签的延时通功能块图，定时预置值为 500ms。

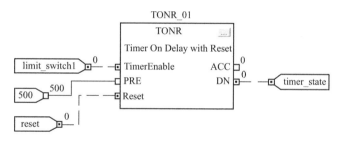

图 2-27　功能块图

（4）顺序功能图

顺序功能图（SFC）也是一种图形化的编程语言❶，它将工作流程划分为步（Step），每一步都对应一个控制任务，这个控制任务包含实现控制的程序代码。该程序既可以是 LD，也可以是 ST 或 SFC。步用一个方框和一个步号表示，步与步之间的转换条件可以是一个条件，也可以是一段程序，用水平线和转换号表示。SFC 有单序列的顺序结构、选择分支、并行分支和循环等 4 种结构。通过显示这些步和转换条件，可以随时掌握控制过程的状态。

SFC 采用简单直观的图形符号来形象地表示和描述整个控制的过程、功能和特性，将整个逻辑分成容易处理的步和转换条件，简单易学、设计周期短、规律性强。整个程序结构清晰，可读和可维护性好，特别适合熟悉工艺的编程人员使用。一个有选择分支的顺序功能块图如图 2-28 所示，图

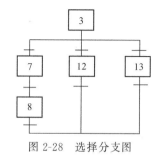

图 2-28　选择分支图

---

❶　严谨地说，SFC 更像是一种编程方式。

中，程序从步 3 开始执行，执行完成后进入选择分支，从步 7、步 12 和步 13 顺序判断转换条件来选择一个分支执行。如果第一个转换条件满足，选择执行步 7；如果第 2 个转换条件满足，执行步 12；如果第 3 个转换条件满足，执行步 13。

（5）编程语言选择

ControlLogix 控制器支持 4 种编程语言，除非特别指定，大多数技术人员会根据自己的喜好或掌握熟练程度来选择。实际上，每一种编程语言各有不同的特点和应用侧重点，包括指令集、编程风格、在线监视和注释等，要根据应用的具体情况和要求来综合选定，主要考虑因素如表 2-10 所示。

表 2-10　应用场合和编程语言选择

编程语言选择	应用场合
梯形图（LD）	连续或多个操作并行执行(没有顺序)
	布尔量或位操作
	复杂的逻辑操作
	信息和通信处理
	设备联锁
	维护维修人员可理解的操作,便于设备和过程的故障排除
	伺服控制
功能块图（FBD）	连续的过程和驱动控制
	回路控制
	流量计算
顺序功能图（SFC）	多操作高级管理
	重复操作顺序
	批量过程
	运动控制顺序(通过带嵌入式 ST 的 SFC 实现)
	设备操作状态
结构化文本（ST）	复杂的算术运算
	专用数组或表格循环处理
	ASCII 字符串操作或协议处理

2.5.2　梯形图指令系统

ControlLogix 全面移植并扩展了 PLC-5 增强型指令系统，其中，梯形图指令和功能的简要说明如表 2-11 所示[1]。要使用 ControlLogix 系统，学习和领悟 ControlLogix 控制器的指令系统是必由之路。通过对指令的学习，才能深入了解 ControlLogix 系统的指令功能和控制器的详细用法，才能够在具体的项目应用中正确发挥和灵活使用。

---

[1]　不同版本的 Studio5000 软件中，指令的条数和归类方法略有差异。版本越高，支持的控制器版本就越高，扩展的指令类型和数量就越多。表中是 V24 版专业版软件的梯形图指令的分类和条目，共有 37 类 210 条。

表 2-11　梯形图指令和功能简要说明 ❶

序号	指令类型	指令	简要说明	指令条数
1	报警指令	ALMD、ALMA	报警相关操作	2
2	高级数学指令	LN、LOG、XPY	对数、指数运算	3
3	数组（文件）/移位指令	BSL、BSR、FFL、FFU、LFL、LFU	数组处理	6
4	ASCII 转换指令	DTOS、STOD、RTOS、STOR、UPPER、LOWER	ASCII 字符、数据转换	6
5	ASCII 串口指令 ❷	AWT、AWA、ARD、ARL、ABL、ACB、AHL、ACL	读写 ASCII 字符	8
6	ASCII 字符串指令	FIND、INSERT、CONCAT、MID、DELETE	ASCII 字符串操作	5
7	位指令	XIC、XIO、OTE、OTL、OTU、ONS、OSR、OSF	位操作	8
8	比较指令	CMP、LIM、MEQ、EQU、NEQ、LES、GRT、LEQ、GEQ	比较、判断操作	9
9	计算/数学指令	CPT、ADD、SUB、MUL、DIV、MOD、SQR、NEG、ABS	算术运算	9
10	数据记录指令	DLE、DLS、DLT	数据记录	3
11	调试指令	BPT、TPT	调试程序	2
12	驱动指令	—	梯形图语言不支持	
13	设备阶段指令	PSC、PFL、PCMD、PCLF、PXRQ、PPD、PRNP、PATT、PDET、POVR	设备阶段操作	10
14	文件/杂项指令	FAL、FSC、COP、FLL、AVE、SRT、STD、SIZE、CPS	文件复制、比较、填充、排序等	9
15	过滤器指令	—	梯形图语言不支持	
16	循环/中止指令	FOR、BRK	循环操作	2
17	人机接口按钮控制指令	HMIBC	人机界面调试	1
18	输入/输出指令	MSG、GSV、SSV、IOT	特殊的输入/输出指令	4
19	数学转换指令	DEG、RAD、TOD、FRD、TRN	度、弧度等转换操作	5
20	金属成形指令	CPM、CBIM、CBSSM、CBCM、CSM、EPMS、AVC、MMVC、MVC	安全相关操作	9
21	运动组态指令	MAAT、MRAT、MAHD、MRHD		4
22	运动事件指令	MAW、MDW、MAR、MDR、MAOC、MDOC		6
23	运动组指令	MGS、MGSD、MGSR、MGSP	运动相关操作	4
24	运动传送指令	MAS、MAH、MAJ、MAN、MAG、MCD、MRP、MCCP、MCSV、MAPC、MATC、MDAC		12
25	运动状态指令	MSO、MSF、MASD、MASR、MDO、MDF、MDS、MAFR		8
26	传送/逻辑指令	MOV、MVM、AND、OR、XOR、SWPB、NOT、CLR、BTD	传送操作和逻辑运算	9
27	多轴协调运动指令	MCS、MCLM、MCCM、MCCD、MCT、MCTP、MCSD、MCSR、MDCC	多轴运动相关操作	9

---

❶　以指令类型的英文字母顺序排列。

❷　对于没有串口的控制器，指令无效。

序号	指令类型	指令	简要说明	指令条数
28	过程控制指令	—	梯形图语言不支持	
29	程序控制指令	JMP、LBL、JXR、JSR、RET、SBR、TND、MCR、UID、UIE、SFR、SFP、EOT、EVENT、AFI、NOP	跳转、子程序、返回等操作	16
30	安全指令	FPMS、ESTOP、ROUT、RUN、ENPEN、DIN,LC；THRS、DCS、RCST、DCSTL、DCSTM、DCS-RT、DCM；SMAT、TSAM、TSSM、FSBM、THRSe、CROUT、DCA、DCAF	安全系统相关操作	22
31	选择/限制指令	—	梯形图语言不支持	
32	顺序器指令	SQI,SQO,SQL	监视一致性和重复性操作	3
33	顺序功能图指令	—	梯形图语言不支持	
34	特殊指令	FBC,DDT,DTR,PID	特殊应用操作	4
35	统计指令	—	梯形图语言不支持	
36	定时器/计数器指令	TON、TOF、RTO、CTU、CTD、RES	时序控制	6
37	三角函数指令	SIN,COS,TAN,ASN,ACS,ATN	三角函数运算	6

（1）指令结构形式

ControlLogix 梯形图由左右母线、输入指令和输出指令组成梯级而成，由结束指令（END）结束。梯级有单级、分支和嵌套以及它们的混合形式。程序结构支持线性化、模块化和结构化 3 种程序设计方式。

① 单级结构　指令从左母线到右母线连接输入和输出指令，没有并联指令或嵌套指令，如图 2-29 所示。如果指令过多，可以分为多条单级结构的梯级实现。值得注意的是，在 ControlLogix 系统的梯形图中，允许输入指令和输出指令混合串联，而最后必须由输出指令与右母线相连。与传统的梯形图相比较，这样的梯形图灵活、简洁，但有时会不好阅读和理解。

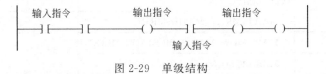

图 2-29　单级结构

② 分支结构　输入指令或输出指令有 2 个或以上并行指令，如图 2-30 所示。并行指令的条数没有限制。

图 2-30　分支结构

③ 嵌套结构　输入或输出指令中有嵌套关系，即输入或输出逻辑中还嵌入了其他的输

入/输出，如图 2-31 所示。嵌套层数也称为嵌套深度，最多允许嵌套 6 层。图中最底部的输出指令的嵌套深度为 3 层。

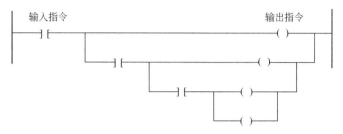

图 2-31　嵌套结构

（2）程序结构形式

ControlLogix 系统有 3 种程序结构形式，即线性化、模块化和结构化程序结构。梯形图指令系统中有相应的指令，可以根据实际应用情况，组合、灵活使用。如循环指令 FOR-BRK 和程序控制指令 JMP-LBL、JSR-SBR-RET 等。

① 线性化编程　把整个项目编写成一个程序在连续型任务（主程序）中执行，每个扫描周期都按顺序执行整个程序。线性化编程的特点是结构简单、直观，容易学习；缺点是程序长、相互参数影响因素多，扩展、修改不方便，且控制器执行效率低、重复程序代码多。适合小型设备或简单控制等应用场合。

② 模块化编程　把项目按照某种原则（如按流程、功能等）分为多个模块进行编写，每个模块完成特定的控制，由主程序分别调用执行。模块化编程的特点是功能清晰，控制器执行效率高、易读好理解，可多人同时编写。适用于较为复杂的控制任务和项目场合。

③ 结构化编程　把项目分为功能相近或相关的任务，每个任务编写成相应通用的程序。通过传递实形参数，主程序通过多次调用通用程序来控制不同的对象。这些通用的程序也称为结构，利用各种结构编写控制程序称为结构化编程。其特点是通用性好，编程、调试效率高，程序结构清晰，没有重复程序。适合复杂的控制任务和项目场合。

程序结构的 3 种编程形式如图 2-32 所示，图（a）是线性化编程，所有指令都在一个主程序中；图（b）是模块化编程，主程序调用各子程序；图（c）是结构化编程，主程序通过参数调用通用子程序。

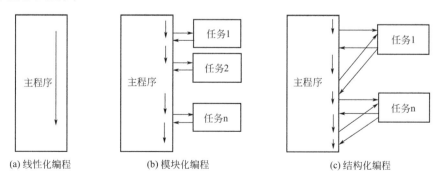

图 2-32　程序结构

（3）指令学习方法

从指令表可以看出，ControlLogix 系统的指令条数很多，应用场合广，功能强大，在学习时不容易一下子全部掌握完。建议首先了解指令的总览，初步理解它们的控制功能和场合，然后重点去学习和领悟在工程项目中常用的指令，其他指令在需要时再深入学习。如在应用中没有运动控制时，与运动控制相关的指令就可以暂时不去深究。

工程项目中常用的指令有位操作指令、传送/逻辑指令、定时器/计数器指令、移位指令、程序控制指令、各种比较指令、计算/数学指令、文件指令以及特殊指令中的 PID 指令等。这些指令可以满足大多数控制项目应用的需要。

限于篇幅，这里不做逐条指令的解析，仅对常用指令的使用方法和参数设置等进行说明，并通过编程举例，说明指令的使用和程序设计方法，从而掌握 ControlLogix 系统中梯形图指令的基本结构、格式和使用方法。

2.5.3　位指令

位指令❶又称为位操作指令或继电器指令，用来检查开关量或逻辑元素的通或断，处理位地址的数据，可以是布尔量或开关量模块中的一个通道，也可以是短整型、整型和双整型数中的某一位。位指令有位输入指令、位输出指令和一次启动等指令。

（1）位输入指令 XIC、XIO

① XIC 指令　如果指定通道得电，对应的数据标签值或逻辑元素为 1，指令为真、导通❷。反之，指令为假、不导通。指令如图 2-33 所示。

② XIO 指令　如果指定通道不得电，对应的数据标签值或逻辑元素为 0，指令为真、导通。反之，指令为假、不导通。指令如图 2-34 所示。

图 2-33　XIC 指令　　　　　　　　　　　　　　图 2-34　XIO 指令

（2）位输出指令 OTE、OTL 和 OTU

① OTE 输出励磁指令　当梯级条件为 1 时，输出为 1。反之，梯级条件为 0 时，输出结果为 0。是非保持型输出指令，指令如图 2-35 所示。

② OTL 输出锁存指令　当梯级条件为 1 时，输出为 1 并保持，即使梯级条件发生改变，输出结果仍保持为 1。是保持型锁存输出指令，指令如图 2-36 所示。

③ OTU 输出解锁指令　当梯级条件为 1 时，输出为 0 并保持，即使梯级条件发生改变，输出结果仍保持为 0。是保持型解锁输出指令，指令如图 2-37 所示。

OTL 和 OTU 指令通常成对使用。有时为了确保某个状态为 1 或为 0，也可以单独使用。

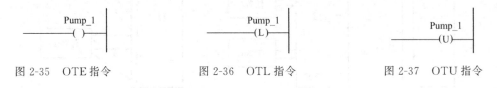

图 2-35　OTE 指令　　　　　　图 2-36　OTL 指令　　　　　　图 2-37　OTU 指令

---

❶　在指令集中第 7 类。

❷　有的资料把 XIC 指令称为常闭输入指令，笔者认为不准确。采用继电器的表述方式，常闭点得电断开，显然与指令得电为 1、指令导通的状态不符，容易产生歧义。其实，这是沿用 PLC-5 增强型指令系统中的指令，表示"检查通"（Check Input Close），简称 XIC；同理，表示"检查断"（Check Input Open），简称 XIO。

(3）一次启动指令 ONS、OSR 和 OSF

一次启动指令在只允许执行一次的应用场合使用。

① ONS 一次扫描有效存储指令 当梯级条件为 1 时（上升沿）触发，保持一个扫描周期，并存储触发状态 1，直到梯级条件为 0（下降沿），复位存储位为 0。存储位用内部存储地址。ONS 指令如图 2-38 所示，图中，ONS 指令紧跟在梯级条件之后，结合 OTL 和 OTU 指令实现互锁逻辑。可以看出，锁存和解锁输出指令都可以独立执行。

图 2-38　ONS 指令

② OSR 上升沿一次启动指令 当梯级条件为 1 时（上升沿）触发，输出位置 1。它需要分配两个位地址：一个是存储位地址，用来存放指令触发的有效状态，直到指令的梯级条件为 0 才被复位；一个是输出位，在一个扫描周期内保持为 1，在存储位未被复位之前，不会再有输出。

③ OSF 下降沿一次启动指令 与 OSR 对应，只是当梯级条件为 0 时（下降沿）触发，输出位置 1。也需要分配两个位地址，与 OSR 指令的意义一致。OSR 和 OSF 指令如图 2-39 和图 2-40 所示。

图 2-39　OSR 指令　　　　　　　　　　　图 2-40　OSF 指令

2.5.4　定时器指令

定时器指令[1]也称为计时器指令，用于完成延时、定时或计时等功能，属于输出指令。定时器指令包括 TON（延时通）、TOF（延时断）、RTO（保持型延时通）等指令。定时器和计数器共用 RES（复位）指令。当梯级条件成立时，指令激活（使能），开始定时工作。ControlLogix 控制器的定时器时基只有一种，即 1ms，单个定时器的定时范围为 $1\sim$ 2147483647ms，约 596h。

定时器采用多个双整数的结构数据标签，指令的主要参数和状态位有：

- PRE，预置值，定时的时间值；
- ACC，累计值，定时器开始定时后，指令每次扫描累计的时间值；
- EN，激活位，梯级条件成立时置 1；
- TT，计时位，定时器激活后，定时器累计值小于等于预置值时置 1；
- DN，完成位，定时器激活后，定时器累计值大于等于预置值时置 1。

---

[1]　定时器和计数器指令在指令集中第 36 类。

① TON 指令当梯级条件为 1 时，指令激活并开始定时。如果梯级条件为 1 并持续为 1 超过定时预置值，定时器计时完成，完成位为 1；当梯级条件为 0 时，累计值和所有状态位复位。TON 指令和时序图如图 2-41 所示，定时器 Timer1 的定时时间为 18s。是非保持型通延时指令。

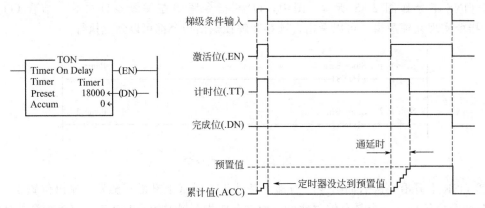

图 2-41　TON 指令和时序图

② TOF❶ 指令当梯级条件为 0 时，指令激活开始定时。如果梯级条件为 0 并持续为 0 超过定时预置值，定时器计时完成，完成位为 0；当梯级条件为 1 时，累计值和所有状态位复位。TOF 指令和时序图如图 2-42 所示，定时器 Timer2 的定时时间为 16s。TOF 指令的状态位与 TON 指令的不一样，当 TOF 指令激活时，DN 位为 1，定时完成时 DN 位为 0。是非保持型断延时指令。

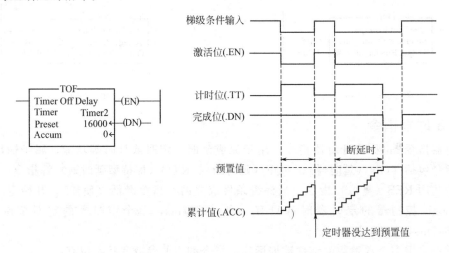

图 2-42　TOF 指令和时序图

③ RTO 用于时间累计定时的场合，是保持型通延时指令。当梯级条件为 1 时，指令激活，开始定时。当梯级条件为 0 时，累计值不复位而所有状态位复位。当梯级条件再次为 1 时，累计值在原来的累计值上继续累积。当达到预置值时计时完成。RTO 指令和时序图如图 2-43 所示，定时器 Timer1 的定时时间为 18s。

---

❶ 有些资料把 TOF 这种逻辑状态称为"负逻辑"。

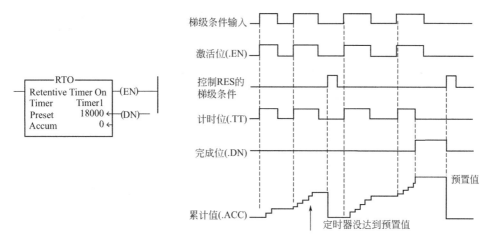

图 2-43　RTO 指令和时序图

2.5.5　计数器指令

计数器指令用于完成动作次数的计数，属于输出指令。计数器指令包括 CTU（上升计数）和 CTD（下降计数）指令。当梯级条件为 1 时，计数器指令激活（使能），开始计数工作，进行加 1 或减 1 操作，计数范围为 $-2147483648 \sim 2147483647$。计数器采用多个双整数的结构数据标签，指令的主要参数和状态位有：

- PRE，预置值，计数次数的数值；
- ACC，累计值，梯级条件跳变时加 1 或减 1；
- CU，上升计数激活位，梯级条件成立时累计值加 1；
- CD，下降计数激活位，梯级条件成立时累计值减 1；
- DN，完成位，计数器累计值大于等于预置值时置 1；
- OV，上溢出位，累计值达到计数范围最大值时置 1，累计值回归到计数范围的最小值；
- UN，下溢出位，累计值达到计数范围最小值时置 1，累计值回归到计数范围的最大值。

① CTU 指令当梯级条件从 0 跳变为 1 时，CU 位激活，计数器的累计值加 1。CTU 指令如图 2-44 所示，计数器 Cont_1 的计数预置次数为 12。

② CTD 指令当梯级条件从 0 跳变为 1 时，CD 位激活，计数器的累计值减 1。CTD 指令如图 2-45 所示，计数器 Cont_2 的计数预置次数为 8。

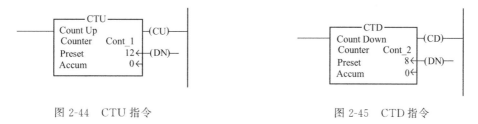

图 2-44　CTU 指令　　　　　　　　图 2-45　CTD 指令

CTU 和 CTD 计数器只取决于梯级条件的跳变而进行加 1 或减 1 计数，状态位 DN、OV 和 UN 不管是在什么状态，都不会影响计数。

当需要双向计数时，可以采用上升计数和下降计数指令组合来实现，两条指令修改同一个计数器的累计值。

③ RES复位指令，用于对保持型定时器指令 RTO 和计数器指令的结构数据进行复位，包括复位累计值和所有状态位。非保持型定时器指令通常采用梯级条件来复位而不用 RES 指令复位，如对于 TOF 指令，用梯级条件复位时，DN 位为 1，其余状态位为 0，而用 RES 指令复位，状态位都为 0，容易产生歧义和错误。RES 指令和应用如图 2-46 所示，当 Switch_2 为 1 时，定时器 Timer1 被复位。

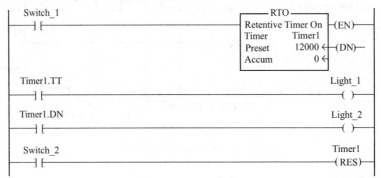

图 2-46　RES 指令

2.5.6　比较指令

比较指令[①]用来比较两个数据之间的关系，如等于、大于和小于等，根据比较结果来确定梯级条件的真与假。比较指令属于输入指令，如果比较结果成立，则梯级条件为真；反之，如果比较结果不成立，梯级条件为假。比较指令包括单一比较指令、表达式比较指令、屏蔽比较指令和范围比较指令等指令。

（1）单一比较指令

单一比较指令即 EQU（等于）、NEG（不等于）、GEQ（大于等于）、GRT（大于）、LES（小于）和 LEQ（小于等于）等指令。比较在两个操作数之间进行，两个操作数可以是标签，或者是一个标签和一个立即数等。总是操作数 A（源 A）与操作数 B（源 B）进行比较，单一比较指令不会影响数学状态标志位[②]。

GEQ 指令如图 2-47 所示，如果源 A 的数值（Count_1.ACC）大于等于源 B 的数值（10），则梯级条件成立。其他的单一比较指令类似，助记符的含义就是比较关系。

单一比较指令的操作数通常为相同的数据类型。SINT 或 INT 类型数据比较时会自动转换成 DINT 类型。如果一个操作数是 ASCII 码，则另一个操作数也必须是 ASCII 码才能进行比较。对于实数型数据，由于 CPU 处理的精度问题，一般不使用等于（EQU）指令进行比较，而常采用大于等于（GEQ）或小于等于（LEQ）指令。

（2）表达式比较指令

CMP 表达式比较指令属于复合比较指令，采用算术/逻辑表达式标签和立即数，按照规

[①]　在指令集中第 8 类。

[②]　ControlLogix 系统的数学状态标志位有 4 个，即 S：V、S：Z、S：N 和 S：C。这些标志位不用建立标签就直接使用，它们的变化紧跟最近一条指令运算的结果。其中：

S：V 为溢出标志位，运算结果溢出时置 1，同时，控制器轻微故障位也置 1；

S：Z 为零标志位，运算结果为 0 时置 1；

S：N 为符号标志位，运算结果为负数时置 1；

S：C 为进位标志位，运算结果产生进位时置 1。

定的顺序运算，进行各种关系比较。如果比较结果成立，则梯级条件为真。如果表达式没有比较关系符，则表达式的值为非零时梯级条件为真，表达式值为 0 时梯级条件为假。

CMP 指令可以进行 DINT、REAL 和 STRING 类型数据的同类型比较。由于完成算术/逻辑比较关系复杂，通常执行时间都比单一比较指令的时间要长。CMP 指令如图 2-48 所示，表达式计算一个圆的面积，如果计算圆的面积大于 48.3，则比较结果为真。表达式要使用有效的运算符号和圆括弧等指定运算执行顺序，部分运算会影响数学状态标志位。

图 2-47　GEQ 指令　　　　　　　　　　图 2-48　CMP 指令

（3）屏蔽比较指令 MEQ

MEQ 把一个操作数通过屏蔽字（即和屏蔽字进行按位与）后与另一个操作数进行比较，屏蔽字为 1 的位参与比较，为 0 的位被屏蔽不参与比较。屏蔽字可以是标签或立即数，为立即数时默认是十进制数。如果是其他进制，则要在数字前加相应的前缀，如 16♯、8♯、2♯，分别表示屏蔽字为十六进制、八进制和二进制数。MEQ 通常进行 SINT、INT 和 DINT 数据比较，比较结果不会影响数学状态标志位。

MEQ 指令如图 2-49 所示，Dint_1 通过屏蔽字后与 Dint_2 进行比较，仅比较两个操作数的高 8 位是否相等，如果相等则梯级条件为真。

（4）范围比较指令 LIM

LIM 用来判断数据是否在某个范围内。如果在，则梯级条件为真。LIM 指令有两种指令格式：一种是指令的低限值小于高限值，比较数据在低限值和高限值之间时，梯级条件为真，如图 2-50 所示；另一种指令格式的低限值大于高限值，比较数据在低限值和高限值之外时，梯级条件为真，如图 2-51 所示。LIM 指令的数据类型可以是 SINT、INT、DINT 和 REAL。

如果 Test_Data 数据为 30 时，格式 1 的梯级条件为真，而格式 2 的梯级条件为假。使用时要注意图中低限值和高限值的位置，低限值在上方、高限值在下方进行设置。

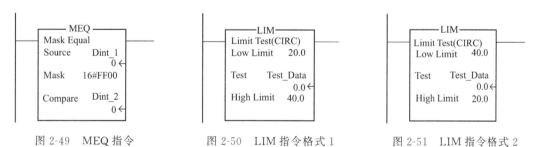

图 2-49　MEQ 指令　　　　图 2-50　LIM 指令格式 1　　　　图 2-51　LIM 指令格式 2

2.5.7　计算/数学指令

计算/数学指令❶完成算术或数学运算，包括 ADD（加）、SUB（减）、MUL（乘）、DIV（除）、MOD（求模）、SQR（平方根）、NEG（取反）、ABS（求绝对值）和 CPT（表

---

❶　在指令集中第 9 类。

达式计算）等指令。计算/数学指令可以进行 SINT、INT、DINT 和 REAL 型数据的计算，SINT 或 INT 类型数据与 DINT 计算时会自动转换成 DINT 类型，与 REAL 运算时自动转为 REAL 类型。目标地址数据类型设置不当，会损失计算的精确性，计算/数学指令会影响数学状态标志位。

（1）单一计算指令

除了 CPT 指令属于表达式计算指令外，其余指令都属于单一计算指令。计算指令的操作数可以是两个标签或立即数（如 ADD、SUB、MUL、DIV 等）、一个标签或一个立即数（如 MOD、NEG、SQR 和 ABS 等），计算的结果送到目标地址中去。

ADD 加法计算指令如图 2-52 所示，源 A（Value_1）与源 B（15.12）相加后把结果送到目标地址（Res1）中。其他的单一计算指令的使用类似。如果只想计算一次，可结合 ONS 指令使用。

（2）表达式计算指令 CPT

CPT 指令对用算术运算符连接的符合混合运算书写规则的表达式进行计算，可以结合数学转换指令（如 DEG、RAD）、高级数学指令（如 ln、XPY）和三角函数指令（如 sin、cos）等进行复杂的运算。CPT 指令说明如图 2-53 所示，计算（Value_1 * 5.4)/(Value_2/7) 的值并将结果送到地址 Res1 标签中。

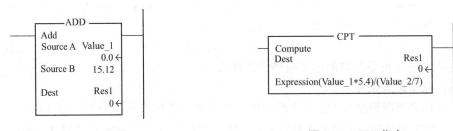

图 2-52　ADD 指令　　　　　　　　　　图 2-53　CPT 指令

使用计算指令时要注意数值的取值形式和范围，即输入的数据必须是有意义的。如被开方的数要大于等于 0、除数不能为 0 等，否则会出现错误，控制器会产生严重或轻微故障。如果数据取自中间结果，则在计算前应先进行数据的处理再进行计算，以保证程序逻辑的正确性。

2.5.8　传送/逻辑指令

传送/逻辑指令[1]完成数据传送和数据按位逻辑运算，属于非保持型输出指令。当梯级条件成立时执行或无条件执行。传送/逻辑指令包括传送指令、按位逻辑运算等指令。

（1）传送指令

传送指令包括 MOV（传送）和 MVM（带屏蔽传送）指令，属于非保持型输出指令。每次传送只能传送一个操作数数据。

MOV 指令当梯级条件为真时，把一个操作数作为源数传送（复制）到目标地址，源数保持不变。源数可以是标签或立即数，源数类型可以是 SINT、INT、DINT 和 REAL。MOV 传送指令如图 2-54 所示，指令把源数 Dint_1 的值（1234）传送到目标 Dint_2 中。

MVM 指令传送时操作数通过屏蔽字传送到目标地址中，屏蔽字为 1 的对应位被传送，为 0 的对应位被屏蔽不传送。源数类型可以是 SINT、INT 或 DINT。MVM 传送指令如图

---

❶　在指令集中第 26 类。

2-55 所示，指令把源数 Value_3（十六进制数 16♯55555555）通过屏蔽字 mask_1（16♯F0F0F0F0）传送到目标字 Value_4 中去。经过屏蔽字传送后，Value_4 的值为 16♯50505050。

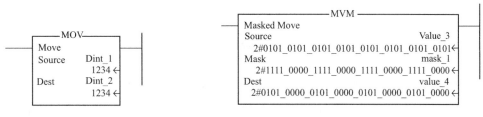

图 2-54　MOV 指令　　　　　　　　　　　图 2-55　MVM 指令

（2）逻辑指令

逻辑指令❶包括 AND（按位与）、OR（按位或）、NOT（按位非）、XOR（按位异或）、CLR（清零）、BTD（位域分配）和 SWPB（交换字节）等逻辑运算指令。当梯级条件成立时，执行逻辑运算，也可以无条件执行。指令的操作数可以是一个操作数，也可以有两个操作数。操作数可以是标签和立即数，执行时按位进行相应的逻辑操作，结果送到目标地址中并影响状态标志位。

① AND 按位与指令如图 2-56 所示，Value_3 字和 mask_1 字按位与，把逻辑结果存放到 Value_5 字中。其余的按位逻辑指令类似。

② CLR 指令清零目标单元的数据，如图 2-57 所示。CLR 指令与 RES 复位指令不同，它只能对一个操作数清零，可以是结构数据中的一个元素，数据类型为 SINT、INT、DINT或 REAL。

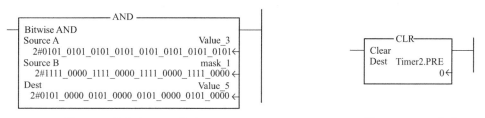

图 2-56　按位与 AND 指令　　　　　　　　图 2-57　CLR 指令

③ BTD 指令将一个字（源字）中的一段位域传送到目标字中指定的位置，目标字可以是同一个字或另一个字，如图 2-58 所示。被传送位域的长度要适合目标字的空间，否则，会造成位域数据的丢失。图中，指令将源字 Dint_1 从 3 号位（即第 4 位）开始的 6 个位（长度）传送到目标字 Dint_2 的 10 号位开始的位置，目标字其余位置的数值保持不变，如图 2-59 所示。

2.5.9　文件/杂项指令

文件/杂项指令❷是对连续存放的文件数据（数组）进行操作的指令，也称为文件/综合指令。它包括 FAL（文件算术/逻辑运算）、FSC（文件搜索/比较）、COP（复制）、CPS

---

❶　AND 等指令的逻辑关系是"逻辑与"还是"按位与"主要看操作数的数据类型：如果是 BOOL 型，就是逻辑与；如果是整型数，就是按位与。

❷　在指令集中第 14 类。

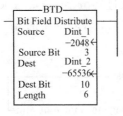

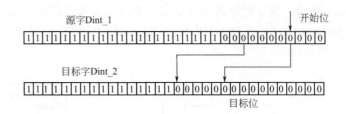

图 2-58　BTD 指令　　　　　　　　　　　　图 2-59　BTD 指令执行情况

（同步复制）、FLL（文件填充）、AVE（平均）、SRT（排序）、STD（标准偏差）和 SIZE（数组因素数量）等指令。文件/杂项指令的操作、运算要注意运算表达式、操作顺序和目标数值类型的一致性。

（1）FAL

FAL 指令对数组中的数据执行复制、算术、逻辑和函数运算。当 FAL 指令的梯级输入条件由假变真时，根据指定的模式和表达式进行运算和复制。指令有以下参数：

· 控制（Control）　系统配置的结构类型参数，表明指令运算的控制结构，包括激活位（.EN）、完成位（.DN）、错误位（.ER）、长度（.LEN）和位置（.POS）等状态位；

· 长度（Length）　数组中参与运算的元素数量，是 DINT 型立即数；

· 位置（Position）　数组的偏移量，是 DINT 型立即数，初始值通常为 0；

· 模式（Mode）　有 3 种，即所有模式（ALL）、增量模式（INC）和数值模式；

· 表达式（Expression）　由标签、立即数和运算符分隔组成，可以是 SINT、INT、DINT 和 REAL 的立即数和标签；

· 目标（Destination）　表达式的值将存储在目标中。

FAL 指令通过模式来指示控制器如何分配数组运算。在所有模式下，当梯级条件由假变真时，指令对数组一次完成所有操作。在增量模式下，每次梯级条件由假变真时，对数组的一个元素执行运算。在数值模式下，当梯级条件由假变真时，每次对指定数量的元素执行运算。数值范围为 1～2147483647。FAL 指令应用如图 2-60 所示，FAL 的结构类型参数标签为 ctrl_1，使用增量模式，每次 int1 由 0 跳变为 1，执行一次复制，把 Array_1 数组中的数据复制到 2 维数组 Array_2 的第 2 维的 6 个位置上。

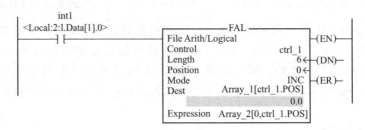

图 2-60　FAL 指令

（2）COP 和 CPS 指令

COP 和 CPS 指令对连续的内存数据进行操作，逐字节执行直接的内存复制操作，即将源（Source）中的值复制到目标（Dest）的值中，源值保持不变。如果复制的长度超过源数长度，可能会复制一些不可预计的数据；如果长度超过目标数组的长度，指令复制完最后一个就停止复制，不会发生故障。

COP 指令应用如图 2-61 所示，当梯级第 1 次扫描时，预置定时器结构数组初始值（时间预设为 500ms，累计值为 0），然后复制到其余 9 个定时器中。

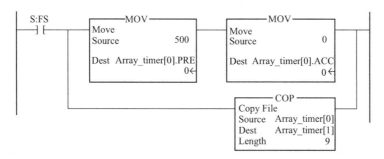

图 2-61　COP 指令

CPS 指令如图 2-62 所示，当梯级条件为真时，CPS 指令把输入模块的数据复制到输入缓存区中。由于指令有屏蔽中断的功能，在复制过程中不会被背板 CPU 和其他任务中断，因而能够保存完整的数据。

（3）FSC 指令

FSC 指令在梯级条件为真时，对表达式中的比较关系进行搜索比较，当找到符合表达式关系的元素时，对应的发现位（.FD）置 1，位置位（.POS）给出找到的元素的位置，同时禁止位（.IN）置 1，停止搜索，当禁止位复位后再继续搜索。FSC 指令如图 2-63 所示，控制模式的意义与 FAL 指令类似。结构类型参数标签为 ctrl_FSC，当梯级条件为真时，FSC 指令将数组 Array_1 和 Array_5 前 20 个元素进行比较，找到相等的元素时，发现位 ctrl_FSC.FD＝1，禁止位 ctrl_FSC.IN＝1，ctrl_FSC.POS 指出相等元素的位置。当处理完成后 ctrl_FSC.IN＝0，继续搜索下一个符合条件的元素。

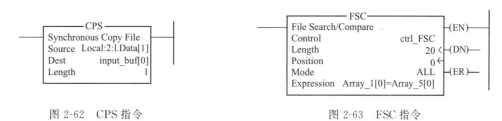

图 2-62　CPS 指令　　　　　　　　　图 2-63　FSC 指令

2.5.10　程序控制指令

程序控制指令❶可以根据需要改变程序执行顺序或执行方向，包括改变执行顺序的 JMP、JSR（跳转）指令、指定控制范围的 MCR（主控）指令和中断（UID、UIE）、暂停（TND）、恒假（AFI）、空操作（NOP）、SFC 相关指令等。

（1）JMP 和 LBL 指令

JMP 跳转指令和 LBL 标号指令成对使用，用来跳过一段（或部分）梯形图逻辑。JMP 是输出指令，LBL 是输入指令。当 JMP 的梯级条件成立时，跳转到标号 LBL 指定的梯级中。JMP 可以向前跳转，也可以向后跳转，跳过的程序不执行。一段程序中，可以使用多个 JMP 指令跳转到对应的多个 LBL 标号，也可以跳转到一个 LBL 标号。JMP 指令如

---

❶　在指令集中第 29 类。

图 2-64所示，图中当跳转条件 Count_1. ACC＜15 时，跳转到标号为 label_1 的梯级。

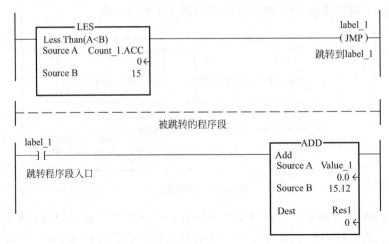

图 2-64　JMP 和 LBL 指令

JMP 指令使用时要注意防止出现死循环跳转，引起控制器 WDT 超时故障。要设置合适的跳转条件，保证程序的可靠执行。

(2) JSR、SBR 和 RET 指令

JSR（跳转子程序）、SBR（子程序）和 RET（返回）指令组合，用来调用其他应用子程序或例程，子程序又可以调用子程序，最多可调用 25 个嵌套子程序。子程序执行完成后返回跳转子程序 JSR 指令的下一条指令并继续执行。调用子程序示意图如图 2-65 所示，主程序调用第一级子程序 action_1，action_1 又调用第 2 级子程序 action_2，action_2 再调用第 3 级子程序 action_3。程序中的主控例程和专用于故障处理的故障程序不能被调用作子程序。

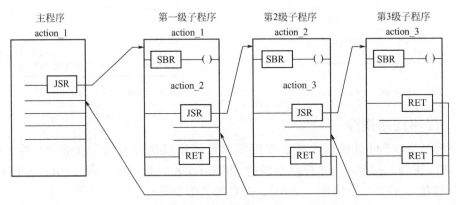

图 2-65　调用子程序

JSR 是输出指令，当梯级条件成立时跳转执行调用的子程序，也可以无条件执行跳转。JSR 根据应用需要设置输入/输出参数。当设置输入/输出参数时，JSR 指令把输入参数传送给 SBR，SBR 接收参数，执行完程序后由 RET 返回输出参数。最多可传送和返回 40 个参数，参数类型可以是 BOOL、SINT、INT、DINT、REAL 和结构类型。如果不选择输入/输出参数，可以跳过设置参数。

SBR 是输入指令，指定子程序并接收 JSR 输入的参数（如果有）并执行程序。RET 是输出指令，输出参数并返回到 JSR 调用的地方。一个子程序可以有多个 RET 指令。SBR 子程序接收的输入参数和 RET 指令返回的输出参数必须与 JSR 指令中传送的输入/输出参数的数据类型一致，否则可能会得出不可预料的结果。JSR 指令应用如图 2-66 所示。

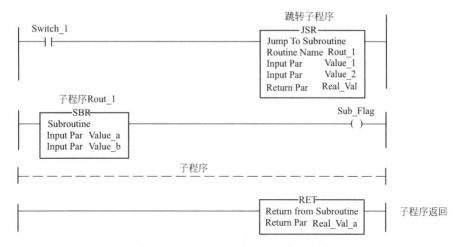

图 2-66　JSR、SBR 和 RET 指令应用

（3）MCR 指令

MCR 主控复位指令属于输出指令，用来选择性地禁用一段梯级程序。MCR 指令成对使用指定一个程序范围，当第一个 MCR 的梯级条件成立时，执行范围内程序；当第一个 MCR 的梯级条件不成立时，范围被禁止，梯级仍被扫描但所有非保持型输出都被复位。

MCR 指令如图 2-67 所示，当 In_1、In_2 和 In_3 为 1 时，控制器扫描 MCR 范围，Out_1 和 Out_2 输出取决于它的输入条件；当 In_1、In_2 和 In_3 不全为 1 时，控制器虽扫描 MCR 范围，但 Out_1 和 Out_2 无论其输入条件如何变化都会被复位，禁止输出。

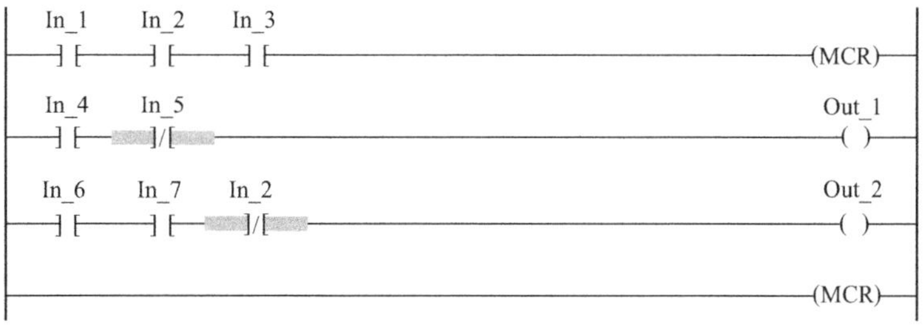

图 2-67　MCR 指令

MCR 指令使用时要注意成对使用，要有条件开始，无条件 MCR 结束。MCR 指定的范围不能嵌套另一个 MCR，每个 MCR 范围都必须是独立、完整。JSR 不能从 MCR 外部跳转到 MCR 范围中。如果 MCR 范围内启动定时器或计数器指令，当该区被禁止时，指令操作便会停止。不能用 MCR 范围控制取代硬件紧急停车等。

（4）UID 和 UIE 指令

UID 禁止用户中断和 UIE 允许用户中断指令成对使用，指定禁止中断的保护梯级范围，如图 2-68 所示。在 UID 和 UIE 之间的梯级执行是完整的，不会被定时中断或事件中断而停止执行。UID 和 UIE 指令可以嵌套使用。使用时要尽可能减少禁止中断的梯级数量，避免长时间禁用中断可能会造成信息丢失。图中，当出现错误位时，FSC 指令在严重故障代码的列表中查找，如果找到故障代码（.FD 置 1）则报警。UID 和 UIE 指令确保查找过程不会被中断。

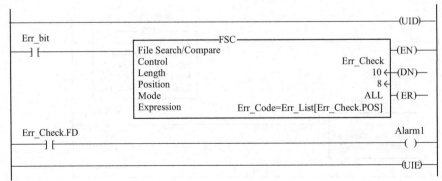

图 2-68　UID 和 UIE 指令

(5) TND 指令

TND 暂停指令可以放在程序中的任意位置，当梯级条件满足后，程序扫描将结束。如果 TND 指令位于子例程内，则控制权将返回到调用例程。如果 TND 指令位于主例程内，则指令后的程序将不会被扫描，控制器返回执行下一个程序或例程。TND 指令没有操作数，通常在调试程序（段落范围）时使用，如图 2-69 所示。

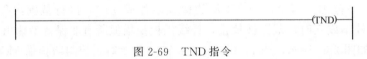

图 2-69　TND 指令

(6) AFI 指令

AFI 恒假指令使所在梯级被暂时禁用。它放在梯级的最前面，禁止所在梯级上的所有指令，对非保持型的指令强制在复位状态。通常在调试程序（梯级范围）时使用，即取消该条梯级，如图 2-70 所示。

图 2-70　AFI 指令

(7) NOP 指令

NOP 空操作指令可以放在梯级的任何地方，梯级条件成立和不成立都不执行任何操作。当它与指令并接时，即起到旁路该指令的功能。通常在调试程序（指令范围）时使用，如图 2-71 所示。显然，一条梯级中可以有多个 NOP 指令。

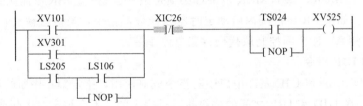

图 2-71　NOP 指令

2.5.11 输入/输出指令

输入/输出指令[1]可对控制器执行数据读取或写入操作，也可对其他网络中的其他模块执行数据块读写操作。输入/输出指令包括 MSG（信息指令）、GSV（读系统值）、SSV（设置系统参数值）和 IOT（立即输出）等指令。

(1) MSG 指令

MSG 指令可完成 ControlLogix 平台上控制器之间的通信，还可以对网络中传统的处理器模块等设备进行数据块的异步读写操作。当梯级条件由假变真时，MSG 指令进行传送数据一次，数据的大小取决于指定的数据类型和使用的信息指令类型。如果需要反复读写，就要有梯级条件能不断由假到真地跳变。

MSG 指令如图 2-72 所示，当设定了控制结构参数后，点击指令中的组态按钮进入组态对话框，如图 2-73 所示。MSG 指令的信息类型有很多，包括 CIP 读/写、PLC-5 读/写、PLC-3 读/写、PLC-2 读/写、块传送读/写、SLC 读/写和模块重组态等，涵盖了所有传统系统处理器和通信模块。每种类型，都有相应的通信组态，特别是对传统 PLC 组态时要注意各种通信格式，如 DH＋、RIO 等[2]。

图 2-72　MSG 指令

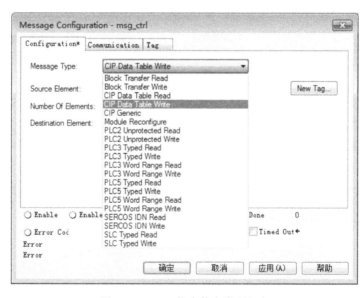

图 2-73　MSG 指令信息类型组态

在【组态】（Configuration）页面中的主要设置有：

【信息类型】（Message Type）　根据控制器通信的类型进行选择，包括 ControlLogix 控制器之间和传统 PLC 处理器等通信；

---

[1]　在指令集中第 18 类。
[2]　这里不做详细叙述，请有应用需要时查阅相关的指令手册。

【源元素】（Source Element） 发送信息的地址，读操作时是对方控制器；写操作时是本控制器；

【元素数量】（Number Of Element） 发送信息的大小，元素个数最多可达 65534B；

【目标元素】（Destination Element） 接收信息的地址，读操作时是本控制器；写操作时是对方控制器。

CIP 通信类型是对 ControlLogix 控制器之间的读/写，其中，CIP 数据表读/写入信息（CIP Data Table Read/Write）可以是连接型信息，也可以是非连接型信息，通常设为连接型消息；而 CIP 通用信息（CIP Generic）可以是连接型信息，也可以是非连接型信息，通常设为非连接型消息。编程时为每条 MSG 指令创建信息控制标签，将源/目标数据保持在控制器作用域内，且不作为数组因素。

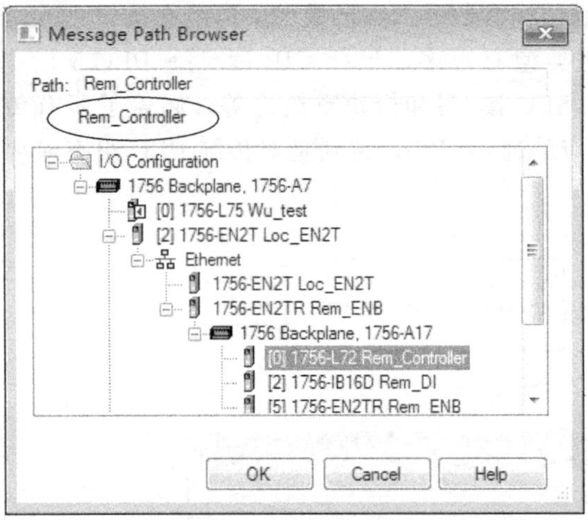

点击【通信】（Communication）选项页面，进行通信路径（Path）的设置，路径可以通过【浏览】（Browse）直接进入【I/O 组态】（I/O Configuration）来选择模块，如图 2-74 所示，也可以直接按规则输入路径确定。

一条路径由路段组成，可以有多个路段，每个路段用"X，Y"表示，路段之间用逗号（,）分隔，从本控制器开始一直到达通信对方的控制器，如图 2-75 所示。其中，X 表示背板或网络：1 代表背板，2 代码网络；Y 表示通信模块的槽号或站号。ControlNet 网络为节点号，1～

图 2-74　MSG 路径浏览

99。Ethernet/IP 网络为完整的 IP 地址。DH＋网络为 00～77（八进制）。如在路径中输入：1，2，2，192.168.1.25，1，0 后同样指向远程控制器（Rem_Controller）。读操作控制器通过背板（1）→通信模块（2 号槽位）→通信网络（2）→IP 地址（以太网模块 IP 为 192.168.1.25）→背板（1）→对方控制器（0 号槽位）。结果是一样的。

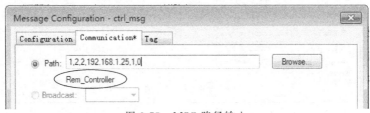

图 2-75　MSG 路径输入

（2）GSV 和 SSV 指令

GSV 指令读取控制器状态信息或系统数据，SSV 指令设置控制器状态信息或系统参数值。这些信息含有系统的结构数据。GSV 和 SSV 指令可以读写的类（Class）有多种，常用的有控制器类、模块类、程序类、冗余类和时间日期类等[1]。GSV 和 SSV 指令如图 2-76 所

---

❶ 点击类名的下拉箭头，可以找到所有的类。

示，其中：

- 类名（Class Name） 指令读/写的类，确定数据的所在范围；
- 实例名（Instance Name） 指令指定的程序和例程等，如果没有，可以不填；
- 属性名（Attribute Name） 读/写的参数名，不同的类有不同的参数；
- 目标或源（Dest 或 Source） 读/写的数据，GSV 把属性参数读到目标地址中，SSV 把源数写到指定的参数中。

为了读/写系统时间参数，需要预先建立日期时间数据结构 DT，包括年、月和日等，并创建相应的读/写信息标签（Get_DT 和 Set_DT）属于 DT 类型。图（a）设置年份为 2019，图（b）读取年份，图（c）读取控制器名字为字符串 "Wu_Emu"。

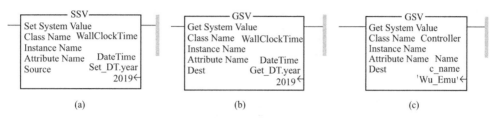

图 2-76　GSV 和 SSV 指令

(3) IOT 指令

IOT 是立即输出指令，梯级条件满足时执行，指令立即更新指定的输出数据（输出标签或生产标签），不受 RPI 时间的限制。IOT 指令如图 2-77 所示，指令执行时立即更新输出模块，把数据输出。如果指令连接一个生产标签，指令执行直接把标签传送到消费标签中，还可以用来触发事件中断任务。

图 2-77　IOT 指令

2.5.12 PID 指令

PID 比例积分微分指令[1]用来实现闭环控制，根据控制算法将温度、压力、液位和流量等过程变量控制在设定值附近，实现定值控制。PID 控制具有原理简单、结构简明和实现方便的特点，是一种鲁棒性较强的控制器，对被控对象的结构或参数变化不敏感，广泛应用于各种控制场合，是基本过程控制系统（BPCS）的主要控制算法。

一个典型的液位控制流程图和它的控制原理图如图 2-78 和图 2-79 所示。液位变送器 LT201 测量液位，控制器将液位与设定值 SP 相比较，如果液位高于设定值，PID 指令根据控制方式输出增大阀门 LV201 开度，从而降低罐 T201 中的液位；如果液位低于设定值，PID 指令输出减小阀门开度，使罐中的液位上升，从而把液位控制在设定值点上。

设 T201 在事故状态时（如断电、断仪表风等）液位不能为空，可以得出：阀门 LV201 应选事故关（FC）阀，即气开阀，为 "＋" 作用，罐的特性为 "－" 特性[2]，所以控制器 LIC201 为 "＋" 作用，共同构成闭环负反馈。这些条件的确定是对 PID 指令做进一步编程和组态的前提，其中 SP 为设定值，PV 为过程变量，E 为偏差值。

---

[1]　在指令集中第 34 类。

[2]　根据过程控制理论，如果操纵变量（流量）增大，被控变量（液位）变小，则被控对象的特性为 "－" 特性；如果图中改为入口阀，则被控对象为 "＋" 特性，对应的控制器作用方式为 "－" 作用。

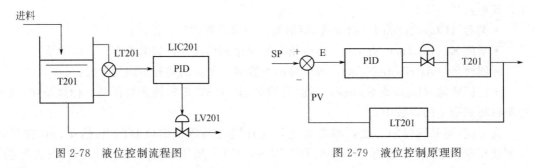

图 2-78 液位控制流程图　　　　　　　　图 2-79 液位控制原理图

（1）PID 指令参数

PID 指令为输出指令，当梯级条件成立时执行，也可以无条件执行。工程上为了保证 PID 控制的及时性，通常把 PID 指令放在指定的时间内（如周期型任务中）执行。PID 指令如图 2-80 所示，指令中有多个参数设置，这些参数都定义标签，可以在需要时直接使用。这是一个良好的习惯。各参数的说明如表 2-12 所示。

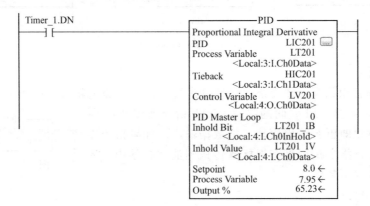

图 2-80 PID 指令

表 2-12 PID 指令参数说明

指令参数	说明
PID	PID 数据结构类型,可用回路名称定义,如 LIC201
Process Variable	过程变量,模拟量输入,设标签为 LT201,连接 AI 模块通道 0,Local:3:I.Ch0Data
Tieback	手动控制跟随变量,模拟量输入,设标签为 HIC201,连接 AI 模块通道 1,Local:3:I.Ch1Data
Control Variable	控制变量,模拟量输出,PID 输出,设标签为 LC201,连接 AO 模块通道 0,Local:4:O.Ch0Data
PID Master Loop	PID 主回路,在串级控制中,主控制器值为 0,副控制器输入主环 PID 结构名称(主回路);在单回路时为 0
Inhold Bit	决定输出初始值是否保持在上次的终值上,通常是 AO 模块对应通道的保持状态位,实现平滑控制,设标签为 LC20ⅡB,Local:4:I.Ch0Inhold
Inhold Value	输出初始值保持在上次的终值上,通常是 AO 模块对应通道的保持量的读入值,该值是实现平滑控制的起始值,设标签为 LC20ⅡV,Local:4:I.Ch0Data
Setpoint	显示 SP 值
Process Variable	显示 PV 值
Output%	显示输出值(%)

（2）组态页面

在 PID 指令中的 LIC201 回路标签右边有一个组态属性按钮，点击出现组态页面，进行 PID 回路相关的整定和组态。PID 组态对话框包括 5 个选项页面，即整定（Tuning）、组态（Configuration）、报警（Alarm）、工程单位转换（Scaling）和标签（Tag），组态选项页面如图 2-81 所示。其中：

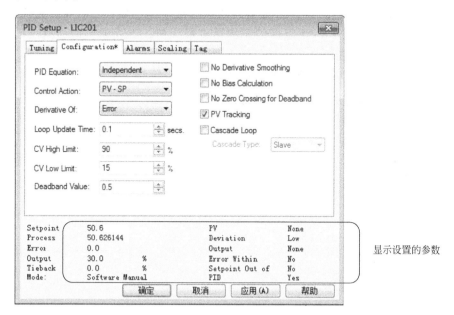

图 2-81　PID 指令组态

- PID 方程式（PID Equation）　可选独立增益（Independent）或关联增益（Dependent）PID 方程式，通常选独立增益方程；
- 控制作用（Control Action）　选 PV-SP，即正作用（反作用时选 SP-PV）；
- 微分作用针对偏差（E）或 PV（Derivative Of）　选偏差（E）的微分，即 dE/dt，对 SP 的变化快速响应，选 PV 微分时微分项为 dPV/dt，可以减少 SP 突变引起的冲击；
- 回路更新时间（Loop Update Time）　通常选 100ms，即 0.1s，它是 PID 方程中的 dt 值，注意更新时间不能小于 AI/AO 模块的 RPI 时间；
- 控制变量最大限幅值（CV High Limit）　防止输出正向积分饱和，可根据回路情况选择，如 90％；
- 控制变量最小限幅值（CV Low Limit）　防止输出反向积分饱和，可选 10％～15％；
- 死区值（Deadband Value）　确定过零死区范围；
- 无微分平滑作用（No Derivative Smoothing）　不勾选，即有微分平滑作用；
- 无偏置计算（No Bias Calculation）　不勾选，即有偏置计算；
- 无死区过零（No Zero Crossing for Deadband）　不勾选，即有死区过零；
- PV 跟踪（PV Tracking）　勾选，选择 PV 跟踪；
- 串级回路（Cascade Loop）　串级回路时勾选，并指定是主回路（Master）或副回路（Slave），当需要串级控制的应用场合，可以用两个 PID 指令串联实现，即第一个 PID 指令（作为主回路）的输出作为第 2 个 PID 指令（作为副回路）的设定值。

PID 设置页面的下部显示已经设置的各种参数。

（3）工程单位转换

在【工程单位转换】（Scaling）选项页面中主要参数的工程单位定标，如图 2-82 所示。通常参数定标完成后再进行参数整定。

对于 PV，未定标最大值（Unscaled Max）：来自模拟量输入通道的最大定标值；未定标最小值（Unsacled Min）：来自模拟量输入通道的最小定标值；工程单位最大值（Engineering Unit Max）：PV 在 PID 中定标的工程单位最大值；工程单位最小值（Engineering Unit Min）：PV 在 PID 中定标的工程单位最小值。

对于 CV，最大值（Max）：控制变量最大值，PID 计算结果最大值，对应模拟量输出通道的工程定标最大值。

对于手动跟踪（Tieback），最大值（Max）：跟踪最大值，在 PID 中以百分比显示最大值，对应模拟量输入通道的工程定标最大值。

【PID 初始化】（PID Initialized）选项，不勾选时，可以在控制器运行时修改各定标值。

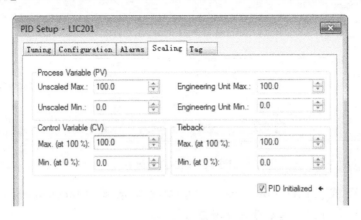

图 2-82　PID 定标

（4）整定页面

在【整定】（Tuning）选项页面中进行 PID 参数的整定，如图 2-83 所示。

设置输出（Set Output）：软件手动输出时，输入百分数值；自动时显示 PID 输出值。

输出偏置（Output Bias）：输出偏置百分比值，叠加到计算结果上，构成最终的输出。

对于手动模式（Manual Modes），勾选【手动】（Manual）选项（.MO＝1），硬件手动控制，手操器直接输出，PID 输出无效；勾选【软件手动】（Software Manual）选项（.SWM＝1），程序或 HMI 界面直接设置输出，PID 输出无效。可在 HMI 界面上设置手/自动切换按钮进行复位/置位。

对于整定参数（Tuning Constants），用于优化 PID 控制器的性能。通常手动整定，也可以使用自动整定（Auto-Tuning）软件来整定。其中：

• 比例增益 K_p（Proportional Gain K_p）：比例增益，数值越大，比例作用越强；

• 积分增益 K_i（Integral Gain K_i）：积分增益，K_i 数值越大，积分作用越强；

• 微分时间 K_d（Derivative Time K_d）：微分增益，K_d 越大，微分作用越强。

点击【复位】（Reset）按钮时，重新整定参数。

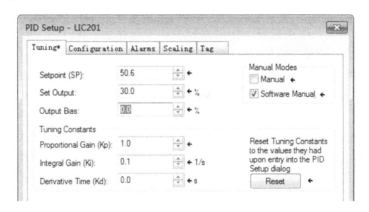

图 2-83　PID 参数整定

(5) 指令说明

① PID 方程有独立增益和关联增益两种 PID 方程式选择。选用独立增益方程式时，P、I、D 的增益仅分别影响各自的 P、I 或 D 项；选用关联增益方程式时，P 增益同时为 P、I 和 D 的控制器增益。结合微分项和控制器的正反作用，对应的方程式如表 2-13 所示。由于 PLC 控制实质就是计算机控制，方程式还有离散化及各种变化的表达。式中，BIAS 为前馈值或偏置，dt 为回路的更新时间。

表 2-13　PID 方程

增益方式	微分项对于		方程式
独立增益	偏差 E		$CV = K_p E + K_i \int E dt + K_d \dfrac{dE}{dt} + \text{BIAS}$
	过程变量 PV	正作用	$CV = K_p E + K_i \int E dt + K_d \dfrac{dPV}{dt} + \text{BIAS}$
		反作用	$CV = K_p E + K_i \int E dt - K_d \dfrac{dPV}{dt} + \text{BIAS}$
关联增益	偏差 E		$CV = K_c \left(E + \dfrac{1}{T_i} \int E dt + T_d \dfrac{dE}{dt} \right) + \text{BIAS}$
	过程变量 PV	正作用	$CV = K_c \left(E + \dfrac{1}{T_i} \int E dt + T_d \dfrac{dPV}{dt} \right) + \text{BIAS}$
		反作用	$CV = K_c \left(E + \dfrac{1}{T_i} \int E dt - T_d \dfrac{dPV}{dt} \right) + \text{BIAS}$

比例控制可以单独工作，即纯比例控制；积分和微分控制不能单独工作，要与比例控制组合成为 PI、PD（很少使用）或 PID 控制。

② PID 参数整定　PID 控制中的比例控制根据"偏差大小"起作用，输出与偏差成正比，调节作用快速。增益越大，作用越强，作用太强时会引起振荡。比例增益 K_p 和关联增益 K_c 的转换关系为 $K_p = K_c$，都是无量纲值。

积分作用根据"偏差是否存在"起作用，输出与偏差的积分成正比，可以消除余差。积分项常用积分时间 T_i（Reset Time）来表示，积分时间实际指"重设"时间，即控制器重复一次比例控制输出所需要的时间。积分增益 K_i（1/s）与 K_c 的转换关系为 $K_i = K_c/(60T_i)$。积分时间越长，K_i 越小，积分作用越弱；积分时间越短，K_i 越大，积分作用越强。作用太强时也会引起振荡。

微分作用根据"偏差的变化"起作用，输出与偏差变化的速率成正比，有超前调节作用。微分增益 K_d 越大，作用越强，作用太强也会引起振荡。$K_d(s)$ 与 K_c 的转换关系为 $K_d = K_c \times 60T_d$。T_d 是偏差的变化时间。

③ 抗积分饱和　如果系统存在一个方向的偏差，PID 控制器的输出由于积分作用的不断累加而加大，从而导致 CV 达到极限位置。此后若控制器输出继续增大，CV 也不会再增大，即系统输出超出正常运行范围而进入了饱和区。这种现象称为积分饱和。一旦出现反向偏差，CV 逐渐从饱和区退出。进入饱和区越深，退饱和时间就越长。在这段时间内，执行机构仍停留在极限位置而不能随着偏差反向立即做出相应的改变，这时系统就像失去控制一样，造成控制性能恶化。

PID 指令通过设置 CV 的高限值（.MAXO）和低限值（.MINO），可以自动防止积分饱和。当 CV 值达到高限值或低于低限值时（.MAXO 和 .MINO 置 1），积分项停止累积。当 CV 值回落到高限值以下或低限值以上时，积分项恢复积分。

④ PID 指令必须正确组态才能达到想要的控制效果，实现快速、平稳和无余差控制，减少超调量、过渡时间和余差对控制过程的影响。同时，还要对 PV 值等参数做有效范围的处理，不能出现坏值或无效的数据影响指令的执行。

2.5.13　编程举例

这里通过几个例子，说明一些指令的使用和编程方法。编程要求通常是功能描述或逻辑关系图。可以肯定，同一个控制要求，不同的工程人员可能会写出不同的逻辑，只要控制的逻辑结果相同就可以了。编程时大可不必强求逻辑指令的长短或逻辑是否化简，因为现在的控制器性能都很强，在简单的控制任务中这些因素的影响可以忽略不计。

【例 1】用单键按钮实现电机的启动和停止

要求按第一下电机启动，再按一下，电机停止。

设按钮为 Button，电机启动为 Motor。可以有多种方式实现，这里采用模指令（MOD），每按一下，状态数值加 1，如果 MOD 2 后为 1，启动电机；MOD 2 后为 0，电机停止。梯形图逻辑实现如图 2-84 所示。

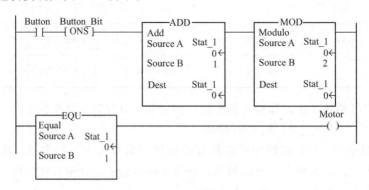

图 2-84　单键启停电机程序

【例 2】输入信号滤波防抖动

开关量信号接通或断开时会出现约 30ms 的抖动，容易产生不稳定的逻辑动作。在联锁控制中要十分注意。通常在输入信号端可以作 20～500ms 的滤波，几毫秒的滤波可以在模块输入通道上设置，较长时间的滤波通过延时逻辑来实现，即如果滤波后仍为 1，则确认输入接通；同样，如果滤波后仍为 0，则输入断开。梯形图延时逻辑实现如图 2-85 所示，程序对输入信号 In_1 同时进行接通或断开延时滤波，时间为 50ms，以保证信号的稳定性。使用 TOF 定时器时要注意定时到的状态与 TON 指令是不一样的。

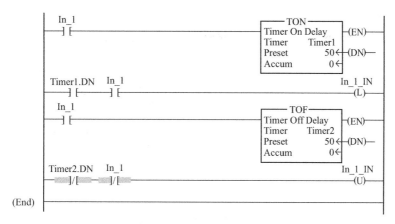

图 2-85　输入信号滤波防抖动程序

【例 3】一种楼宇二次供水控制

一种楼宇二次供水液位控制系统如图 2-86 所示。水箱有一个液位变送器测量水位，当泵按下启动后，如果水位低于 20％时，泵启动补水；当水位高于 80％时，停止进水。紧急情况下按急停按钮，泵停止供水。

设液位变送器为 LT01，启动按钮为 Start，急停按钮为 Stop，启泵信号为 Pump。将液位变送器的值与低水位（20％）和高水位（80％）设定值进行比较，确定启、停泵条件，然后将

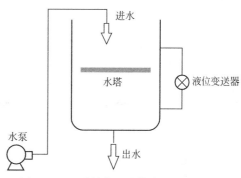

图 2-86　一种楼宇二次供水液位控制系统

允许启泵的条件写在一条梯级上。梯形图逻辑实现如图 2-87 所示。液位控制在很多应用场合都有用到，如果扩展和完善一下，就可以实现多楼多泵的联合控制了。

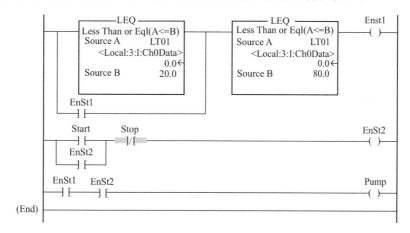

图 2-87　一种楼宇二次供水控制程序

【例 4】 一种脉宽可设的振荡逻辑

振荡逻辑常用来作报警或提示用，与指示灯一起构成闪光电路。设两个定时器 Timer_1 和 Timer_2，分别定时通或断的时间，设一个状态标志 Flag1 记录通断状态。梯形图逻辑实现如图 2-88 所示，可以看出，这是一个 1s 通、0.5s 断的振荡逻辑。当需要时可以通过修改定时器的预置值来改变振荡脉冲的宽度。

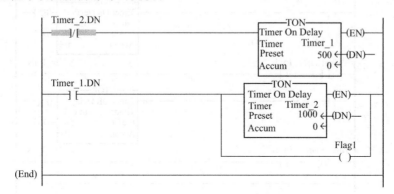

图 2-88 一种脉宽可设的振荡逻辑程序

【例 5】 一种信号报警器

信号报警器实现对关键参数状态的监测，当报警信号出现时发出声、光报警，提示操作人员注意、确认并进行相应的工艺操作。报警器根据需要设置信号数量，每个信号用一个指示灯，还设有确认、测试按钮和一个蜂鸣器。当报警信号出现时，对应的指示灯亮、闪，蜂鸣器响。按确认后，蜂鸣器静音，如果报警信号还存在，报警灯常亮；如果报警信号消失，报警灯灭。按下测试按钮后，所有灯亮、闪，蜂鸣器响。

例中设置 3 个报警信号：液位高高（LSHH）、压力低低（PSLL）和温度开关故障（TS_Fault），对应的指示灯为信号_Light，确认按钮为 Ack，测试按钮为 Test，蜂鸣器为 HORN。梯形图逻辑实现如图 2-89 所示，每个信号处理都是一样的，只用 2 条梯级就可以了，蜂鸣器集中在梯级 6 中实现。闪光触点使用例 4 中的 Flag1。

【例 6】 一种典型的联锁逻辑控制

联锁系统是生产装置的安全保护系统，除了要求有相应的安全认证和安全完整性等级（SIL）外，I/O 常采用"多取多"的配置来提高系统的可靠性和可维护性。同时，采用故障安全型设置。例中设计一个联锁逻辑系统，实现反应器的联锁控制。实现逻辑功能是，如果反应器温度高或压力高时终止反应。其中要求温度采用"三取二"、压力采用"二取二"，正常时输入和输出得电，故障或联锁时失电。梯形图逻辑实现如图 2-90 所示，其中：现场温度和压力均取开关量信号；温度信号分别为 TSH1、TSH2 和 TSH3；压力信号为 PSH1 和 PSH2；联锁终止反应是 ShutDown。

【例 7】 一种带旁路的联锁逻辑控制

一种带旁路的加热炉联锁控制逻辑如图 2-91 所示，联锁逻辑要求采用故障安全型。旁路即撤开源信号，直接用"接通"或"断开"替代源信号的状态，便于源信号仪表的维护和使用。

这是典型的设计逻辑图，通常附有控制逻辑说明和故障安全型设计要求。状态正常时为"1"，故障联锁时为"0"，失电联锁。梯形图逻辑实现如图 2-92 所示，其中：梯级 1～3 处

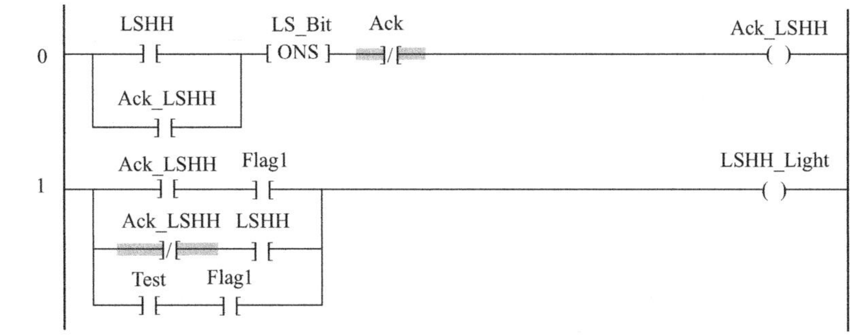

(a) 第一个闪光报警信号LSHH的处理

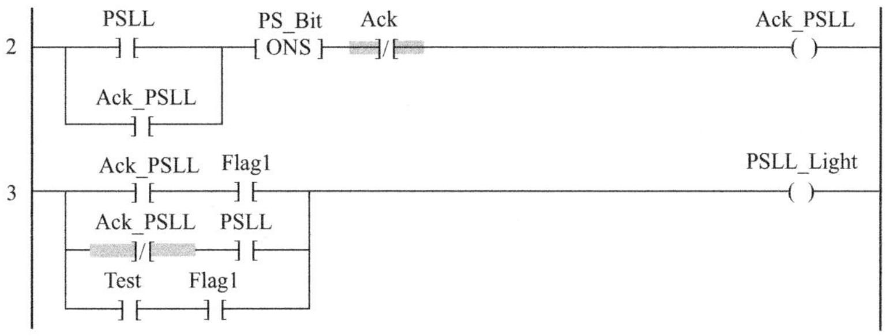

(b) 第二个闪光报警信号PSLL的处理

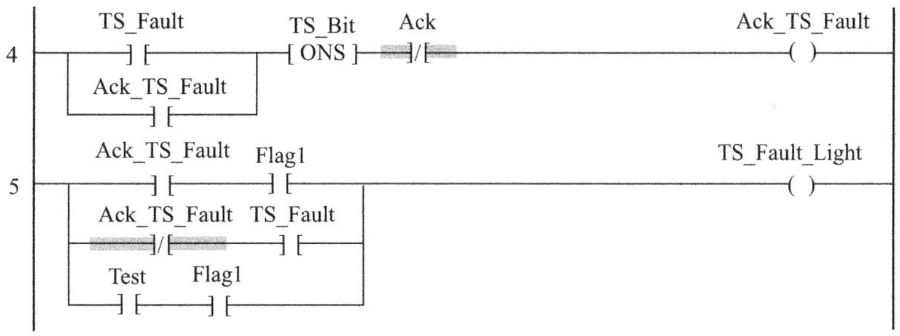

(c) 第三个闪光报警信号TS_Fault的处理

(d) 蜂鸣器信号的处理

图 2-89　信号报警器梯形逻辑程序

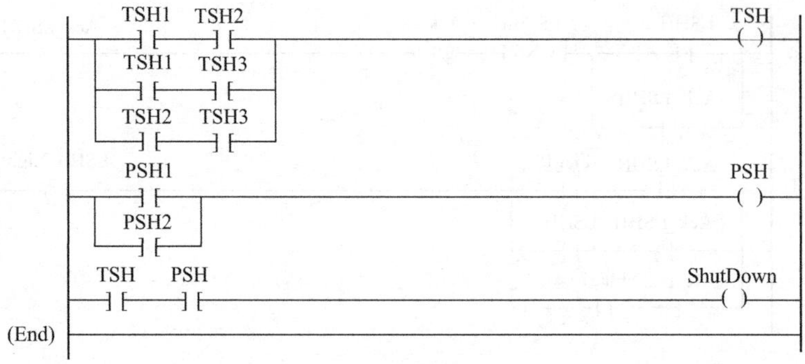

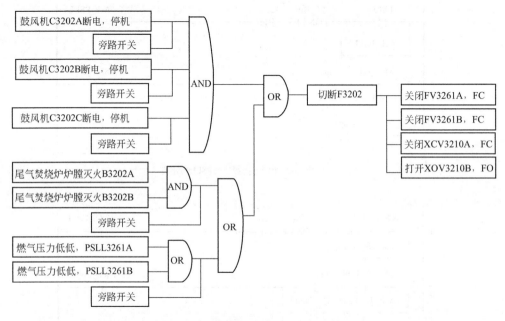

图 2-90　一种典型的联锁逻辑控制程序

图 2-91　一种带旁路的联锁逻辑控制图

理鼓风机断电及旁路；梯级 4 处理尾气焚烧炉炉膛灭火及旁路；梯级 5 处理燃气压力低及旁路；梯级 6 处理同时故障处理；梯级 7 和 8 处理 F3202 炉停炉及开、关有关阀门。

【本章小结】

以当前的主流控制器 1756-L7X 为例，重点介绍 ControlLogix 系统的硬件组成和软件组态基础。硬件主要介绍组成基本控制系统的控制器、框架、电源、I/O 模块和通信模块，以及由基本控制系统构成的冗余系统。软件主要介绍组态软件、编程语言、文件结构和指令表和常用指令的使用等。这是学习和应用罗克韦尔自动化系统的基础。

I/O 模块的种类有很多，每种 I/O 模块都有不同的特点和适应不同的现场仪表信号类型。项目上常通过信号转换的方法把现场信号转换为标准信号（如 1～5V DC、4～20mA 等）来减少信号类型和 I/O 模块的种类。

熟悉 I/O 模块的端子连线是十分重要的，这里只列举了常用的几种模块连线使用说明。

(a) 处理鼓风机C3202断电及旁路

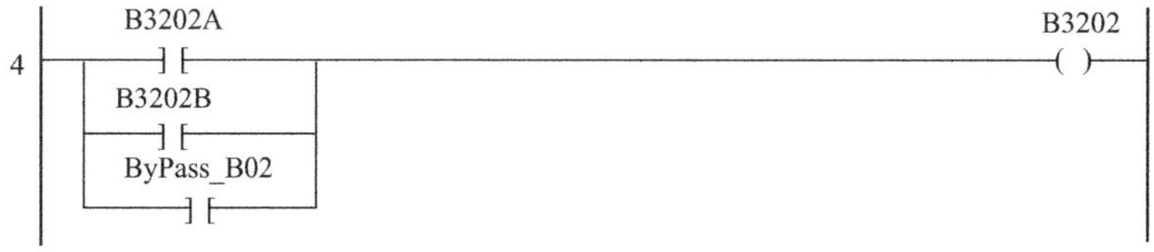

(b) 处理尾气焚烧炉B3202炉膛灭火及旁路

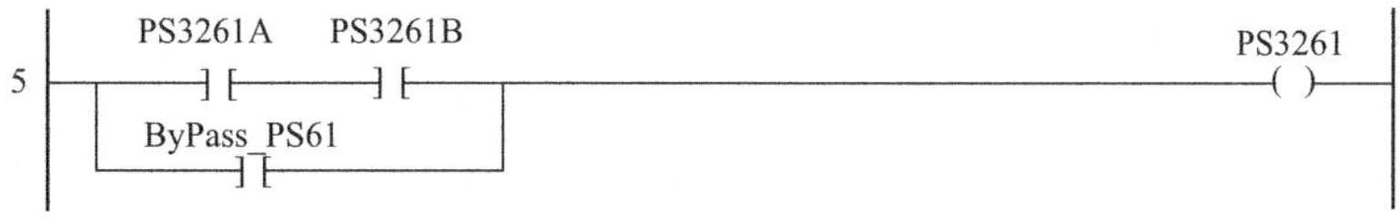

(c) 处理燃气压力低及旁路

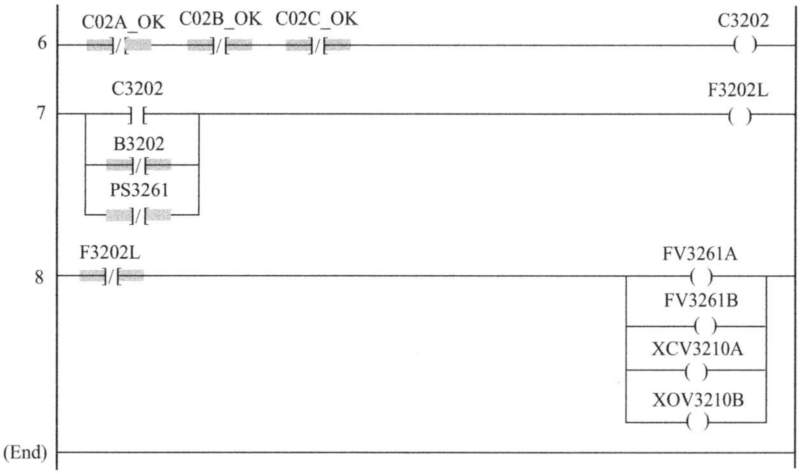

(d) 处理F3202炉停炉及开、关有关阀门

图 2-92　带旁路的联锁逻辑梯形图

模块在不同的应用情况下连线有不同，特别是 AI 和 AO 模块，不仅与现场仪表的类型有关，还与模块的设置有关，应用时应十分注意。

对重要的或需要长周期运行的应用场合，可以采用冗余系统来提高控制系统的可靠性和可维护性。冗余的方式和程度应根据项目需要、投资、有关设计规范以及应用习惯等情况进行配置。

ControlLogix 系统支持 4 种编程语言，其中梯形图指令使用最为广泛。本章以梯形图为重点介绍了常用指令中的部分指令，如位指令、定时器/计数器指令、比较指令、计算指令、传送指令、程序控制指令、输入/输出指令和 PID 指令等，并举了几个常用的控制程序编写例子以加深对指令及其运用的理解。

当应用中需要某些功能时，首先查阅指令表，再细看具体参数的使用。ControlLogix 系统指令丰富、功能强，这里介绍的指令在多数项目应用中都会使用到。但显然是不够的，只能作为一个引导。要熟练掌握和灵活应用 ControlLogix 系统的功能、指令系统以及参数设置和数据类型等，必须仔细阅读有关的手册内容。

【练习与思考题】

(1) PLC 常用的编程语言是_____、_____、_____和_____。

(2) ControlLogix 系统梯形图的嵌套最多有_____层。

(3) ControlLogix 控制器可以有_____个任务，包括一个_____任务和_____个_____任务。

(4) 系统预定义结构数据类型主要包括_____、_____、_____。

(5) ControlLogix 控制器有哪几种工作模式？切换时要注意什么？

(6) ControlLogix 系统有几种框架？A10 是几槽的框架？槽号是怎样定义的？

(7) 什么是 ControlLogix 控制器的核心网络？它们的主要技术性能如何（如通信速率、最大通信距离）？

(8) 简述 ControlLogix 系统的冗余配置要求。

(9) 梯形图指令有哪几种结构形式？

(10) 程序结构有哪几种形式？

(11) 把图 2-93 写成传统的梯形图形式，即输入/输出不混接。

图 2-93　梯形图

(12) ONS 一次扫描后便不再执行了，要使它重新有效，该怎样做？

(13) 如何理解 TOF 指令的动作？有人说它是"负逻辑"指令，是否正确？

(14) ControlLogix 定时器指令中有几个时间基值？它们可不可以任意设定？

(15) 试编程实现：按下"启动"键后，机器延时 35s 再启动。

(16) 三相异步电动机的主电路和继电器控制图如图 2-94 所示，图中 SB1 为正转启动按钮，SB2 为反转启动按钮，SB3 为停止按钮；KM1、KM2 为正转和反转驱动触点。试编制程序实现电动机正、反转互锁启动。

(17) 当阶梯条件由真变假时，保持型计时器的累加值会不会被清零？通、断延时计时器的累加值会不会被清零？

(18) 试编一个手动可逆计数器和一个自动递增计数器，计数的次数分别为 20 次和 30 次。

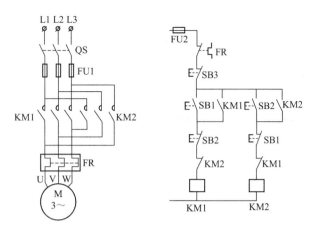

图 2-94　三相异步电动机主电路和继电器控制图

（19）ADD 指令可用另一条指令代替吗？如能代替，请写出对应的梯形图。

（20）编写程序，计算内外半径分别为 3.5mm 和 5.0mm 的圆环面积。

（21）ControlLogix 系统的程序结构设计有几种方法？各有什么优缺点？

（22）在【例 3】中，如果把液位变送器改为低位浮球开关和高位浮球开关，其他要求不变。请用梯形图逻辑实现供水控制功能。

（23）在图 2-95 中，如果阀门 LV201 改在进料入口处，PID 控制器的作用方式如何确定？控制作用公式应选用哪一个？

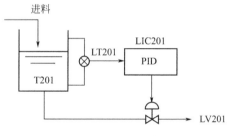

图 2-95　液位控制

（24）在 PID 参数整定对话框中，如果想增强积分作用，K_i 应增大还是减少？

（25）在 PID 参数整定对话框中，如果想减弱微分作用，K_d 应增大还是减少？

第 3 章

Studio5000组态应用

ControlLogix

本章结合一个典型的项目来介绍 Studio5000❶组态编程软件、相关通信软件的基本操作和使用方法，以及实现项目应用和开发的主要过程。设定的项目有一个组态站（工程师站）兼作操作站，通过交换机与 ControlLogix 控制器构成的控制站相连接。控制站包括一个标准电源、框架、数字量 I/O、模拟量 I/O 和以太网通信模块。控制系统的网络结构图和硬件、软件配置清单分别如图 3-1 和表 3-1 所示。

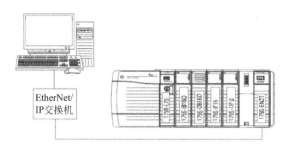

图 3-1　控制系统的网络结构图

表 3-1　系统硬件和软件配置清单

序号	型号/类型	数量	说明
1	1756-A7	1	7 槽框架
2	1756-PA75	1	标准电源
3	1756-L75	1	控制器
4	1756-IB16D	1	16 点 DI
5	1756-OB16D	1	16 点 DO
6	1756-IF16	1	16 点 AI
7	1756-OF8	1	8 点 AO
8	1756-EN2T	1	以太网通信模块
9	交换机	1	通用交换机
10	PC 机/Windows7(中文 64 位旗舰版)，Studio5000、RSLinx 和人机界面软件等	1	组态站(工程师站)兼操作站

3.1　基本操作

Studio5000 软件是罗克韦尔自动化继 RSLogix5000 之后推出的全新组态编程软件，它的基本操作包括建立通信、创建项目、组态 I/O、编写各种语言的例程、下载项目、调试运行和使用帮助等。这是掌握 ControlLogix 控制系统组态、编程和维护的第一步。

3.1.1　建立通信

当需要在线查看、编程、上载或下装❷控制器时要建立组态站和控制器的通信。

---

❶　这里选用的是 Studio5000 V24.00 版 Logix Designer，以下简称 Studio5000 软件或组态编程软件等。Studio5000 和相关通信软件已正确安装到计算机中，并已安装软件授权可以正常使用。软件及授权的安装和安装过程，应根据软件的安装要求和说明进行，这里不做详细介绍。

❷　在线指查看或编辑控制器中的项目文件，也称为联机；离线指查看和编辑组态站中的项目文件；上载指通过通信网络把控制器中的项目文件传送到组态站中，也称为上传、上装；下装指通过通信网络把组态站中的项目文件传送给控制器，也称为下传、下装。上传文件是内存文件，只有另存为硬盘文件才能永久保存。项目文件的标准文本如梯形图说明、操作描述等不会被上传。

（1）启动 RSLinx 通信连接软件

双击 RSLinx 图标（![图标]）或从【开始】❶（Start）菜单启动软件，然后点击【在线节点】（RSWho）图标，显示的网络浏览界面如图 3-2 所示。RSWho 界面左侧的窗格是树形结构，分层显示网络节点和设备；右侧的窗格以图形化显示网络中存在的所有设备。通过 RSWho 可以查看所有活动的网络连接，选【自动浏览】（Autobrowse）可以不停刷新网络连接。

（2）添加以太网驱动程序

① 在【通信】（Communication）菜单中，选择【组态驱动程序】（Configure Drivers），将显示【组态驱动程序】对话框。

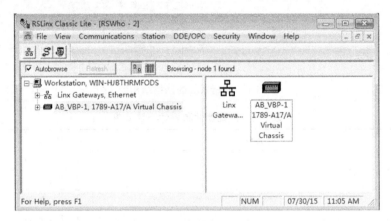

图 3-2　RSWho 浏览界面

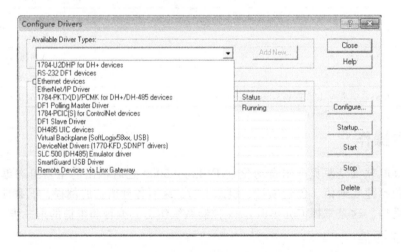

图 3-3　Configure Drivers 对话框

---

❶　这里的菜单命令、菜单中的子命令、标签页名称用【】括号表示，如【文件】、【编辑】菜单。操作约定如下：
•按下　按下鼠标左键一次并且不松开；
•单击　按下鼠标左键一次并松开；
•右击　按下鼠标右键一次并松开；
•双击　快速按下鼠标左键两次并松开；
•拖动　移动鼠标时按住鼠标左键不放；
涉及键盘上的按键时，统一用括弧加粗表示，如【DEL】。

② 在【可用驱动程序类型】（Available Drivers Types）下拉菜单中选择【EtherNet/IP 驱动程序】（EtherNet/IP Driver），然后点击【添加新驱动程序】（Add New）按钮，如图 3-3 所示。

③ 点击【确定】（OK）接受默认名称【AB_ETHIP-1】，也可以输入一个自定义的名字后按【确定】，如图 3-4 所示。

④ 选择【浏览本地子网】（Browse Local Subnet），点击【确定】（OK），然后关闭退出组态驱动程序窗口，如图 3-5 所示。这时就可以展开 RSLinx 指定通信的驱动，右击控制器或其他模块，选择【设备属性】（Device Properties）查看控制器等设备的型号、版本等信息。

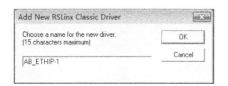

图 3-4 选择驱动名字

图 3-5 浏览本地子网

3.1.2 创建项目

双击桌面的 Studio5000 软件图标（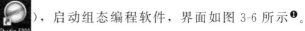），启动组态编程软件，界面如图 3-6 所示❶。界面中间有 3 列内容，即【创建】（Create）、【打开】（Open）和【浏览】（Explore），分别说明创建、打开和浏览项目的方法。界面下部显示最近创建或打开过的项目，点击可以直接打开项目。

图 3-6 Studio5000 软件界面

(1) 创建新项目

① 点击【创建】列下的【新项目】（New Project），显示【新项目】对话框，如图 3-7 所示。选择 Logix 控制器 1756-L75，输入【项目名称】（Name）和指定【项目位置】❷

---

❶ Studio5000 软件启动界面与 RSLogix5000 略有不同，创建新项目时也有些许差异。熟悉 RSLogix5000 的读者很容易接受 Studio5000 的相关操作，而对新读者来说也不难。

❷ 如果不选择默认位置路径，可点击【浏览】（Browse）选择，或输入一个新的文件夹路径。

（Location），然后点击【下一步】（Next）。

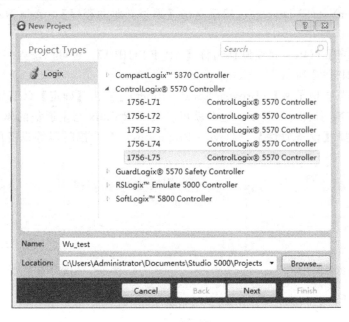

图 3-7　创建项目对话框 1

② 出现新项目的第 2 个对话框，如图 3-8 所示。上部显示已选择的控制器和项目名称，输入版本、框架、插槽和安全等信息后，点击【完成】（Finish），结束新项目的创建。

图 3-8　创建项目对话框 2

其中定义的内容有：

①【版本】（Revision）　项目所使用控制器的固件版本；

②【框架类型】（Chassis）　使用的框架大小，这里选 1756-A7 框架；

③【插槽】（Slot） 控制器所在的插槽号，这里插入到 0 号槽❶；

④【安全授权】（Security Authority） 指定项目保护方法，默认无保护；

⑤【说明】（Description） 对项目的说明，可用中文。

如果采用冗余控制器，勾选【冗余】（Redundancy）选项。

（2）控制器管理器

创建项目后，进入 Studio5000 组态软件的组态界面窗口，窗口左侧显示控制器管理器，如图 3-9 所示。控制器管理器采用树形文件夹结构来组织整个项目的程序文件和数据文件，包含控制器程序和数据的全部信息。这时还没有配置 I/O、数据标签和控制程序❷。项目组态的很多工作都要在这里进行设置，包括：

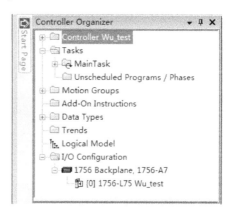

图 3-9 控制器管理器图

① 控制器（Controller）文件夹，控制器属性设置，控制器后是新建项目的名称；

② 任务（Tasks）文件夹，任务管理、任务创建、删除等；

③ 运动组（Motion Groups）文件夹，运动控制管理；

④ 趋势（Trends）文件夹，组态控制器中的趋势；

⑤ 数据类型（Data Types）文件夹，数据类型管理；

⑥ I/O 组态（I/O Configuration）文件夹，框架、I/O 模块增减、组态等。

3.1.3 组态 I/O

控制器要对 I/O 进行控制，I/O 模块必须在【I/O 组态】（I/O Configuration）文件夹中，按照项目应用要求把所有的 I/O 模块组态到指定框架的背板中，并配置参数。如果需要，还要组态 I/O 模块的附加功能。

1756 系列 I/O 模块的组态不需要硬件拨码或跳线，根据图 3-1 所示的项目配置要求，把 DI、DO、AI、AO 分别插入到框架背板的 1～4 号插槽中。这些模块和控制器处在同一个框架中，称为本地 I/O（Local I/O）模块❸。通信模块 EN2T 放在 6 号槽中。

（1）添加 DI 模块

① 在控制器管理器中，右键点击【I/O 组态】（I/O Configuration）或【1756 背板，1756-A7】（1756 Backplane，1756-A7），选择【新模块】（New Module），如图 3-10 所示。

② 出现【选择模块类型】（Select Module Type）窗口，取消默认勾选全部模块，只选择【数字量】（Digital），显示所有的 DI/DO 模块，拖动到滚动条，选择 1756-IB16D 模块，如图 3-11 所示❹。

---

❶ 这里注意，对于 A7 框架，插槽号为 0～6 号，其余类似。

❷ 图中文件夹前的"＋"表示文件夹收起没有展开，"－"表示文件夹已经展开。Studio5000 软件的一般操作与 Windows 的操作风格相似，以下不再赘述。

❸ 不与主控制器在一个框架的 I/O 模块称为远程 I/O（Remote I/O）模块。由于 ControlLogix 系统可以安装多个控制器，通常按与主控制器的相对位置来定义本地 I/O 或远程 I/O。

❹ 选择窗口中有些字段为中文显示，是因为采用中文 Windows 平台所引起的。其他窗口的也有类似的情况，对组态编程操作没有影响。

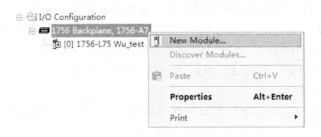

图 3-10　新模块菜单图

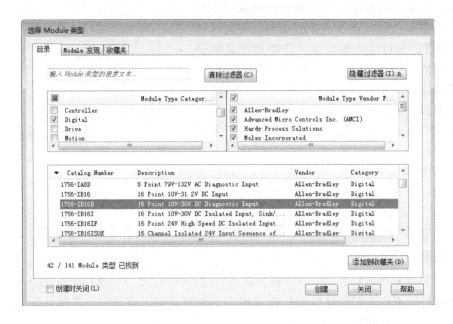

图 3-11　选择 DI 模块

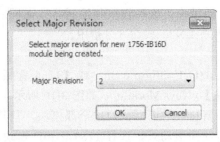

图 3-12　选择 DI 模块主版本

③ 双击选中的模块 1756-IB16D 或点击模块后再点击【创建】（Create），出现【选择模块主版本】（Select Major Revision）窗口，如图3-12所示。选择2，点击【确定】（OK）。

④ 出现【新模块】（New Module）对话框，显示模块类型、供应商和本地 I/O 等信息，如图3-13所示。在对话框中输入或选择【名称】（Name）、【插槽】（Slot）、【说明】（Description）、【通信格式】（Comm Format）、【版本】（Revision）和【电子匹配】（Electronic Keying）参数（可保留一些字段的缺省值，如说明和小版本）。

其中主要定义的内容有：

【名称】（Name）　DI 模块的名称，可以采用有含义的名称帮助分类和记忆，如 DI_01、RIO_DI_05 表示第一块 DI 模块和远程框架的第五块 DI 模块等；

【插槽】（Slot）　模块所在的插槽号，这里插入 1 号槽；

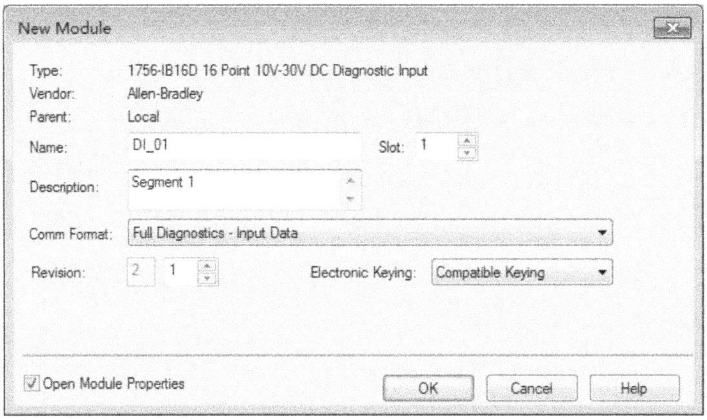

图 3-13　新 DI 模块对话框

【通信格式】（Comm Format）　确定模块的数据结构，不同的模块支持不同的数据结构和数据格式，可选【全诊断-输入数据】（Full Diagnostics-Input Data）❶；

【电子匹配】（Electronic Keying）　确定组态数据与实际模块各参数的匹配程度，一般选【兼容匹配】（Compatible Keying）❷。

默认勾选【打开模块属性】（Open Module Properties），点击【确定】（OK）。

⑤ 出现【模块属性报告】（Module Properties Report）窗口的【连接】（Connection）选项页面，如图 3-14 所示。图中【请求信息包间隔（RPI）】［Requested Packet Interval (RPI)］指定模块更新数据的周期，通常采用默认值 20ms❸。

勾选【禁止模块】（Inhibit Module）选项，模块被禁止，控制器将不与模块建立通信。

勾选【在运行模式时如果连接故障会产生控制器严重故障】（Major Fault On Controller If Connection Fails While in Run Mode）选项，如果控制器在运行模式下与模块连接失败，就会产生一个严重故障，控制器会停机。

这两个选项默认不勾选。

⑥ 选择【组态】（Configuration）选项页面，可以看到新建的 1756-IB16D 模块的组态参数，如图 3-15 所示。保持默认状态和输入滤波时间值，点击【确定】（OK）完成 DI 模块的组态❹。

---

❶　控制器控制 IO 时，选"全诊断-输入数据"（Full Diagnostics-Input Data）；控制器只监视 IO 时选"只听-全诊断-输入数据"（Listen Only-Full Diagnostics-Input Data）。初学时，可保留其余选项的默认值。

❷　模块安装在插槽中后，控制器会读取模块的信息，如供应商、产品型号、目录号、主版本和小版本等，与组态数据对比匹配。有三种电子匹配方式：兼容匹配（Compatible Keying）、禁用匹配（Disable Keying）和精确匹配（Exact Match）。兼容匹配指实际模块的类型、产品目录号和主版本必须匹配，小版本必须等于或大于组态版本，否则控制器无法连接模块。禁用匹配即不使用电子匹配功能。精确匹配指实际模块必须与组态数据全部匹配，否则控制器无法连接模块。项目上通常选用兼容匹配，以便于以后新旧模块的维护和更换等。

❸　1756-L7X 控制器支持各种 I/O 模块独立设置 RPI，但不是所有的控制器都支持。如 CompactLogix 控制器，它的所有 I/O 使用相同的 RPI，即只有一个 RPI 值。

❹　所有选项中，当组态数据没有保存时，选项或通道等数据右上角出现"＊"号，按【确定】（OK）后"＊"号消失。下同。

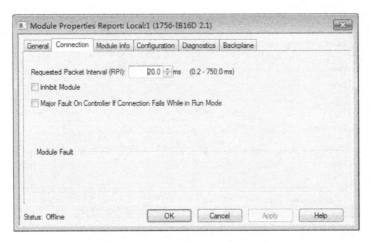

图 3-14　DI 模块连接选项页面

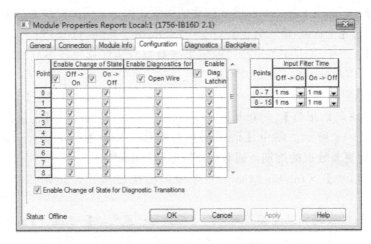

图 3-15　DI 模块组态选项页面

这时，在 I/O 组态的背板文件夹下出现新增的 DI 模块，如图 3-16 所示。图中，模块型号前的［0］、［1］表示模块的插槽位置，型号后是定义的模块名称，清晰明了。

图 3-16　新增了 DI 模块

（2）添加 DO 模块

① 添加 DO 模块的操作与 DI 模块的操作类似。在【选择模块类型】（Select Module Type）窗口选择数字量模块，拖动滚动条，双击选择 1756-OB16D 或点击模块后再点击【创建】，选择模块主版本 2，并点击【确定】（OK）。

② 出现【新模块】（New Module）对话框，显示模块类型、供应商和本地 I/O 等信息，如图 3-17 所示。在对话框中输入或选择【名称】（Name）、【插槽】（Slot）、【说明】（Description）、【通信格式】（Comm Format）、【版本】（Revision）和【电子匹配】（Electronic Keying）。默认勾选【打开模块属性】（Open Module Properties），点击【确定】（OK）。

③ 出现【模块属性报告】（Module Properties Report）窗口的【连接】（Connection）选项页面，如图 3-18 所示。参数的意义和设置与 DI 模块类似。

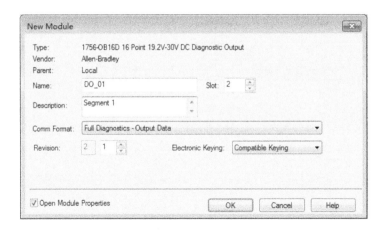

图 3-17　新增 DO 模块对话框

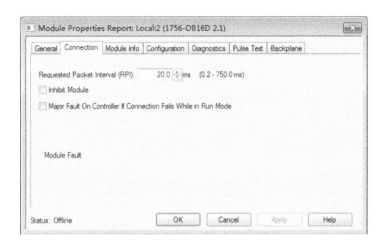

图 3-18　DO 模块连接选项页面

④ 选择【组态】（Configuration）选项页面，可以看到新建的 1756-OB16D 模块的组态参数，如图 3-19 所示。这里可以选择在编程模式（Program Mode）和故障模式（Fault Mode）下的输出状态，也可以激活输出诊断和诊断锁存。同时，还可以选择在通信故障时使输出保持在编程模式或故障模式下的状态。点击【确定】（OK）完成 DO 模块的组态。

（3）添加 AI 模块

按同样的方法添加 AI 模块。在【选择模块类型】（Select Module Type）窗口中取消默认勾选全部模块，只选择【模拟量】（Analog），显示所有的 AI/AO 模块，拖动到滚动条，选择 1756-IF16 模块，如图 3-20 所示。

① 双击选中的模块 1756-IF16 或点击模块后再点击【创建】（Create），选择模块主版本 1，并点击【确定】（OK）。

② 出现【新模块】（New Module）对话框，显示模块类型、供应商和本地 I/O 等信息，如图 3-21 所示。在对话框中输入或选择【名称】（Name）、【插槽】（Slot）、【说明】（Description）、【通信格式】（Comm Format）、【版本】（Revision）和【电子匹配】（Electronic Keying）参数。其中【通信格式】（Comm Format）：选择【浮点数据-差分模式】（Float

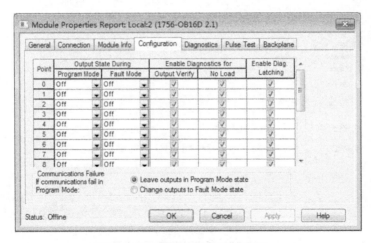

图 3-19　DO 模块组态选项页面

图 3-20　选择 AI 模块

Data-Differential Mode)❶。默认勾选【打开模块属性】（Open Module Properties），点击【确定】（OK）。

③ 出现【模块属性报告】（Module Properties Report）窗口的【连接】（Connection）选项页面，如图 3-22 所示。图中的【请求信息包间隔（RPI）】［Requested Packet Interval (RPI)］采用默认值 100ms。

④ 选择【组态】（Configuration）选项页面，可以看到新建的 1756-IF16 模块的组态参数，如图 3-23 所示。差分模式下共有 8 个通道，每个通道有定标数据对应的工程单位。还

---

❶ AI 模块可选通信格式有多种，包括单端（Single Ended Mode）、高速（High Speed Mode）、差分模式（Differential Mode），数据格式又分浮点（Float）、整型（Integer）、只听（Listen Only）和 CST 时间标签（TimeStamped）等各种组合。项目中根据实际需要进行选择。

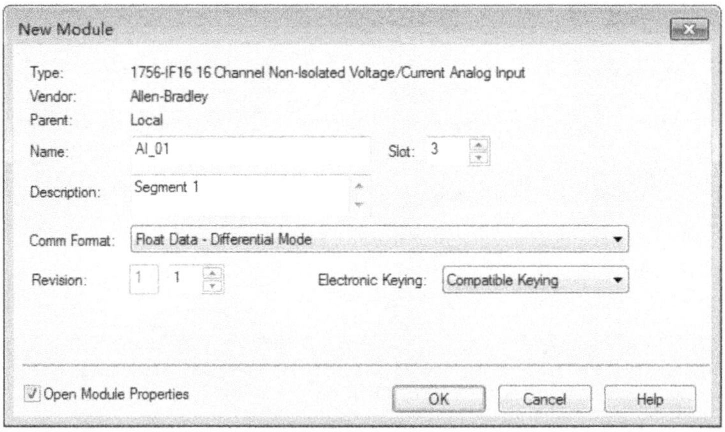

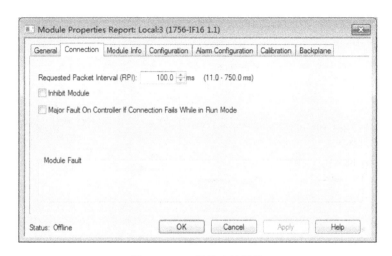

图 3-21　新增 AI 模块对话框

图 3-22　AI 模块连接属性

可以选择信号的输入范围（Input Range）、传感器偏移量（Sensor Offset）和数字滤波（Digital Filter）等。

在工程中，输入范围常选择 0～20mA，每个通道（Channel）通过定标（Scaling）实现量程的转换，可以直接转换成所需的工程单位。实时采用时间（RTS）选项是模拟量信号的采样时间，默认值为 100ms。1756-IF16 模块只有一个 A/D 转换器，所以只有一个共同的采样时间。【模块滤波器】（Module Filter）是 A/D 转换器的内置滤波，用来抑制交流工频干扰，可选择使用的工频频率，如 50Hz。组态完后点击【确定】，（OK），完成 AI 模块的通道组态。

⑤ 选择【报警组态】（Alarm Configuration）选项页面，可以看到新建的 1756-IF16 模块报警组态参数，如图 3-24 所示。每个通道都可以根据项目应用设置报警值，还可以选择禁止所有报警（Disable All Alarms）、锁定过程报警（Latch Process Alarms）和锁定速率报警（Latch Rate Alarm）。同时可以设定死区范围（Deadband）和速率报警等参数。如有需要，还可以点击【校准】（Calibration）选项，对每个通道进行精度的校准。组态完后点击【确定】（OK），完成 AI 模块的报警组态。

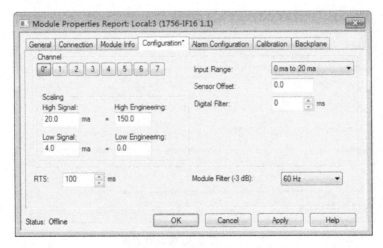

图 3-23 AI 模块组态选项页面

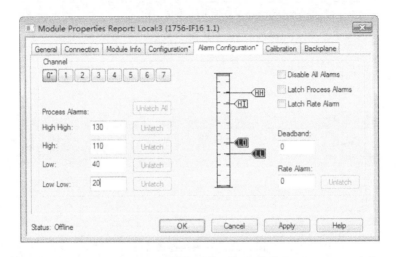

图 3-24 AI 模块报警组态选项页面

（4）添加 AO 模块

同理添加 AO 模块。【新模块】（New Module）对话框和【连接】（Connection）选项页面分别如图 3-25 和图 3-26 所示。参数的意义和设置与 AI 模块类似。

① 选择【组态】（Configuration）选项页面，可以看到新建的 1756-OF8 模块的组态参数，如图 3-27 所示。差分模式下共有 8 个通道，每个通道有定标数据对应的工程单位，可以选择电压或电流的输出范围（Output Range）、传感器偏移量（Sensor Offset）等。勾选【保持初始值】（Hold for Initialization）选项时，当输出值在初始值的 0.1% 范围内变化时输出保持不变。这个选项默认不勾选。组态完后点击【确定】（OK），完成 AO 模块的通道组态。

② 选择【输出状态】（Output State）选项页面，可以看到新建的 1756-OF8 模块输出状态，如图 3-28 所示。每个通道都可以选择在编程模式和故障模式下的输出状态，即选择【保持最后状态】（Hold Last State）或【用户定义值】（User Defined Value），还可以选择通信故障下的输出状态。组态完后点击【确定】（OK），完成 AO 模块的输出状态组态。

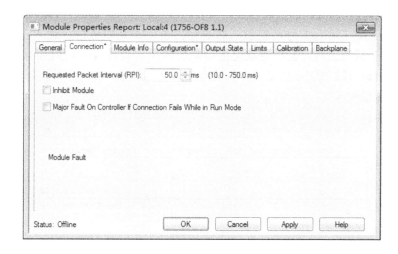

图 3-25　新增 AO 模块对话框

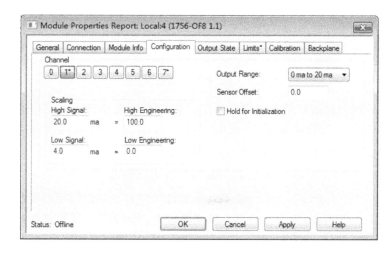

图 3-26　AO 模块连接选项页面

图 3-27　AO 模块组态选项页面

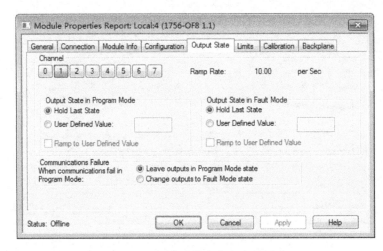

图 3-28　AO 模块输出状态选项页面

③ 选择【限幅】（Limits）选项页面，如图 3-29 所示。高限幅（High Clamp）和低限幅（Low Clamp）限定输出信号的幅值，即当输出值大于高限值时，输出通道按高限值输出；当输出值小于低限值时，输出通道仍按低限值输出。勾选【运行时变化率】（Ramp in Run Mode）可以设置输出信号的变化率，在变化率（Ramp Rate）中输入每秒的变化数值（按工程单位的量值输入）。

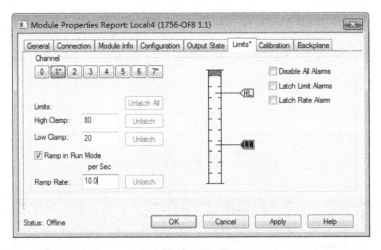

图 3-29　AO 模块限幅选项页面

当 4 种模块添加完成后，这时在【I/O 组态】的背板文件夹下出现所有新增的 4 种模块，如图 3-30 所示。当需要删除模块时，可以右击想要删除的模块，选择【删除】（Delete），然后确认就可以了。

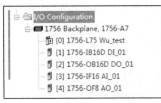

图 3-30　新增 4 种模块

3.1.4　编写梯形图逻辑

使用组态编程软件编写一段梯形图逻辑为例，实现一个控制。控制要求为：如果反应器温度高或压力高时终止反应。其中温度采用"三取二"，压力采用"二取二"，正常时输入和输出得电，故障或联锁时失电，现场温度和压力均取开关量信号，温度信号分别为 TSH1、TSH2 和 TSH3，压力信号为 PSH1 和 PSH2；终止反应用 ShutDown。

（1）逻辑图

根据控制要求，可以得出逻辑图如图 3-31 所示（即第 2 章的例 6 题梯形图）。程序默认在项目的连续型任务中的【主任务】（MainTask）中运行。

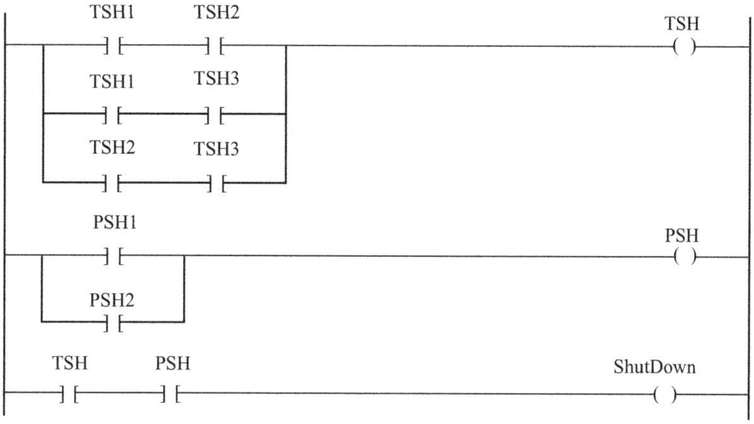

图 3-31　梯形图逻辑举例

（2）梯形图输入、编辑

① 在控制器的控制器管理器中，顺序展开【任务】（Tasks）文件夹下的【主任务】（MainTask）、【主程序】（MainProgram），如图 3-32 所示。主要控制逻辑在【主例程】（MainRoutine）中建立。

图 3-32　任务文件夹展开

② 双击【主例程】（MainRoutine），打开例程编辑器。主例程默认编程语言是梯形图，在逻辑编辑区自动生成一条编号为 0 的指令行（即梯级），光标位于左母线上，如图 3-33 所示。指令栏显示梯形图指令选项卡，可以通过向前和向后箭头选择指令分组❶，图中显示的是【位】指令分组，前 3 个指令符号（ ┤├ ┤┤ ┤┤├ ）分别表示增加一条梯级、增加一个分支和扩展一个分支。

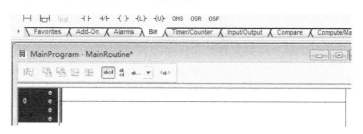

图 3-33　例程编辑器

③ 在指令栏点击 XIC（┤├）指令，XIC 指令添加到指令行中，如图 3-34 所示。也可

---

❶ 指令栏由指令分组选项卡和指令组成，通过点击指令选项卡，查找、选择对应的指令。指令选项卡的名称与指令分组的名称基本一致，当前选择为【位】（Bit）指令选项卡。

以拖动指令符号到指令行上，在想要放置且出现绿色小圆点的地方放开按键，完成指令输入。

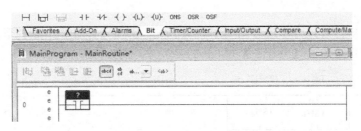

图 3-34 新增指令

④ 点击 XIC（⊣⊢）、OTE（⟨ ⟩）指令，顺序把指令添加到指令行中，如图 3-35 所示。如果指令放置的位置不合适，可以按下左键拖动到合适的位置即可。当然，也可以先删除指令再增加正确的指令。删除时将光标指定要删除的指令，按【DEL】键；或右击指令，选择【删除】（Delete）进行删除。

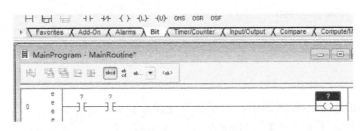

图 3-35 编辑指令

⑤ 扩展一个分支。将光标指定左母线，在指令栏点击分支指令（⊔）插入扩展分支❶。点击扩展分支的右侧拖动到第 2 个指令右侧，如图 3-36 所示。

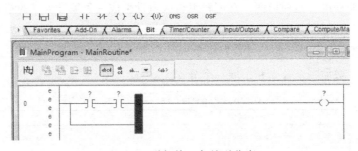

图 3-36 增加第一条并列分支

⑥ 点击并列分支的左侧连线，如图 3-37 所示，再点击增加 2 条 XIC 指令。

⑦ 同样地，增加第二条扩展分支，完成温度"三取二"逻辑，如图 3-38 所示。

⑧ 点击增加一条梯级指令（⊢⊢）增加指令行，输入指令，完成第二条指令行压力"二取二"的指令输入。同理，再次点击增加一条梯级指令（⊢⊢）增加第三条指令行，输入指令，完成第三条指令行温度和压力联锁逻辑，如图 3-39 所示。这时，逻辑已输入完成。

---

❶ 注意不要插入嵌套分支。两种指令输入时容易出错，从外形可以帮助判断。嵌套分支不等宽，并列分支等宽。控制器处理两种分支是不一样的。

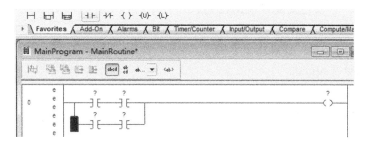

图 3-37　并列分支编辑

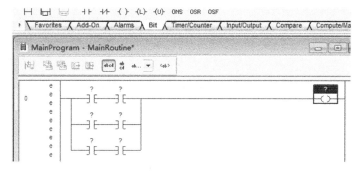

图 3-38　第二条并列分支编辑

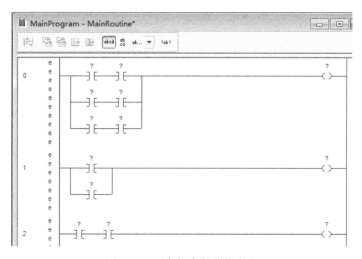

图 3-39　三条指令行编辑完成

⑨ 保存程序。梯形图输入、编辑时可以随时点击工具栏的保存图标（■），将程序保存在默认的目录中去。也可以点击【文件】（File）下拉菜单，选择【保存】（Save）进行保存程序❶，如图 3-40 所示。

（3）创建标签

从图 3-33 开始的图中可以看出，在编辑过程中梯形图的左母线有个字母"e"，表明指

---

❶　随时保存程序是一个良好的操作习惯。菜单栏和工具栏的操作与 Windows 操作风格类似，工具栏中的快捷键都可以在菜单栏的对应操作中找到，这里不再赘述。

令行还在编辑状态❶，未完成或存在语法错误，指令行没有经过验证。指令上方有个问号，表明指令还没有创建或定义标签。

① 给指令创建标签❷。右击指令上的"?"号，弹出新建标签菜单，如图 3-41 所示。选择【新标签】（New Tags）。

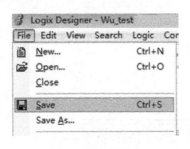

图 3-40　文件保存

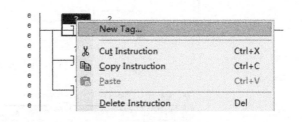

图 3-41　新标签菜单

② 出现【新参数或标签】（New Parameter or Tag）对话框，如图 3-42 所示。输入标签的各个参数，输入完成后点击【创建】（Create）完成创建新标签。

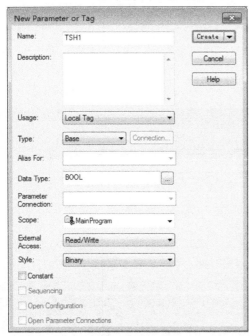

图 3-42　新建标签

各参数主要说明如下：

【名称】（Name）　标签名称，这里输入"TSH1"；

【用法】（Usage）　使用类型，可选本地标签、输入参数、输出参数、公共参数等，这里选本地标签（Local Tag）；

【类型】（Type）　定义标签的类型，可以选基本型、别名、生产和消费等，这里选择基本型（Base），如果选择别名（Alias），在别名字段指定别名的标签；

【别名】（Alias For）　表示标签的标签，用于指定 I/O 通道；

【数据类型】（Data Type）　可选布尔型、计数器型、整型等 100 多种类型，这里选布尔型（BOOL）；

【参数连接】（Parameter Connection）多连接时使用，这里取默认值；

【范围】（Scope）　指定例程，这里选主例程（MainRoutine）；

【外部访问】（External Access）　指定标签的读/写权限，这里选可读/写；

---

❶　梯级母线前的字母有特定的意义："e"正在编辑的梯级；"i"将要插入的梯级；"r"将要被前一条梯级替换的梯级；"d"将要被删除的梯级。小写代表是离线例程编写，大写"I""R""D"意义相同，表示在控制器中的例程编写。

❷　项目上通常是边输入指令边创建标签。这里为了叙述方便，把指令输入完成后再创建标签。创建标签也可以在【控制器标签】（Controller Tags）中的【编辑标签】（Edite Tags）直接编辑，操作更方便。在线时还可以点击【监视标签】（Monitor Tags）监视标签的当前值。

【数制】（Style） 当数据类型为布尔型、单整型、整型、双整型或实型时选择二进制、八进制、十进制和十六进制等，这里选二进制（Binary）。

③ 同理，重复创建新标签，每条指令行的标签创建完成后，点击一下编辑区任意位置，组态软件自动验证程序，如果没有错漏，指令行前的"e"字母消失。所有标签创建完成后，程序编写完成，结果与题目是一致的。

创建标签时也可以双击"?"号，直接输入标签。组态软件会自动搜索数据库里标签，如果合适，直接选择即可。或者双击"?"号后，点击输入框的下拉按钮，选择标签库里的标签，如图 3-43 所示。对于使用别名关联 I/O 模块通道时建议使用这种方法，避免因为标签的输入错误引起通道错误或程序逻辑错误等问题。批量创建标签可以直接进入【控制器标签】（Controller Tags）添加和编辑❶。

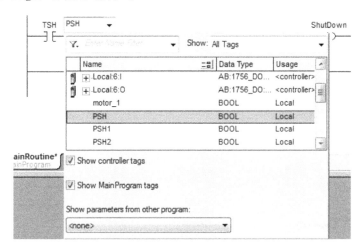

图 3-43 标签选择输入

3.1.5 下载项目和调试

（1）下载项目

把已经组态和编程完成的项目下载到控制器中才能被执行。由于控制器中只能有一个项目文件，所以下载时会覆盖控制器中原有的项目文件。

① 打开项目 Wu_test. ACD，双击标题栏或点击最大化按钮来最大化窗口。

② 在菜单【通信】（Communication）中选【在线节点】（Who Active），如图 3-44 所示。这里选择使用 RSLogix Emulate5000 仿真软件说明下载过程。

③ 选中控制器，点击【下载】（Download）按钮。下载前，组态软件会编译程序，如果程序有错误，在状态区会显示发生错误（Errors）或警告（Warnings）的位置和错误的可能原因。有错误时不允许下载，有警告时可以下载，也不影响程序运行，但要引起注意。双击错误或警告行，会定位到对应出错的位置。如果程序没有出错，这时系统出现警示窗口如图 3-45 所示。确认内容后再次点击【下载】（Download）按钮，项目将被下载到控制器中。

如果控制器下载前处于运行模式，下载完成后会提示是否回到运行模式，选择【是】（Yes）返回运行模式，如图 3-46 所示。

---

❶ 可参阅本章 3.1.7 监视/编辑标签。

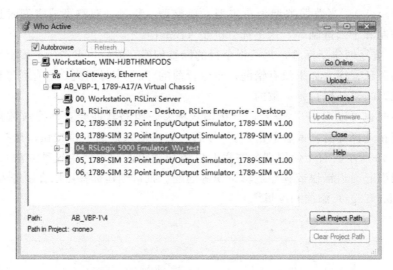

图 3-44　仿真器在线节点

图 3-45　下载警示窗口

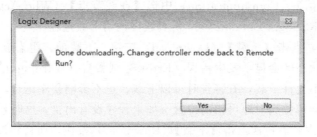

图 3-46　下载完成切换提示窗口

　　如果控制器处于远程编程模式，项目下载完成后可点击 Studio5000 中的控制器面板，选择【运行模式】（Run Mode）切换到远程运行（Rem Run）模式，如图 3-47 所示。这时就可以进行程序调试了。

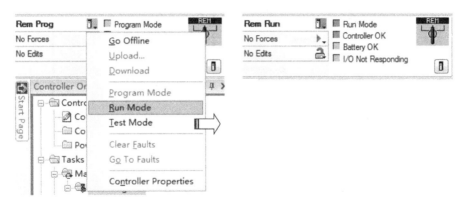

图 3-47　远程运行状态

（2）程序调试

程序调试是检查程序逻辑正确性的必要过程，程序要经过单点调试、回路调试以及与工艺、电气等联合调试正常后才能交付使用❶。这里仅通过在线测试来检查、调试程序逻辑的正确性。

① 打开已下载的温度压力联锁逻辑例程，如图 3-48 所示。在运行模式下，梯形图左、右母线都为绿色，其余指令为原色❷，表明输入、输出标签都为 OFF 状态，温度和压力都处于故障状态，输出联锁动作。

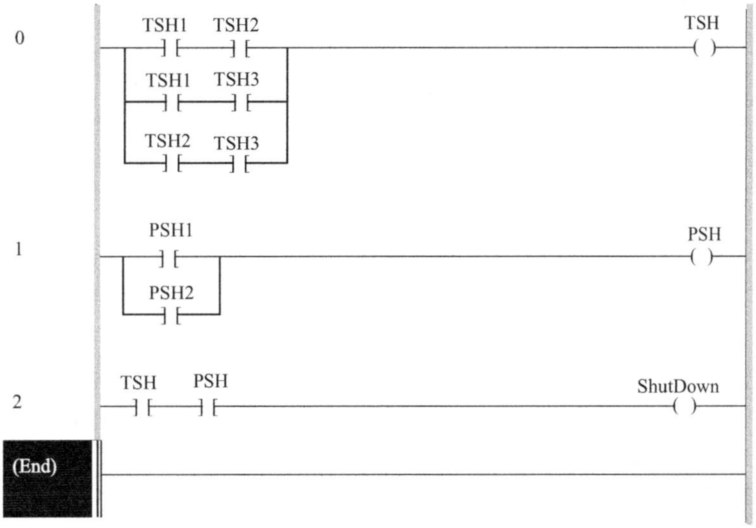

图 3-48　温度和压力联锁组态

② 依题意，温度压力联锁逻辑按故障安全型设计，正常时输入输出得电，分别把对应的温度和压力触点状态置"1"。右击 TSH1，在下拉菜单上选择【切换位】❸（Toggle Bit），

---

❶　可参考第 5 章有关系统调试的内容。

❷　即编程状态时的颜色，通常为蓝色线条。

❸　【切换位】（Toggle Bit）每次操作都对标签原状态取反，即原来为 ON 状态时，操作一次为 OFF 状态，再操作一次又为 ON 状态。常用改变位的状态来调试例程，可以对内存标签位操作，也可以对 I/O 通道或通道别名进行操作。

TSH1 标签的指令两侧为绿色，表明指令为【On】状态，如图 3-49 所示。

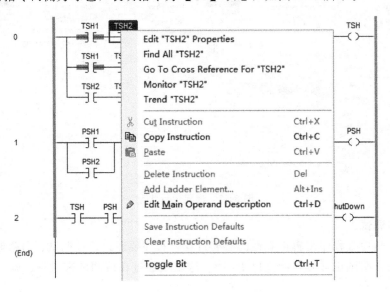

图 3-49　通过切换位的状态调试逻辑

③ 同理，把温度和压力全部置为 ON 状态，联锁输出状态为 ON 状态，表明输出正常。这时，任意选择两路温度高（这里模拟 TSH1 和 TSH2 温度高）时，联锁动作，表明逻辑例程符合要求，如图 3-50 所示。同理，可以调试压力"二取二"的逻辑。

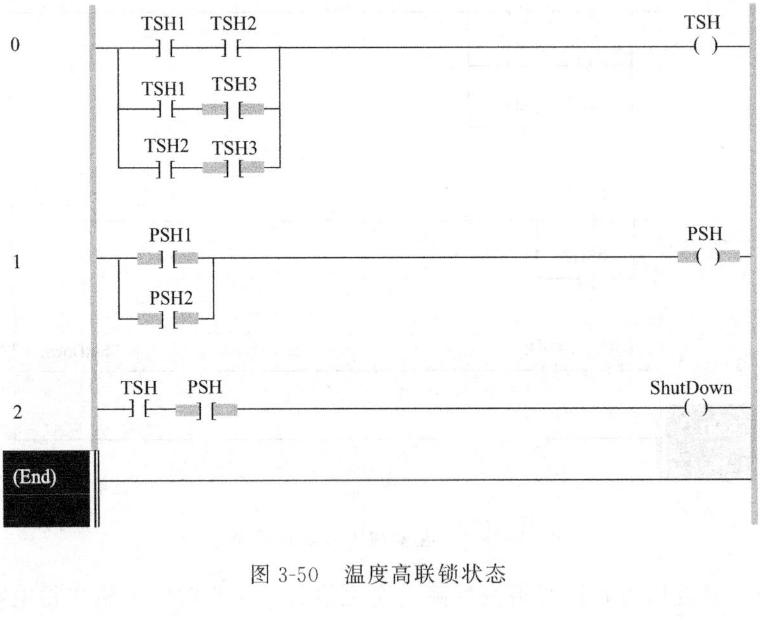

图 3-50　温度高联锁状态

3.1.6　关联 I/O

在上面调试的温度压力联锁例程中，如果将温度开关和压力开关的标签指定到 I/O 模块的通道上，称为指定 I/O 通道的别名，项目中通常称为"关联 I/O"。通过指定 I/O 的别名，就可以把 I/O 通道和标签关联起来，也就是把和通道连接的现场仪表与标签联系起来。

设温度开关 TSH1～TSH3 分别连接到在插槽 1 的 DI 模块通道 1～通道 3 上，压力开关

PSH1、PSH2 连接通道 4 和通道 5 上，联锁输出（Shutdown）连接到插槽 2 的 DO 模块通道 0 上。在组态中指定 I/O 别名的关联 I/O 操作如下。

① 在离线状态下展开【任务】（Tasks）下的【主程序】（MainProgram），打开【主例程】（MainRoutine），右击例程中的标签 TSH1，选择【编辑"TSH1"属性】（Edit "TSH1" Properties），出现 TSH1 的【标签属性】（Tag Properties）对话框，如图 3-51 所示。

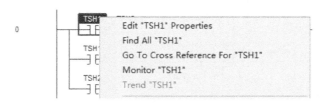

图 3-51　编辑 TSH1 标签属性

② 在【类型】（Type）字段点击向下箭头，在下拉菜单中选择【别名】（Alias），这时【别名】（Alias For）字段从灰色变为可选，点击向下箭头，出现标签浏览器窗口，如图 3-52所示。滚动浏览条选择标签别名❶。

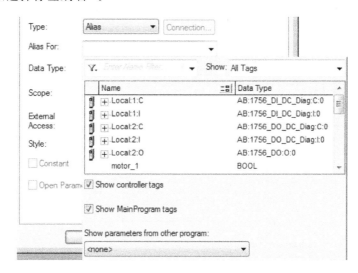

图 3-52　别名标签浏览窗口

③ 展开 Local:1:I，选择 Local:1:I. Data，并点击向下箭头打开 DI 模块的通道表格，如图 3-53 所示。表格中的数字 0～31 表示模块的通道号，这里选用了 16 通道的 DI 模块，对应的通道号取 0～15，其余编号忽略。

④ 选择表格中的"1"，表示选上通道 1。这时，在 TSH1 的标签属性【别名】字段已指定为 Local:1:I. Data.1 的别名，表明标签 TSH1 已经与通道 1 关联起来了。

⑤ 单击【确定】（OK）关闭窗口，完成 TSH1 的指定别名。同理，完成其他 DI 标签的

---

❶　标签浏览器中默认显示全部标签，包括控制器范围标签和程序范围标签，可勾选【显示控制器标签】（Shows Controller Tags）或【显示主程序标签】（Shows MainProgram Tags）选择显示范围。浏览窗口可根据需要调整大小。

别名的指定。

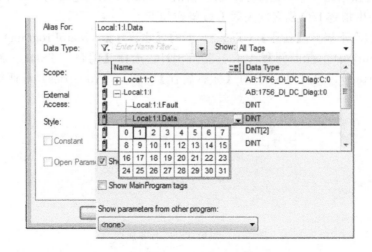

图 3-53　选择输入模块的通道

⑥ DO 标签的别名的指定类似。展开 Local:2:O，选择 Local:2:O.Data，并点击向下箭头打开 DO 模块的通道表格，选择"1"，完成 Shutdown 标签的指定别名。

⑦ 保存程序。梯形图逻辑如图 3-54 所示，这时，指定的别名出现在原标签的下方，可以看到每个别名标签对应的输入/输出通道。

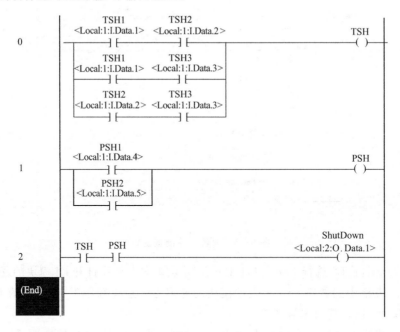

图 3-54　完成指定别名的梯形图逻辑

3.1.7　监视/编辑标签

打开项目的控制器管理器，双击【控制器标签】（Controller Tags）出现监视/编辑窗口，可以查看和编辑项目已经创建的标签和 I/O 模块的结构标签。窗口的标题栏下是范围（Scope），可以选择不同的标签范围。点击显示的下拉箭头，还可以选择不同的程序范围下的标签，如图 3-55 所示。ControlLogix 系统这种标签结构可以把不同程序范围的标签彼此隔离，当然就可以使用相同的名字的标签了。

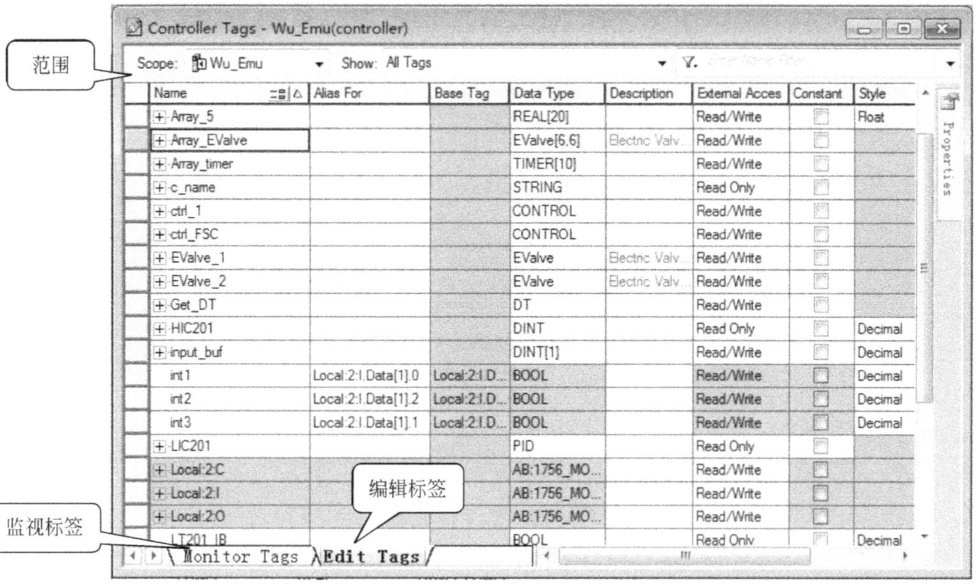

图 3-55　监视/编辑标签

所有的 I/O 标签都在控制器范围内。

窗口的底部有两个选项页面：一个是监视标签（Monitor Tags）页面，可以查看标签和标签的当前值；另一个是编辑标签（Edit Tags）页面，可以批量增加、编辑标签，包括新增、剪切、复制、修改和删除等操作。显然，在编辑窗口增加或修改标签要比逐个编辑、修改方便和快捷得多。创建完的标签按字母顺序排列。

点击标签前的＋号，可以查看结构数据，包括 I/O 模块标签或其他结构数据。点击数据类型（Data Type）可以修改类型，以及生成该类型的数组。

3.1.8　使用帮助

Studio5000 软件提供丰富完善的在线帮助功能，可以在使用过程中随时查阅指令说明、模块接线图、参考资料以及示例项目等。

（1）查看指令帮助

在【帮助】（Help）下拉菜单中选择【指令帮助】（Instruction Help），出现指令帮助窗口，列出所有指令，图 3-56 所示的是报警指令组。点击指令就可以得到该指令的说明、参数设置以及应用举例等信息，可以学习并参考使用方法，解决项目应用出现的问题。

（2）查看 I/O 模块接线图

在【帮助】（Help）下拉菜单中选择【目录】（Contents），点击【搜索】（Search）选项页面，输入要查找的模块目录号，找出模块型号接线图，点击【列出主题】（List Topics）显示各种模块，滚动选择指定模块点击出现模块的接线图，如图 3-57 所示。

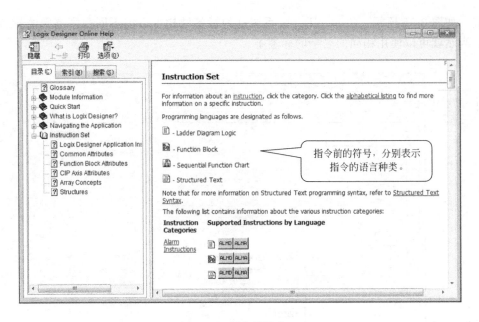

图 3-56　指令帮助窗口

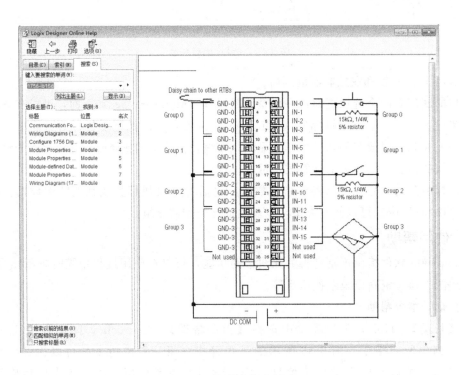

图 3-57　模块接线图帮助

3.2　控制器属性

当创建一个新项目后，控制器管理器中就有了一个控制器。控制器的组态在项目中有十分重要的作用。在控制器管理器中选【控制器】（Controller），双击控制器打开，或右击控制器后点击【属性】（Properties），打开控制器属性页面●，如图 3-58 所示。控制器属性页面有 12 个选项页面❷，分别显示和说明相关的属性和组态。

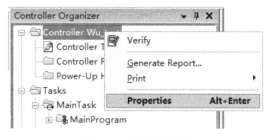

图 3-58　控制器属性

（1）常规

在【常规】（General）选项页面显示项目建立时的基本设置，还可以修改对话框的内容。如点击【更改控制器】（Change Controller）修改控制器类型，或修改项目名称、说明和框架等。修改完成后按【确认】（OK）保存，如图 3-59 所示❸。

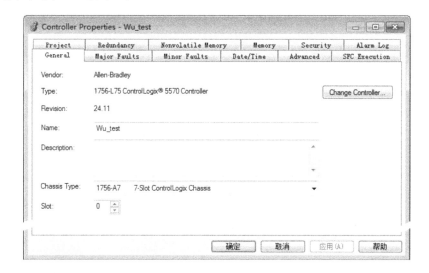

图 3-59　控制器常规属性

（2）严重故障和轻微故障

ControlLogix 控制器的故障分为严重故障和轻微故障，也称为主要故障和次要故障。严重故障通常由硬件故障引起，如控制器、框架、I/O 模块等，会造成停机。轻微故障通常由附件、软件诊断结果等引起，不会造成停机。【严重故障】（Major Faults）和【轻微故障】（Minor Faults）的属性选项页面分别如图 3-60 和图 3-61 所示。

故障选项页面在线时都会显示最近出现过的故障，当了解故障原因并记录留作维护策略参考后，可点击【清除严重故障】（Clear Majors）或【清除轻微故障】（Clear Minors）按钮进行故障清除。其中轻微故障选项还显示【故障位】（Fault Bits）状态，列出对应类型的故障。如果故障位的选项框被勾选，表明控制器检测到系统出现了相应的轻微故障。

---

❶　打开控制器属性页面还可以直接双击【I/O 组态】（I/O Configuration）文件夹中的【1756 Backplane】（1756 背板）下的控制器，结果是一致的。

❷　不同的控制器由于硬件配置不同，属性窗口的选项卡略有不同。1756-L75 控制器使用 USB 串口，属性中默认不需要组态编程口。串口通常只作为临时通信时使用，如新控制器联机、上传和下载程序等，不作为长时间的监控使用。

❸　控制器属性选项页面的大小是相同的，这里为了节省空间，对截图进行了压缩空白的处理。

图 3-60　严重故障选项

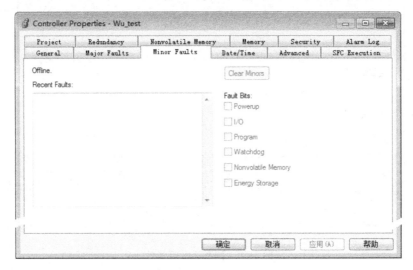

图 3-61　轻微故障选项

（3）日期/时间

在【日期/时间】（Date/Time）属性选项页面显示和设置控制系统的日期和时间，包括时区、时间和时间同步等内容，如图 3-62 所示。其中时间同步的【激活时间同步】（Enable Time Synchronization）选项可以选择时间同步方式，如时间为主时间、被同步的从属时间、检测到双主的 CST（协调系统时间）、CST 主项禁用和无主 CST 等。点击页面下方的【高级】（Advanced）按钮，可做进一步的设置。

（4）高级

在【高级】（Advanced）属性选项页面显示和设置控制器故障处理程序和上电处理程序。一个完善的项目中应该设置两个程序：

① 当控制器故障时执行故障处理程序，可以让设备按预定的处理步骤停下来，使人员和设备处于安全的状态；

② 上电处理程序可以做初始化的设置，如状态复位、计数器和累积量清 0 等。

同时，还可以设置【系统开销时间片】（System Overhead Time Slice）等内容，如图 3-63 所示。系统开销时间片的设置会直接影响控制器及系统的性能，在没有进行系统运行优化之

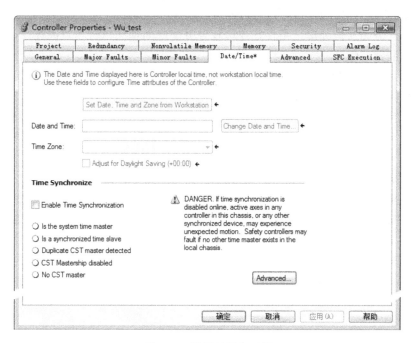

图 3-62　设置日期和时间

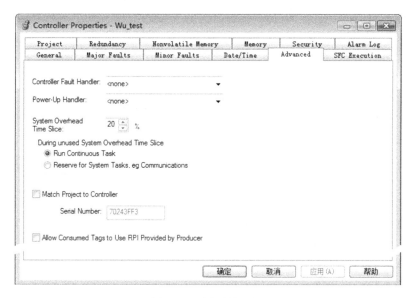

图 3-63　高级属性选项

前可以选择默认值，如 20%。❶

【在不使用系统开销时间片】（During unused System Overhead Time Slice）中有两个选项：

① 运行连续性任务（Run Continuous Task）选项，指控制器在整个连续任务分配时间和在执行后台任务后的不用的时间内都运行项目的连续任务；

---

❶　可参阅第 6 章 6.5 有关程序优化的内容。

② 为系统任务保留，如通信（Reserve for System Tasks，eg Communications）选项，预留给系统的任务如通信处理，指仅在连续任务分配时间期间运行项目的连续任务。这个选项不能改善控制器的性能。

【匹配项目到控制器】（Match Project to Controller）选项，将项目与指定的控制器匹配，组态软件检测需要连接的控制器系列号，只有匹配的才能连接。

【允许消费标签使用生产者提供的RPI】（Allow Consumed Tags to Use RPI Provided by Producer）选项，允许控制器中的消费标签通过使用由生产者提供的RPI与生产者建立连接。

(5) SFC 执行

通常在使用 SFC 编程后需要对 SFC 执行进行设置。【SFC 执行】（Execution Control）选项页面对 SFC 进行全局性的设置，保证 SFC 例程的组态和编程运行符合控制要求，如图 3-64 所示。

【执行控制】（Execution Control）中的两个选项：

① 仅执行当前活动的步（Execute current active steps only）选项，指执行当前活动的步后返回；

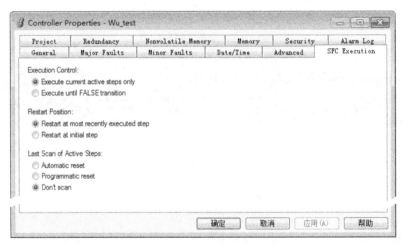

图 3-64　SFC 执行选项

② 在转换条件为假前一直执行（Execute until FALSE transition）选项，指一直执行活动的步，直到有转换条件由真变假时停止执行。选择这个选项可以减少任务的扫描时间，但也可能会导致看门狗超时。

【重启位置】（Restart Position）中的两个选项：

① 从最近执行的步重新开始（Restart at most recently executed step），指控制器从上次退出运行模式时正在执行的步开始执行；

② 从初始步重新开始（Restart at initial step），指从第一步开始执行而不管上次退出运行模式时正在执行的步的位置。

【活动步的最后一次扫描】（Last Scan of Active Steps）中的三个选项：

① 自动复位（Automatic reset），指用后扫描❶方式对解除活动的步执行一次扫描，复

---

❶　ControlLogix 控制器的扫描方式有两种，即预扫描和后扫描。可参阅第 6 章 6.5 程序执行优化中的有关内容。

位所有非保持型指令；

② 程序复位（Programmatic reset），指控制器进行最后一次扫描，可用相应步的状态来决定步中的逻辑输出处理；

③ 不扫描（Don't scan），指不做最后一次扫描。

（6）项目

在【项目】（Project）选项页面显示项目名称、存储路径、创建时间和修改时间等详细信息，如图 3-65 所示。其中，默认勾选【下载项目文档和扩展属性】（Download Project Documentation and Extended Properties）选项和【传递显示】（Pass-Through Display），避免在程序逻辑中使用了扩展属性（如标签的最大值、工程单位等），导致下载失败的情况。

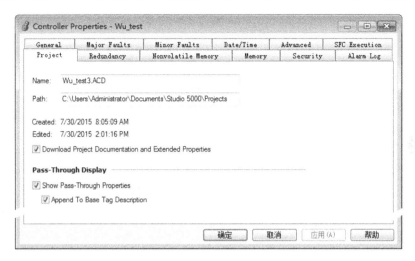

图 3-65　项目选项

（7）冗余

在【冗余】（Redundancy）选项页面进行冗余设置和显示控制器冗余状态。1756-L55、L6X 及以后的控制器支持冗余设置功能，如图 3-66 所示。在线时显示冗余状态、从控制器的状态和轻微故障状态信息。

ControlLogix 系统的冗余是硬件热备冗余，设置简单。

① 勾选图中【已启用冗余】（Redundancy Enabled）选项，激活冗余功能。

② 点击【高级】（Advanced）按钮，显示高级冗余设置窗口，如图 3-67 所示。当勾选【保留切换时的测试编辑】（Retain Test Edits on Switchover），表示发生冗余切换时，在原主控制器中正在编辑的待决梯级被复制到新的主控制器中；默认不勾选，表示切换时仍执行原来的程序，冗余系统设置时要注意。左右拖动滑块，可以调整数据标签和逻辑程序的内存占用比例。

③ 打开运行 RSLinx，扫描系统网络，右击冗余模块，打开【属性】（Properties）对话框，在【组态】（Configuration）选项页面中，在【自动同步】（Auto-Synchronization）选项中选择【总是】（Always），完成冗余设置❶。这样，冗余控制器就设置完成了。

（8）非易失性存储器

【非易失性存储器】（Nonvolatile Memory）选项页面显示控制器中非易失性存储器的映

---

❶　可参阅第 5 章 5.3 系统维护相关内容。

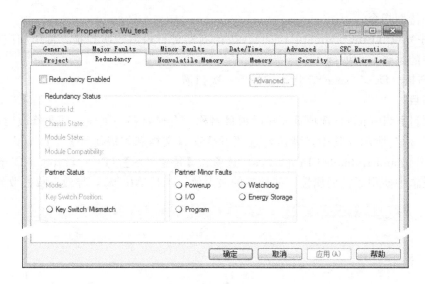

图 3-66 冗余选项

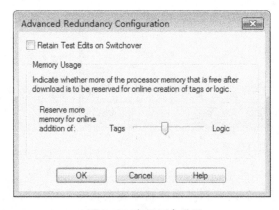

图 3-67 高级冗余设置

像情况，如图 3-68 所示。1756-L6X 及以后的控制器全面采用新的存储技术（如 CF、SD 卡）来存储项目文件等固定信息，可以在线插拔闪存卡或模块。当然，在控制器正在读写操作时不要拔出闪存卡，以免造成不必要的数据丢失或损坏。

点击【装载/保存】（Load/Store）按钮，可以装载或保存项目文件。通常控制器的模式开关在远程模式下进行。当控制器在没有安装非易失性存储器、在运行模式下、控制器被其他用户锁定、当前控制器冗余状态禁止操作和控制器离线等情况下，无法进行装载/保存操作。

默认勾选【禁止自动固件更新】（Inhibit Automatic Firmware Update）选项，禁止自动固件更新。

(9) 内存

【内存】（Memory）选项页面显示所有 I/O 的内存估算使用情况，如图 3-69 所示。内存在绿色区域内（底部）表示安全使用区域，黄色区域内（中间）表示预警区域，而红色区域内（顶部）表示警示区域。在红色区域时，控制器性能将降到很低，必须采取改进措施（如扩展内存）来提高控制器的性能。为了保证控制器和系统的可靠运行，通常应至少保留 30％以上的剩余内存空间。

点击【复位全部最大值】（Reset All Max）按钮，复位最大的使用值。

点击【估算】（Estimate）按钮，重新估算内存的使用情况。

(10) 安全

【安全】（Security）选项页面显示安全相关的设置和对话框内容，如图 3-70 所示。图

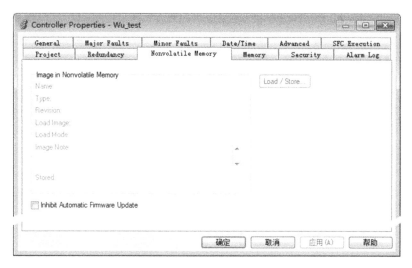

图 3-68　非易失性存储器选项

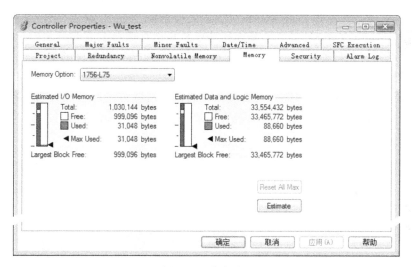

图 3-69　内存选项

中，【安全授权】（Security Authority）允许通过安全授权来保护项目文件，它有两个选项：

① 无保护（No Protection），即没有对项目做保护措施；

② Factory Talk 安全[1]（Factory Talk Security）是设置存储在 Factory Talk 网络目录下的唯一资源标识来保护项目文件。

【除通过指定的插槽外限制通信】（Restrict Communication Except Through Selected Slots）选项，可限制不信任的任何插槽的通信。如果勾选，则指定信任的插槽。

【变化侦测】（Change Detection）中的变化侦测（Change to Detect），指出可能会引起审计的事件类型。默认所有的事件类型都会引起审计值的变化，即 16 进制数为全"F"，可以通过点击【组态】（Configure）按钮来修改事件侦测内容。

---

[1]　Factory Talk 是罗克韦尔自动化的一个软件平台，2.50 版及以上版本支持项目的安全授权。在采用 Factory Talk 安全授权前，强烈建议备份未设置安全授权的项目文件（后缀为 .ACD 或 .L5X 和 L5K），并存放在安全的地方。

图 3-70　安全选项

【审计值】（Audit Value）是在下载控制器或从移动存储器装载时产生的唯一的一个值，当出现事件时审计值会自动更新。通过查阅审计值，可以检查出事件的类型。

(11) 报警记录

【报警记录】（Alarm Log）选项页面显示控制器的报警记录内容和最后一次清除报警记录的情况，如图 3-71 所示。点击【清除报警记录】（Clear Alarm Log）按钮，可以清除所有记录的报警信息。

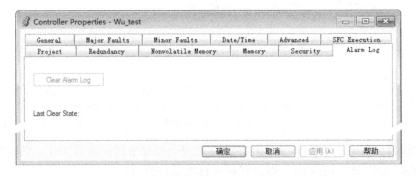

图 3-71　报警记录选项

3.3　远程 I/O

对于非冗余控制器配置的 ControlLogix 系统，当应用的 I/O 点数比较多，单个框架无法满足配置要求时就需要使用远程框架❶。控制器通过放置在本地框架内的各种通信模块（如 EtherNet/IP、ControlNet、DeviceNet 和 RI/O 等）与远程框架的通信模块建立通信，实现对远程 I/O 的控制。对于冗余配置的控制系统，由于 I/O 模块都放置在远程框架中，因此，所有的

---

❶　ControlLogix 系统与传统的 PLC 不同，它没有扩展本地 I/O 框架的连接概念。

I/O 模块都属于远程 I/O。冗余系统中通常采用 EtherNet/IP 环网或冗余 ControlNet 网络。

3.3.1 创建远程 I/O 框架

这里设一个非冗余系统由一个 1756-A7 的本地框架和两个 1756-A10 扩展框架组成，通信模块均为 1756-CN2，分别安装在本地框架的 5 号插槽和扩展框架的最左侧的 0 号插槽❶上，如图 3-72 所示。ControlNet 网络的节点地址分别设为 1、2 和 3❷。

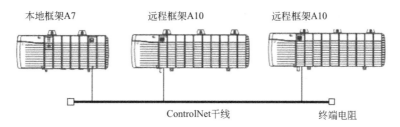

图 3-72 带 ControlNet 扩展 I/O 的控制系统

(1) 在本地框架增加 CN2 模块

① 在控制器管理器中，右键点击【I/O 组态】（I/O Configuration）或【1756 背板，1756-A7】（1756 Backplane，1756-A7），选择【新模块】（New Module）。

② 出现【选择模块类型】（Select Module Type）窗口，取消默认勾选全部模块，只选择【通信】（Communication），显示所有的通信模块，拖动到滚动条，选择 1756-CN2 模块，如图 3-73 所示。

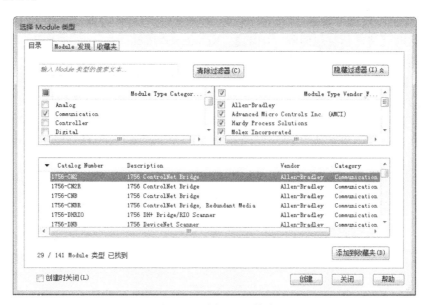

图 3-73 选择 CN2 模块

③ 双击选中的模块 1756-CN2 或点击模块后再点击【创建】（Create），出现【选择模块

---

❶ ControlNet 通信模块可以放置在扩展框架的任何插槽上。项目上通常放置在扩展框架的 0 号或最右侧的插槽上。

❷ ControlNet 节点地址可选 0～99。通常从编号小的地址开始设置，除预留部分节点地址作以后扩展使用外，不建议跳跃太大范围，它会影响 ControlNet 的通信效率。在冗余控制器的系统中，主、从控制器框架中的 ControlNet 模块的节点地址应设置为一样，且通常设为（最大节点地址-1）。

主版本】（Select Major Revision）窗口，默认选择 25，点击【确定】（OK）。

④ 出现【新模块】（New Module）对话框，显示通信模块类型、供应商等信息，如图 3-74 所示。在对话框中输入或选择【名称】（Name）、节点地址【Node】、【说明】（Description）、【插槽】（Slot）、【版本】（Revision）、【通信格式】（Comm Format）和【电子匹配】（Electronic Keying）参数。默认勾选【打开模块属性】（Open Module Properties），点击【确定】（OK）。

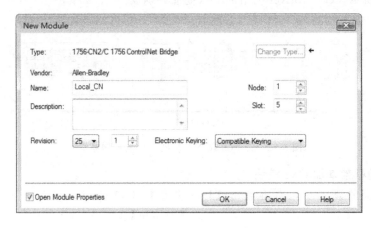

图 3-74　新 CN2 模块对话框

这里名称设为 Local_CN，表示本地的 ControlNet 通信模块，节点地址设为 1，模块插入 5 号槽中。

⑤ 出现【模块属性报告】（Module Properties Report）窗口的【连接】（Connection）选项页面，这时【请求信息包间隔（RPI）】［Requested Packet Interval（RPI）］指定模块更新数据的周期为灰色，不可以选择数值或输入。

⑥ 选择【RSNetWorx】ControlNet 网络配置选项页面，如图 3-75 所示。图中的【ControlNet 文件】（ControlNet 文件）输入或选择 ControlNet 网络的配置文件，文件后缀名为 ".xc"。如果还没有配置，可以运行 RSNetWorx 软件（V4.0.0 及以上版本）进行配置并建立这个文件。选择【查看和编辑 ControlNet 网络】（View and edit the ControlNet network）后点击【确定】（OK）完成。

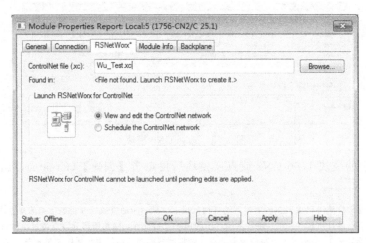

图 3-75　新 CN2 网络配置选项

⑦ 再选择【连接】(Connection) 选项页面如图 3-76 所示，这时的 RPI 时间可选择或输入，通常采用默认值 20ms。在【禁止模块】(Inhibit Module) 和【在运行模式时如果连接故障会产生控制器严重故障】(Major Fault On Controller If Connection Fails While in Run Mode) 选项下，系统增加了默认勾选选项【在 ControlNet 网上使用规划的连接】(Use Scheduled Connection over ControlNet)。点击【确定】(OK) 完成。

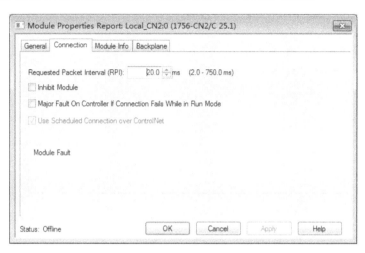

图 3-76　新 CN2 连接选项

图 3-77　新 ControlNet 网络

⑧ 在本地框架内增加 1756-CN2 通信模块后，【I/O 组态】(I/O Configuration) 文件夹如图 3-77 所示。在插槽 5 下延伸出一条 ControlNet 网络。

(2) 增加第一个 ControlNet 扩展框架

在 I/O 组态文件夹中，右击新增的 ControlNet 通信模块 Local_CN 或网络 ControlNet，选择【新模块】(New Module) 增加通信模块❶，新模块对话框如图 3-78所示。

① 在【常规】(General) 中，名称设为 Rem_CN1，表示第一个扩展 ControlNet 通信模块，节点地址设为 2，扩展框架为 1756-A10，模块插入 0 号槽中。在模块名称上方有【父名称】(Parent)，指出扩展模块的父节点是 Local_CN，【通信格式】(Comm Format) 选择为【机架优化】(Rack Optimization)。

② 点击【连接】(Connection) 进入连接选项页面设置 RPI，默认设置为 20ms 如图 3-79 所示。

同理，可以增加第 2 个 ControlNet 扩展框架，名称设为 Rem_CN2，表示第 2 个扩展 ControlNet 通信模块，节点地址设为 3。操作完成后，【I/O 组态】(I/O Configuration) 文件夹下出现了增加的扩展框架，增加部分 I/O 模块后如图 3-80 所示❷。

这样，增加两个扩展框架的 I/O 组态已经完成。

---

❶　这里注意，在不同文件夹中增加通信模块，就有不同的网络架构。操作时要与设计要求相符。

❷　在扩展的背板上增加 I/O 模块与在本地框架上增加模块的操作一致。这里举例仅在第一个扩展框架增加了一个模拟量输入模块，在第二个扩展框架增加了一个模拟量输入模块和一个开关量输入模块。

Module Properties Report: Local_CN:0 (1756-CN2/C 25.1)
General
Connection
Module Info
Backplane
Type:
1756-CN2/C 1756 ControlNet Bridge
Change Type...
Vendor:
Allen-Bradley
Parent:
Local_CN
Name:
Rem_CN1
Node:
2
Description:
Chassis Size:
10
Slot:
0
Comm Format:
Rack Optimization
Revision:
25
1
Electronic Keying:
Compatible Keying
Status: Offline
OK
Cancel
Apply
Help

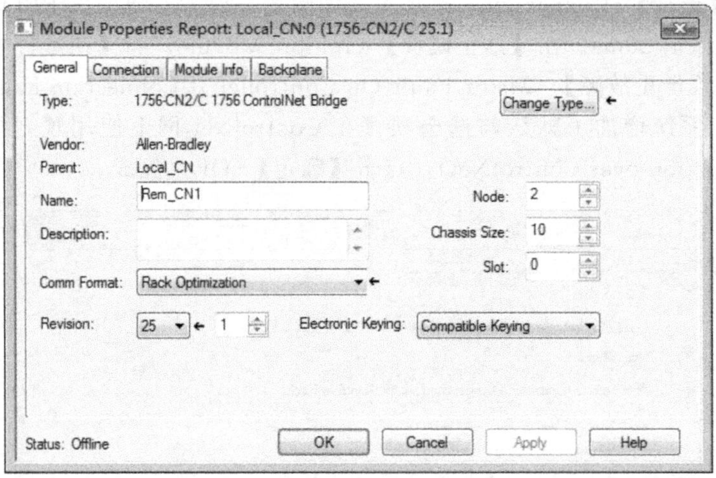

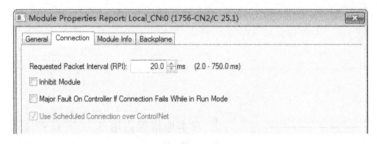

图 3-78　扩展 ControlNet 模块

Module Properties Report: Local_CN:0 (1756-CN2/C 25.1)
General
Connection
Module Info
Backplane
Requested Packet Interval (RPI):
20.0
ms
(2.0 - 750.0 ms)
Inhibit Module
Major Fault On Controller If Connection Fails While in Run Mode
Use Scheduled Connection over ControlNet

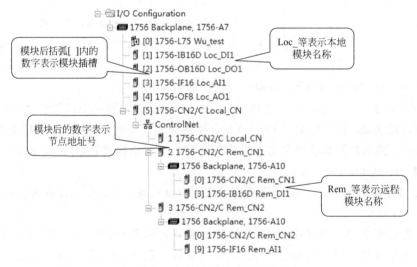

图 3-79　ControlNet 模块连接

I/O Configuration
1756 Backplane, 1756-A7
[0] 1756-L75 Wu_test
[1] 1756-IB16D Loc_DI1
[2] 1756-OB16D Loc_DO1
[3] 1756-IF16 Loc_AI1
[4] 1756-OF8 Loc_AO1
[5] 1756-CN2/C Local_CN
ControlNet
1 1756-CN2/C Local_CN
2 1756-CN2/C Rem_CN1
1756 Backplane, 1756-A10
[0] 1756-CN2/C Rem_CN1
[3] 1756-IB16D Rem_DI1
3 1756-CN2/C Rem_CN2
1756 Backplane, 1756-A10
[0] 1756-CN2/C Rem_CN2
[9] 1756-IF16 Rem_AI1
模块后括弧[ ]内的数字表示模块插槽
Loc_等表示本地模块名称
模块后的数字表示节点地址号
Rem_等表示远程模块名称

图 3-80　扩展后的 I/O 组态

3.3.2　控制远程 I/O

当本地框架的 I/O 插槽容量不够，或控制器冗余配置时，就必须扩展 I/O。

ControlLogix 有两种扩展方式，即采用 ControlNet 模块扩展远程 I/O 和采用 EtherNet/IP 模块扩展远程 I/O。

（1）采用 ControlNet 扩展远程 I/O

这是 ControlLogix 系统最常用的扩展方式❶。从图 3-80 所示的扩展后 I/O 组态可知，共扩展了两个远程 I/O 框架，其中的 I/O 模块必须经过网络优化才能使用。

① 打开 RSNetworx for ControlNet 软件，在【网络】（Network）菜单中选择【在线】（Online）。

② 在弹出的窗口中选中 ControlNet 网络，单击【确定】（OK），软件扫描 ControlNet 上的设备。

③ 检查网络参数和网络属性，包括网络刷新时间（NUT）、最大规划节点地址（SMAX）、最大非规划节点地址（UMAX）和网络保持器（Keeper）设置❷，修改确认后单击【确定】（OK）进行优化。这里可设置 NUT 为 5ms❸，

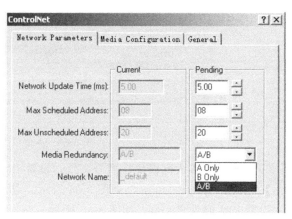

图 3-81 ControlNet 网络属性

SMAX 为 8，UMAX 为 20，网络介质选不冗余，如图 3-81 所示。

④ 选择【优化并重写所有主态】（Optimization and re-write schedule for all Configuration），点击【确认】（OK），网络自动将组态数据保存到网络的 Keeper 中，并开始优化。优化完成后，控制器就像使用本地 I/O 一样使用远程 I/O 了。

（2）采用 EtherNet/IP 扩展远程 I/O

① 在【I/O 组态】下添加本地以太网模块 EN2TR，如图 3-82 所示。定义模块名称（Name）、插槽号（Slot）和私有网络 IP 地址（Private Network），通常设为 192.168.1.X，

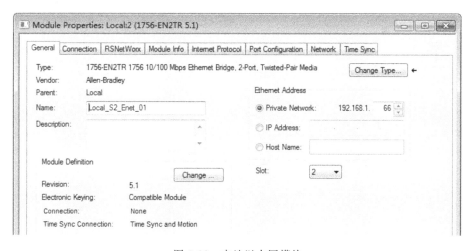

图 3-82 本地以太网模块

---

❶ 此外，使用 ControlNet 接口模块还可以扩展 1794-Flex I/O 和 1734 Point I/O 等。采用 EtherNet/IP 建立远程 I/O 模块和 ControlNet 的远程 I/O 模块类似，但要简单得多。只要通信格式定义为【机架优化】（Rack Optimization）的模块定义 RPI 就可以使用了，不需要做网络规划。

❷ 通常选用可以用作 Keeper 的、节点地址最小的设备作为 Keeper 网络的设备。

❸ 在一般的应用中，NUT 不需要设得太小。

X 为计算机站号，这里设为 66。

② 点击【连接】（Connection）进入连接选项页面，本地以太网模块只作为桥接使用，RPI 设置无效，如图 3-83 所示。

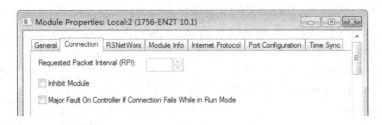

图 3-83　本地以太网连接

③ 增加远程以太网模块，型号一致，设置 IP 地址为 192.168.1.25。默认连接为【机架优化】（Rack Optimization），如图 3-84 所示。点击【连接】（Connection）进入连接选项页面，设置 RPI 值为 200ms，如图 3-85 所示。

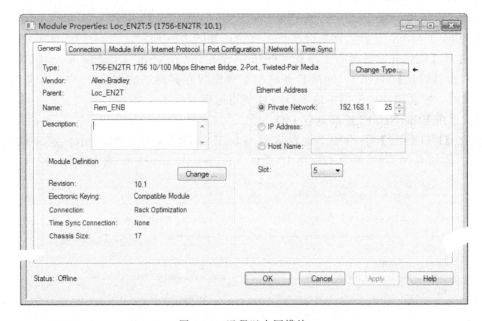

图 3-84　远程以太网模块

图 3-85　远程以太网连接

组态完成后，打开【控制器标签】（Controller Tags），可以看到控制器区域下的模块标签和以太网模块下的槽位数据，控制器也就实现了对远程 I/O 的控制。

3.4 非连续型任务

在 Studio5000 创建项目时，会自动建立一个连续型任务。当需要连续任务在较短时间周期内精确执行的工作时，就可以创建周期型任务；当需要由某种事件触发引起的工作时，就可以创建事件触发型任务。周期型任务和事件触发型任务都属于非连续型任务。

3.4.1 周期型任务

在控制器管理器中右击【任务】（Tasks）文件夹，选择【新任务】（New Task），出现新建任务对话窗口如图 3-86 所示。

其中主要定义的内容有：

【名称】（Name） 任务名称，定义为 Process_1，表示流程 1 的周期型任务；

【说明】（Description） 对新建任务进行文字说明，可用中文；

【类型】（Type） 任务类型，主任务被默认定义为连续类型，这里选择周期型（Periodic）任务；

【周期】（Period） 表示任务执行的周期时间，以 ms 为单位，这里选择 1000ms；

【优先级】（Priority） 任务执行的优先级，数字越小，优先级越高，这里选择 10 级；

【看门狗】（Watchdog） 对本任务执行时间进行监控，如果任务运行超时，控制器将出现严重故障，通常定义为任务正常运行时间的 10 倍及以上。

对话框下部的两个勾选项：

①【禁用自动输出处理以降低任务开销】（Disable Automatic Output Processing To Reduce Task Overhead），如果勾选，在任务全部扫描之后，取消外部输出模块接收控制器数据表的数值更新功能；

②【禁用任务】（Inhibit Task），如果勾选，控制器不执行该任务，但在进入运行时仍会预扫描。

这两个选项默认不勾选。选择或输入正确后点击【确认】（OK），完成新建周期型任务。

图 3-86 新建周期型任务

图 3-87 新建事件触发型任务

3.4.2　事件触发型任务

与创建周期型任务类似，在控制器管理器中右击【任务】（Tasks）文件夹，选择【新任务】（New Task），出现新建任务对话窗口如图 3-87 所示。

其中主要定义的内容有：

【名称】（Name）　任务名称，定义为 INTER_LOC，表示内部互锁事件；

【说明】（Description）　对新建任务进行文字说明，可用中文；

【类型】（Type）　任务类型，这里选择事件型（Event）任务；

【触发器】（Trigger）　触发事件，有多个触发事件类型，包括两个轴注册输入（Axis Registration）、一个轴监视位置（Axis Watch）、一个消费型标签（Consumed）、一个事件指令（Event Instruction Only）、模块输入数据状态改变（Module Input Data State Change）和运动组执行（Motion Group Execution）等，这里选择只采用事件指令，表示触发事件只基于逻辑条件以保证程序安全；

【标签】（Tag）　当有触发条件时，指定触发条件或数据的标签；

【在指定时间内如果没有事件出现则执行该任务】（Execute Task If No Event Occurs Within 10.00 ms）　勾选时，在指定时间内（如 10ms）如果没有事件出现则执行该任务；

【优先级】（Priority）　任务执行的优先级，数字越小，优先级越高，这里选择 10 级；

【看门狗】（Watchdog）　对本任务执行时间进行监控，如果任务运行超时，控制器将出现严重故障，通常定义为任务正常运行时间的 10 倍及以上；

【禁用自动输出处理以降低任务开销】（Disable Automatic Output Processing To Reduce Task Overhead）　选项默认勾选；

【禁用任务】（Inhibit Task）　选项默认不勾选。

选择或输入正确后点击【确认】（OK），完成新建事件触发型任务。

3.4.3　程序和例程的建立

非连续型任务都需要创建程序来完成相应的任务。这些程序和例程的创建与主程序下的创建过程类似。

① 右击周期型任务 Process_1，选择【新程序】（New Program），创建名称为 PID_cal 的程序，如图 3-88 所示。

② 默认在 Process_1 任务中进行规划。点击【确认】（OK）完成新建程序。勾选【打开属性】（Open Properties）选项，进入程序的属性窗口。

③ 点击【程序/阶段规划】（Program/Phase Schedule）选项页面，如图 3-89 所示。页面中间是两个方框，分别显示未规划（Unscheduled）程序和已规划（Scheduled）程序。通过【增加】（Add）和【移除】（Remove）按钮，可以把程序在规划和未规划窗口之间进行切换。对于已规划的多个程序，还可以通过右侧【移动】（Move）的上、下箭头按钮调整已规划程序的执行顺序。

规划和未规划的程序或设备阶段会随着项目一起被下载到控制器中，但只有规划的程序和设备阶段才会被控制器执行。

④ 右击任务文件夹中的 PID_cal 程序，选择【新例程】（New Routine）创建进行 PID 运算的例程，定义名称为 LIC101，表示该回路的 PID 控制。例程的编程语言可以是梯形图、功能块和结构文本等，通常选用梯形图。组态完成后可以知道，PID 控制回路每秒进行一次

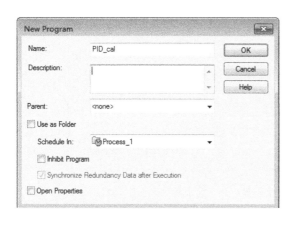

图 3-88　周期型任务程序

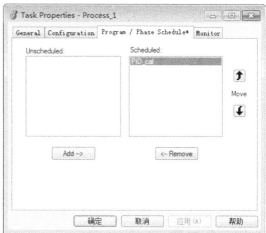

图 3-89　周期型任务属性

PID 运算和输出，保证在过程控制中的实时性。

同理，在事件触发型任务 INTER_LOC 下创建互锁程序 Pro_I1A 和例程 I1A_1，创建后的任务文件夹如图 3-90 所示。在【任务】（Tasks）文件夹中，所有创建的任务是按字母顺序排列的，同一个任务中的程序也是按字母顺序排列的。不同任务的类型，文件夹的符号有所不同。连续型任务的文件夹符号是""，周期型任务的文件夹符号为""，而事件触发型文件夹的符号为""。

当需要删除非连续型任务时，指定任务后右击，选择【删除】（Delete）进行删除。理想的删除方法是先删除该任务例程的所有程序逻辑或代码，然后删除例程以及区域数据库中的所有标签，最后再删除该程序和任务，确保要删除的任务被彻底干净地清除掉。

图 3-90　新增非连续型
任务后的任务文件夹

3.5　趋势

ControlLogix 控制器提供趋势监视功能，可以在程序开发、调试时快速监视控制器的标签数据值的变化，最快的捕获时间达到 1ms，而且形成变化的趋势曲线，直观反映数据的快速变化，便于分析快速变化的数据。

3.5.1　创建趋势

在控制器管理器中右击【趋势】（Trends）文件夹，在弹出的窗口中点击【新趋势】（New Trend）进入新趋势对话框，如图 3-91 所示。其中【名称】（Name）是定义趋势文件的名称，【采样周期】（Sample Period）为数据采集的周期时间，默认为 10ms。输入完成后可以点击【下一步】（Next）选择增加需要记录的标签，也可以直接点击【完成】（Finish），然后在趋势的属性中逐一定义趋势的各种参数属性。这时，在趋势的文件夹中出现了新建的趋势 Pulse_Trend。

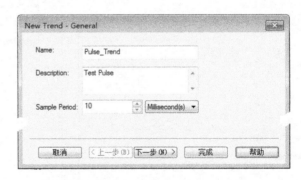

图 3-91　新建趋势

3.5.2　趋势属性

右击趋势文件夹下的新建趋势名，点击【属性】（Properties），出现趋势的属性对话框。默认进入【名称】（Name）属性选项页面，显示趋势的名称和描述，如图 3-92 所示[❶]，与新建趋势的内容一致。

图 3-92　名称属性

（1）常规属性

【常规】（General）选项页面显示了趋势的基本属性，如图 3-93 所示。默认勾选【显示曲线图标题】（Display chart title）和【装载历史数据时显示进度条】（Display progress bar while loading historical data）。曲线类型选择【标准】（Standard），即 X 轴为时间轴，Y 轴为指定标签随时间变化的趋势图。另一个选项【XY 图】（XY plot）表示一个标签作为 X 轴的变化值，另一个标签作为 Y 轴的变化值。

（2）显示属性

【显示】（Display）选项页面定义画面的众多参数，包括图形、字体、背景颜色、时间、当前值、记录笔、滚动参数等，如图 3-94 所示。

① 图形显示选项（Chart display option）的说明如下：

【时间格式】（Time format），可选 12 小时、24 小时和系统时间设置，这里选择使用系统时间设置；

【图形基数】（Chart radix），可选八进制、十进制和十六进制等，这里选择十进制；

---

❶　趋势属性选项页面的大小是相同的，这里为了节省空间，对截图进行了压缩空白的处理。

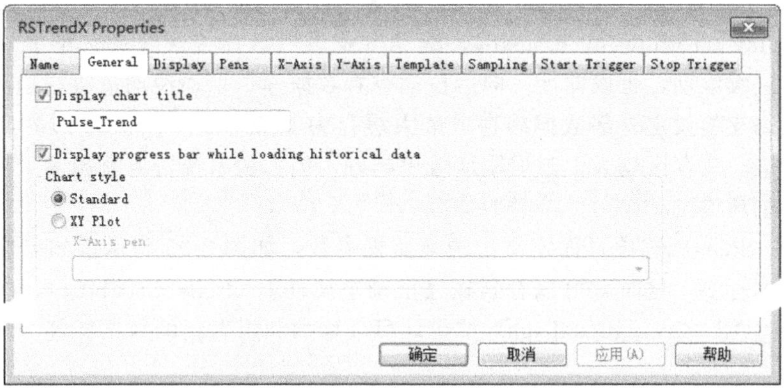

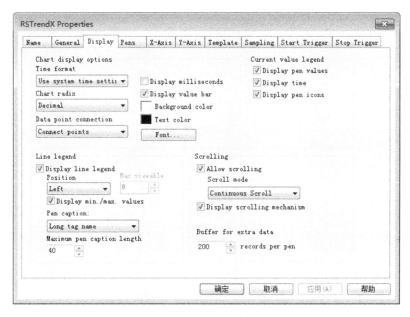

图 3-93　常规属性

图 3-94　显示属性

【数据点连接】（Data point connection），可选连接、不连续和只作标志，这里选择连接，趋势线平滑连接；

默认不勾选【显示毫秒】（Display milliseconds）；勾选【显示数值标尺】（Display value bar）；选择【背景颜色】（Background color）为白色，【字符颜色】（Text color）为黑色，【字体】（Font）为默认值。点击选择框或按钮可以进行设置修改。

② 在当前值说明（Current value legend）中，默认勾选【显示记录笔值】（Display pen values）、【显示时间】（Display time）和【显示记录笔图标】（Display pen icons），在趋势图的右上角显示时间和当前值。记录笔图标像笔尖，随着数值的变化而上下移动。

③ 在趋势线说明（Line legend）中，默认勾选【显示线说明】（Display line legend）和【显示最小/最大值】（Display min. /max. values），最小/最大值显示在趋势图的左上角或底部。一个趋势图最多有 8 条趋势线。【记录笔说明】（Pen caption）选择长标签名，最长有 80 个字符，包含标签的全部范围路径，默认为 40 个。

④ 在滚动（Scrolling）说明中，默认勾选【允许滚动】（Allow scrolling）和【显示手动滚动】（Display scrolling mechanism），滚动方式可以选择连续滚动、半屏滚动或全屏滚动。这里选择连续滚动，可以向前、向后拉动查看数据等。手动滚动按钮在趋势图的下方。

还可以给每支笔设定外部数据缓存，最大缓存为 32767 个，默认为 200。当缓存满时，旧的数据会丢失。缓存区越大，数据刷新效果越好，但占用系统资源就越多。

(3) 记录笔属性

【记录笔】（Pens）选项页面定义记录笔监视参数，如图 3-95 所示。如果在建立趋势文件时定义了数据标签，这时就可以看到在【记录笔属性】（Pens Attributes）中。点击【增加/组态标签】（Add/Configure Tags）按钮，可以增加和组态新的数据标签。图中：

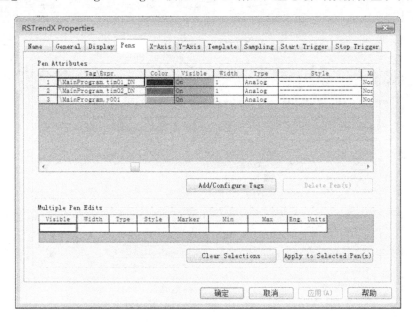

图 3-95　记录笔属性

【标签\表达式】（Tag\Expr.）指定要做趋势监视的标签数据，可以在这程序范围的数据中选择；

【颜色】（Color）指定趋势线的颜色，这里选择蓝色；

【可见】（Visible），选择【On】表示可见，【Off】表示不可见或隐藏；

【宽度】（Width）定义记录笔趋势线的粗细，这里默认为 1；

【类型】（Type）定义记录笔的趋势线的数据类型，可以是模拟量、开关量和全宽等。

此外，还有最小值、最大值、线型和工程单位等。点击【清除选择】(Clear Selections)，可以清除所选的记录笔标签数据。点击【应用到所选择的记录笔】[Apply to Selected Pen(s)]，将修改的设置应用到选择的记录笔中。

(4) X 轴属性

【X 轴】（X-Axis）选项页面定义趋势图的 X 轴参数，如图 3-96 所示。在标准趋势图中，X 轴就是时间轴。其中：

① 在【图形时间范围】（Chart time range）中，定义图形的开始日期、时间和时间范围等参数，根据趋势数据的监视需求来定义，【时间范围】（Time span）可以选择秒、分钟、

小时和天等，这里选择20s；

② 在【显示选项】（Display options）中，默认勾选【显示比例】（Display scale）和【显示栅格线】（Display grid lines），可以选择背景栅格线的个数和颜色等，这里选择栅格为0～3，即4格。

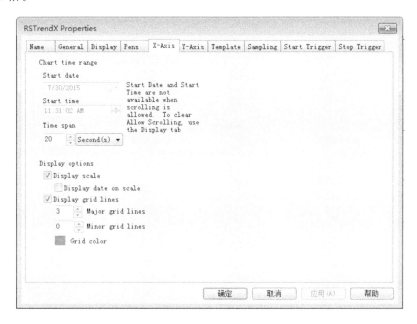

图 3-96　X 轴属性

（5）Y 轴属性

【Y 轴】（Y-Axis）选项页面定义趋势图的 Y 轴参数，如图 3-97 所示。在标准趋势图中，Y 轴就是所选的标签数据随时间变化的值。在最小值和最大值定义中，这里设置最小值为－2，最大值为2。在【显示选项】（Display options）中，默认不勾选【隔离图形】（Isolated graphing），不为每个点设置独立的监视。【显示比例】（Display scale）为1，其余参数设置与 X 轴的定义类似，同样选择栅格为0～3，即4格。

（6）模板属性

【模板】（Template）属性选择页面如图 3-98 所示。其中，【选择模板选项】（Select template options）有两栏，可以选择不同的模板显示相同的数据趋势，也可以将新定义好的趋势作为模板保存起来，给其他应用装载调用。页面右侧有 3 个按钮，即【保存模板】（Save Template）、【装载模板】（Load Template）和【删除模板】（Delete Template），根据需要点击完成相应的操作。模板文件的后缀名为 .TEM，存放在指定的目录下。

（7）采样属性

【采样】（Sampling）属性选项页面如图 3-99 所示，用来定义趋势采样的参数设置。其中，【采样周期】（Sampling Period）设置采样的时间周期，选择范围是 1ms～30min，默认为 10ms；【样本数】（Number of Capture）设置记录趋势数据的样本个数，可选 1～100，默认为 1；【样本大小】（Size of Each Capture）有两种方式选择，即可以用采样数或时间周期来定义。采样数默认为 60000，时间周期默认为 10min。如果选择【不限制】（No Limit），则在硬盘使用接近 80% 或小于 100MB 可用空间时才停止采样。

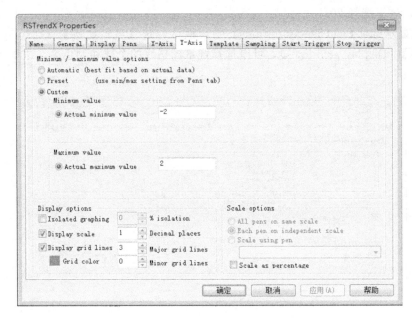

图 3-97　Y 轴属性

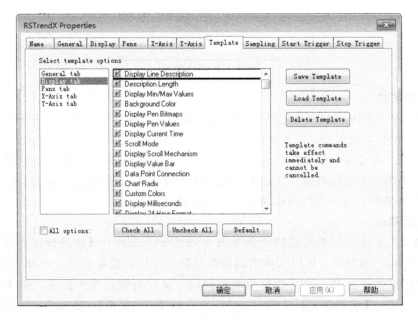

图 3-98　模板属性

采样属性下部有两个显示值，即【估算趋势样本大小】（Estimated Trend Capture Size）和【估算趋势记录大小】（Estimated Trend Log Size），这里是在测试运行一段时间后的大小为 5.17MB。

（8）启动和停止触发

【启动触发】（Start Trigger）属性选项页面用来设置触发趋势数据采集的条件，如图 3-100 所示。触发条件默认勾选【无触发】（No Trigger）。当取消勾选，即选择有触发时，在【标签触发条件】（Tag Trigger Condition）对话框中输入标签及相关逻辑表达式等。当条件满

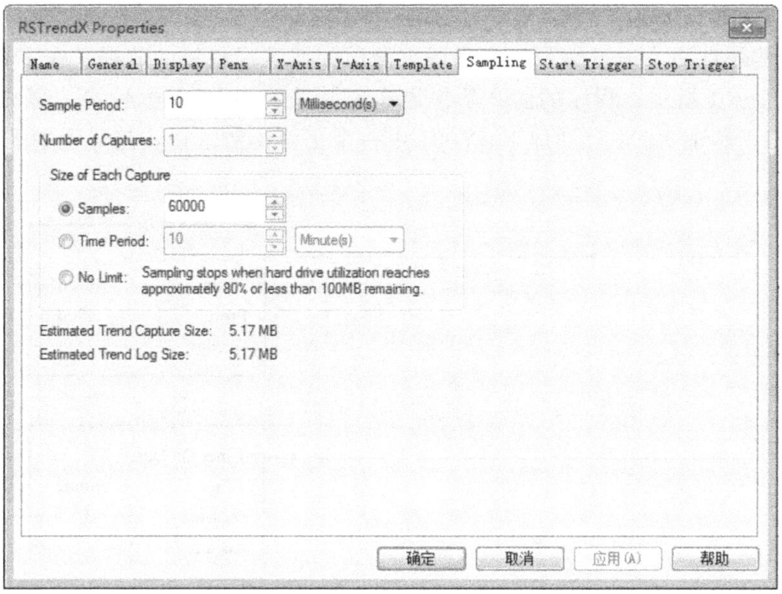

图 3-99　采样属性

足时开始采集趋势数据和监视。图中：

【标签】（Tag）　触发条件的标签；

【操作】（Operation）　对标签的判断操作，通过下拉菜单选择触发操作，这里选择大于或等于目标值 0.879 时触发，也可以选择与目标标签（Target Tag）比较来触发；

【预采样】（Pre-Sampling）　指定采样数量，指定预采样时间周期；

【停止触发】（Stop Trigger）　选项页面的设置与启动设置类似，这里不再赘述。

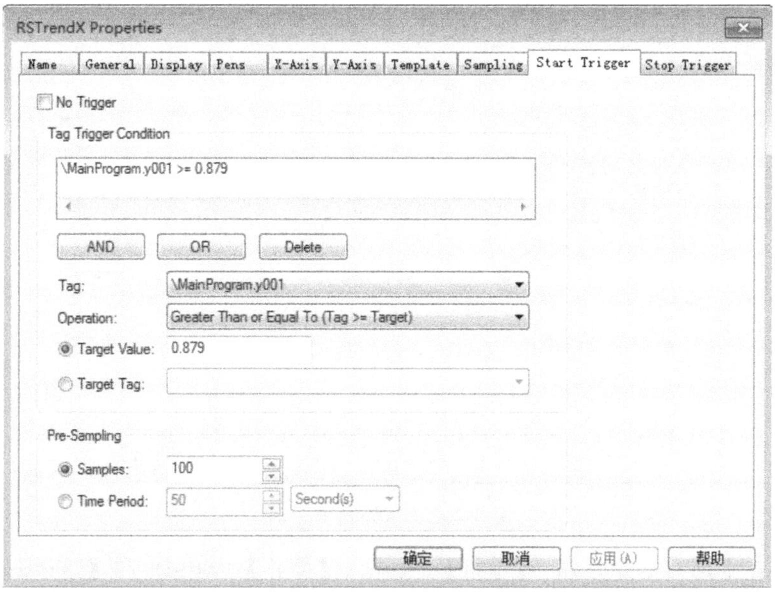

图 3-100　启动触发属性

3.5.3 趋势监视

设置好趋势属性后，通过编写一个程序来测试如何实现趋势的监视。在主程序中编写的测试程序如图 3-101 所示，程序的前 2 条梯级实现脉冲输出，1s 通 4s 断；第 3 条梯级输出内部变量 Y001，其中 X001 自动加 1，Y001 由一个正弦函数求得，趋势图如图 3-102 所示。

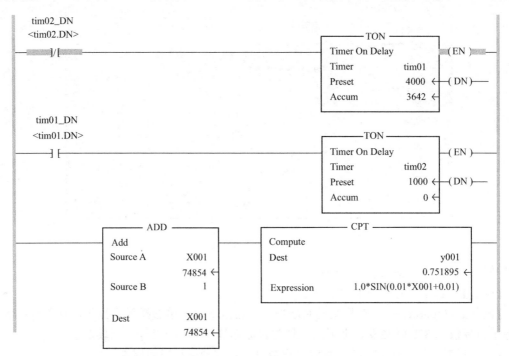

图 3-101　趋势测试逻辑

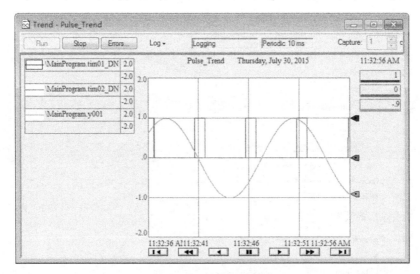

图 3-102　趋势测试图形

趋势图的左上部有 3 个按钮：【运行】（Run）、【停止】（Stop）和【错误】（Errors），程序下载运行后，打开趋势画面，点击【运行】开始输出曲线。当需要停止时点击【停止】按钮；当需要保存数据时，点击【记录】（Log）。指定文件名和文件类型后点击【保存】

（Save）进行保存。有两种文件类型，趋势文件的后缀为 .TBS，逗号分隔符文件的后缀为 .CSV，可以使用 Excel 进行表格处理。

3.6　相关操作和应用

前面章节对 Studio5000 的基本操作和组态编程等内容做了介绍，在一个具体的项目应用中，还会用到很多辅助的功能和操作，如搜索、强制、导入/导出和版本维护等，这对于全面掌握 Studio5000 的功能，提高组态、编程使用效率，都是十分重要的。

3.6.1　搜索和替换

Studio5000 提供搜索和替换功能，可以在阅读程序、查找故障、修改地址时快速定位和替换指定内容。在菜单栏【搜索】（Search）的下拉菜单中，点击【查找】（Find），出现【在例程中查找】（Find in Routines）的对话框❶，如图 3-103 所示。其中：

图 3-103　搜索对话框

【查找内容】（Find What）　输入需要查找的内容，可以是标签或指令，下拉按钮可以看到近 10 次搜索的内容，点击［...］按钮选定搜索的内容；

【限制到】（Limit to）　限制搜索的内容，用下拉按钮选择；

【查找范围】（Find Where）　指定查找范围，这里选择所有例程内；

【全部】（Wrap）　勾选时当查找到指定范围的最后时回到开始重新查找，系统默认勾选；

【方向】（Direction）　查找方向，可选向前或向后查找；

【全字匹配】（Match Whole Word Only）　勾选表示完整的文字信息查找，默认不勾选；

【使用通配符】（Use Wildcards）　勾选并且在查找范围设置为所有程序、所有例程时运行，使用通配符（"*"）进行查找；

【在其中查找】（Find Within）　选择查找 4 种例程（功能块、梯形图、顺序功能图和结构文本）的详细细目。

在对话框的右边有几个按钮，是搜索和替换的操作命令，即【查找下一个】（Find Next）、【查找全部】（Find All）、【替换】（Replace）等，点击进行相应的操作。

当需要修改已编好的程序地址或指令时，采用搜索和替换操作可以大大提高修改的效

---

❶　也可以直接点击工具栏的【查找】按钮得出。搜索和替换操作与微软的 Office 软件的操作类似，这里不再赘述。

率，同时避免因为遗漏、输入错误等影响程序的正确运行。

3.6.2　I/O 强制

I/O 强制功能可以直接设置 I/O 通道或它的别名标签值，而不用理会 I/O 通道是否有连线，是否通电或具体的数值。I/O 强制通常用来仿真或测试还没有连线的通道，检查测试程序逻辑，检查现场设备的连线和功能，维护或需要时对 I/O 通道进行处理等。

(1) I/O 强制的原理

ControlLogix 系统的 I/O 强制与传统的 PLC 系统有所不同，它既可以强制离散量（开关量）I/O，又可以强制模拟量 I/O。在没有强制操作时，ControlLogix 控制器通过 RPI 读取输入模块的状态或数据到输入数据表中，程序运算后又把输出数据表中的数据通过 RPI 输出到输出模块中。当有强制操作时，强制的状态或数据就被加入到输入/输出数据表中，即强制数据屏蔽或覆盖了被强制通道的数据，工作原理如图 3-104 所示。

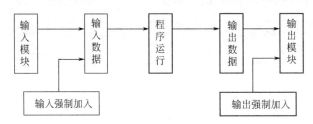

图 3-104　强制工作原理

(2) I/O 强制的操作

I/O 强制的操作包括两个步骤：一是设置 I/O 强制标签或通道值；二是激活（使能）强制。其中，设置 I/O 强制标签或通道值又有两种方法，即在例程中直接设置或在数据表中设置。

① 在例程中直接设置　在打开的例程中右击需要强制的 I/O 标签，如 start，弹出操作框如图 3-105 所示。选择【强制通】（Force On）对标签加入强制通，或选择【强制断】（Force Off）对标签加入强制断。当需要取消强制时，点击【清除强制】（Remove Force）。

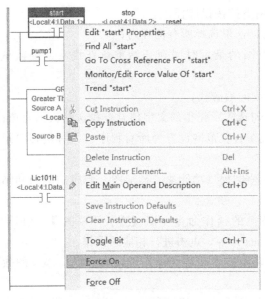

图 3-105　强制工作

② 激活所有 I/O 强制　当加入了强制后，组态软件左上部控制器面板中的强制状态从【没有强制】（No Forces）变为【强制】（Forces），灰色的三角形状态变为红色。点击【强制】（Forces）的下拉按钮，选择【I/O 强制】（I/O Forcing），然后点击【激活所有 I/O 强制】（Enable All I/O Forces）激活 I/O 强制，如图 3-106 所示。这时会弹出一个确认窗口，点击【是】（Yes）激活强制。在例程上可以看到强制的状态，激活完成后，被强制的输入标签下方的三角形增加了黄色的底色，表示激活完成，如图 3-107 所示。同时，在控制器模块面板上的【强制】（FORCE）灯会变成黄色常亮。

图 3-106　强制激活

图 3-107　强制启动 start

③ 在数据表中强制　在数据表中也可以直接设置强制。双击控制器管理器文件夹中的【控制器标签】（Controller Tags），可以看到控制器下的 I/O 数据表。在【强制屏蔽】（Force Mask）字段中直接设置强制的状态或数据值即可，如图 3-108 所示。图中，强制 4 号槽中 DI 模块的通道 1 状态为 1；强制 5 号槽 AI 模块的通道 1 为 92.0％和强制 6 号槽 AO 模块的通道 1 输出 11mA。当 I/O 模块有通道被强制，模块的强制屏蔽字段就标上【被强制】（Forced）。

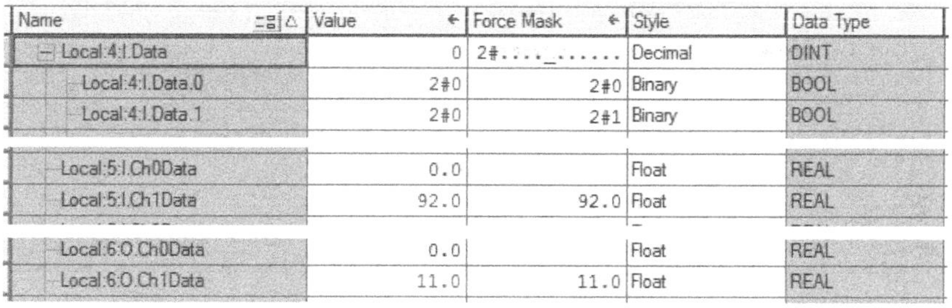

Name	Value	Force Mask	Style	Data Type
─ Local:4:I.Data	0	2#...._...._..	Decimal	DINT
Local:4:I.Data.0	2#0	2#0	Binary	BOOL
Local:4:I.Data.1	2#0	2#1	Binary	BOOL
Local:5:I.Ch0Data	0.0		Float	REAL
Local:5:I.Ch1Data	92.0	92.0	Float	REAL
Local:6:O.Ch0Data	0.0		Float	REAL
Local:6:O.Ch1Data	11.0	11.0	Float	REAL

图 3-108　数据表强制操作

在数据表中清除强制与在例程中的清除操作类似。右击数据表中对应通道数据的【强制屏蔽】（Force Mask）字段，选择【清除强制】（Remove Force）即可。如果右击模块的【被强制】（Forced），然后清除强制，则这个模块的所有强制都被清除掉。

输入强制不管控制器是在编程状态还是在运行状态下都会马上起作用，而输出强制只有控制器在运行状态下才会起作用。强制操作也可以先激活 I/O 强制，然后再对需要强制的标签进行强制设置。只是要注意在生产过程期间的强制可能引起的状态变化和对设备的影响等，确保强制操作安全和符合要求。

3.6.3　在线编辑

ControlLogix 控制器支持在线编辑功能，能够方便地修改例程、参数等而不影响原例程的运行。这对于那些需要修改逻辑或参数又不能停止生产运行的时候特别有用。当然，对于需要做大量修改或重要运行设备时还是要谨慎操作，避免因为编程错误或考虑不周引起不必要的损失或意外。

（1）在线增加逻辑

在温度和压力联锁逻辑的基础上在线增加逻辑，即联锁信号动作 5s 后停止 Pump1 和 Pump2。同样采取故障安全型设计，失电停泵。操作如下。

① 在运行模式下，打开联锁例程，点击最后一条梯级的左母线，再点击增加一条梯级指令（├┤）增加指令行 3，指令行出现字母"e"。点击 XIC（┤├）指令，把 XIC 指令添加到指令行中，如图 3-109 所示。

图 3-109　在线增加一条梯级

② 定义新增指令标签为 Shutdown，并在指令栏的定时器/计数器指令标签，选择延时断指令 TOF，定义定时器为 Timer_1，预置值为 5s。如果自动验证没有语法错误，指令行前的字母"e"变为"i"，如图 3-110 所示。

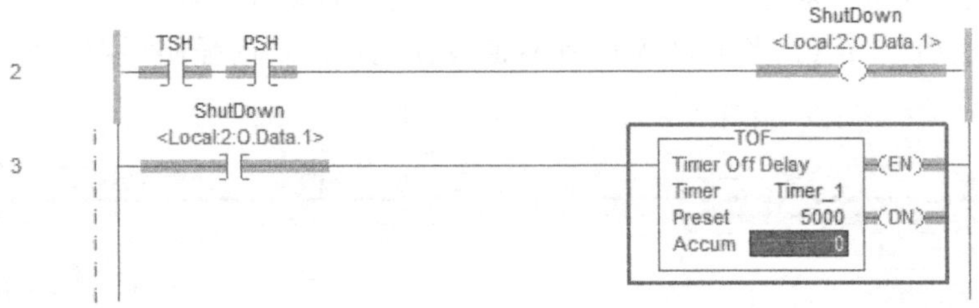

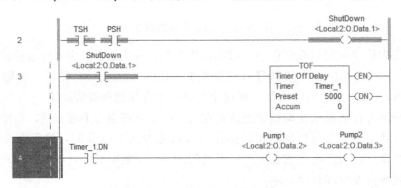

图 3-110　在线增加定时器

③ 同理，增加第二条指令行 4，添加 XIC 指令和两个 OTE 指令，并分别定义标签为 Timer_1.DN 和 Pump1 和 Pump2❶，同时分配 DO 模块的通道 2 和 3，如图 3-111 所示。

图 3-111　在线增加停泵逻辑

---

❶　标签定义的操作与离线的操作一致。双击"?"，点击下拉箭头查找标签或直接输入标签名新增标签。定时器要输入定时器名字"Timer_1"，新增定时器类型的标签。延时通触点输入要双击指令上面的"?"，在下拉菜单中选中标签 Timer_1，展开文件夹，点击"Timer_1.DN"即可。

④ 点击指令工具栏❶中的【接受待决的程序编辑】（Accept Pending Program Edits）按钮（✍），弹出接受警示窗口，如图 3-112 所示。再次点击【是】（Yes）接受修改。这时指令行前的字母"i"转变为"I"。

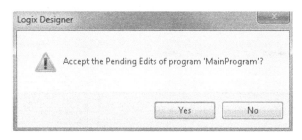

图 3-112　接受修改确认

⑤ 点击指令工具栏中【批准程序全部修改】❷（Finalize all Edits in Program）（➦）按钮，出现确认对话框，如图 3-113 所示。再次点击【是】（Yes），把新添加的程序传到控制器中执行。

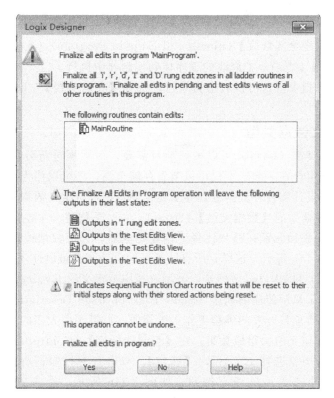

图 3-113　批准修改确认

---

❶　指令工具栏在指令栏的下方，编辑窗口的上方。由于操作按钮比较小，不容易分辨，可把鼠标指向按钮，会自动显示按钮的说明。

❷　第④步和第⑤步可以合成一步执行。如果修改很少，指令执行结果明确，就可以直接执行第⑤步完成修改。如果修改的程序很长，为谨慎起见，应先接受（Accept）修改，再经过测试（Test）、装配（Assemble）完成修改。所有修改完成后应保存修改。在线保存就是上传操作。

（2）在线修改

① 双击需要修改的指令行 双击需要修改的指令行 3，组态编程软件会自动复制指令行 3 到指令行 4，原指令行的行号自动加 1。要修改的指令行前标有字母"i"，复制的指令行前标有"r"。双击定时器中的预置值，输入新的时间常数 8000（即 8s），如图 3-114 所示。

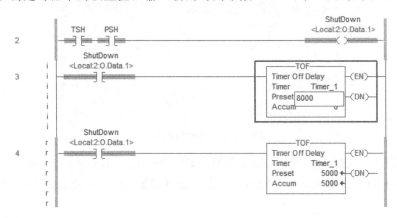

图 3-114 在线修改定时器预置值

② 点击【批准程序全部修改】（Finalize all Edits in Program）（ ⬢ ）按钮，在弹出的确认对话框中点击【是】（Yes），把修改的程序传到控制器中执行。

③ 如果需要删除指令行，可以右击指令行，选择【删除梯级】（Delete Rung）❶，然后批准修改就可以了。

3.6.4 创建自定义数据类型

用户自定义数据类型（UDT）可以按照项目需要，对数据进行分组、分类，把所有与某种设备相关的数据组合在一起，不仅可以节省存储空间，还可以作为同类型设备的共同类型，极大地便于程序设计和各种数据处理等工作。创建用户自定义数据类型的过程如下。

① 在控制器管理器中的【数据类型】（Data Types）下创建一个电动阀的用户自定义数据结构 EValve，逐一添加元素并添加注释。创建完成后，再把数据按数据类型排列（只占用 52B），如图所示 3-115 所示。这样，所有同类型的电动阀都可以使用。

② 创建 EValve_1 和 EValve_2 标签，类型选择用户定义的 EValve，就可以使用了。如果在显示设置中勾选了显示传递的描述（Show Pass-Through Descriptions），那在引用时就带上相应的描述，使得项目开发的编程工作大为简便，而且不用太多的各种类型的标签。

③ 还可以把用户定义结构组成数组。在【控制器标签】（Controller Tags）下创建标签 Array_EValve，数据类型选择 EValve，【确定】。双击打开控制器标签，在【编辑标签】（Edit Tags）页面中点击类型的组态按钮，如图 3-116 所示。点击数组维数中的【维0】（Dim 0）的增加按钮，设置数据的维数和元素的个数，当维 0 的元素个数大于等于 1 时，维 1 也可以设置。同样，当维 1 的元素个数大于等于 1 时，维 2 也可以设置。最多可设置 3 维数组。

---

❶ 同样也可以点击要删除的指令行，然后按【DEL】键删除，这时指令行前出现字母"d"。在线的所有修改都要经过批准修改，字母"d"转为"D"并最终下载到控制器中执行。

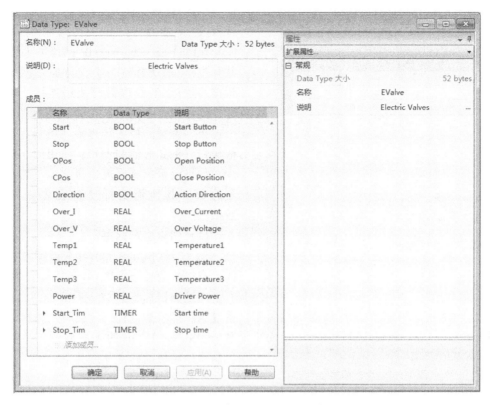

图 3-115　创建用户自定义数据类型

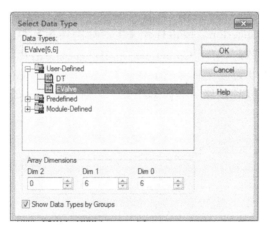

图 3-116　创建用户定义数组

3.6.5　创建生产/消费标签

Logix5000 控制器可以通过生产（广播）和消费（接收）方式共享系统的标签。一个控制器提供给其他控制器使用的标签称为生产标签；接收生产标签的数据标签称为消费标签。消费标签的数据类型要与生产标签的数据类型（包括任何数组维数）一致。生产标签可以在不使用逻辑的情况下把数据发送给一个或多个消费标签（消费者），而多个控制器可以同时消费（接收）数据。

图 3-117　生产标签

生产/消费标签的控制器，必须在同一背板上或连接到同一个控制网络（如 ControlNet 或 EtherNet/IP 网络）时，才能共享生产/消费标签，不支持通过网络进行桥接。生产/消费都需要使用连接，每个生产标签占用 2 个连接，每个消费标签占用 1 个连接。消费的控制器越多，控制器可供其他操作（例如通信和 I/O）使用的连接就越少。如果消费标签出现连接故障，那么控制器的所有其他消费标签都会停止接收新数据。

(1) 创建生产标签

① 打开 Studio5000 组态编程软件，选择生产标签的控制器❶。在控制器管理器中，右击【控制器标签】（Controller Tags），点击【编辑标签】（Edit Tags），选择或创建名为 Produced_tag 的生产标签。只有属于控制器作用域的标签才能共享。

② 在标签编辑器中，右击要作为生产标签的标签，选择【编辑标签属性】（Edit "Produced_tag" Properties），如图 3-117 所示。在【类型】（Type）中，选择【生产的】（Produced），这时【连接】（Connection）按钮可用。

③ 点击【连接】（Connection）按钮打开【生产标签连接】（Produced Tag Connection）对话框。在【最大消费者数】（Max Consumers）中，输入要消费（接收）该标签的控制器数量。当勾选【发送数据状态改变事件到消费者】（Send Data State Change Event To Consumers）时，可以触发消费控制器的事件型任务，如图 3-118 所示。

图 3-118　生产标签连接

④ 点击【高级】（Advanced）按钮，打开【高级选项】（Advanced Options）对话框，

---

❶　控制器可以使用生产和消费标签，但生产者不能消费自己的数据。本地控制器是消费者，远程控制器是生产者。

可以看到 RPI 最大、最小值，通常取默认值。取消单播连接。选择【确定】（OK）以接受更改。关闭对话框，生产标签创建完成。

（2）创建消费标签

消费标签接收生产标签的数据。消费标签的数据类型应与生产标签的数据类型（包括任何数组维数）匹配。

① 在 Studio5000 组态编程软件中选择消费（接收）标签的控制器。在控制器管理器中，右击【控制器标签】（Controller Tags），点击【编辑标签】（Edit Tags），选择或创建消费标签 Consumed_tag。

② 右击要消费数据的标签，选择【编辑标签属性】（Edit "Consumed_tag" Properties）。在【类型】（Type）中选择【消费的】（Consumed），在【数据类型】（Data Type）中，选择与生产标签相同的数据类型，如图3-119 所示。

③ 点击【连接】（Connection）按钮，在

图 3-119　消费标签

【生产者】（Producer）中，选择生产数据的控制器。如果列表为空，应将远程控制器添加到控制器管理器的【I/O 组态】（I/O Configuration）文件夹中。在【远程数据】（Remote Data）中，输入 Logix5000 控制器生产标签的标签名称，在【RPI】中输入连接的请求信息包间隔（RPI）。对于消费控制器，还要设置允许其消费标签使用由生产控制器提供的RPI❶，如图 3-120 所示。

图 3-120　消费标签连接

---

❶　在消费控制器属性的【高级】（Advanced）选项页面中，勾选【允许消费标签使用生产者提供的 RPI】（Allow Consumed Tags to Use RPI Provided by Producer）。可参阅本章 3.2 相关内容。

④ 通常情况下使用多播连接❶，不勾选【使用单播连接】（Use Unicast Connection），即取消单播连接默认值。

⑤ 选择【状态】（Status）选项页面配置消费标签的状态属性。在【数据类型】（Data Type）中，选择连接状态允许的数据类型。选择【确定】（OK），以关闭【消费标签连接】（Consumed Tag Connection）对话框和【标签属性】（Tag Properties）对话框❷，如图 3-121 所示。消费标签创建完成。

图 3-121　消费标签状态

不同版本的 Studio5000 组态编程软件其 RPI 的限制和默认值是有差异的，应根据应用情况，如生产/消费的控制器类型、消费者的数量以及数据的大小等进行设置。如果不确定，可选最大默认值（536870.9ms）。同时，在消费控制器属性的【高级】（Advanced）选项中，勾选【允许消费标签使用生产者提供的 RPI】（Allow Consumed Tags to Use RPI Provided by Producer）。

(3) 验证消费标签接收情况

在控制器联机且消费标签与提供 RPI 的生产者保持连接的情况下，可以验证消费标签的接受情况。

① 在控制器管理器中，右击【控制器标签】（Controller Tags），并选择【编辑标签】（Edit Tags）。

② 在标签编辑器中，右击消费标签，选择【编辑标签属性】（Edit "标签名" Properties）打开标签属性。

③ 在【类型】（Type）框中，选择连接（Connection），打开消费标签连接（Consumed Tag Connection）对话框。在【连接】（Connection）选项卡中，RPI 框右侧的旗形标志指示消费控制器已接受由生产者提供的 RPI，以及具体的 RPI 时间间隔。查看完成后按【取消】（Cancel）退出。

---

❶　单播（Unicast）、多播（Multicast）和广播（Broadcas）是网络节点之间的通信方式。简单而言，单播表示网络节点之间的通信是"一对一"方式，信息的接收和传递仅仅在两个节点之间进行；多播表示网络节点之间的通信是"一对一组"方式，只要划分到该组的节点都能接收和传递信息，也称为组播；广播表示网络节点之间的通信是"一对所有"方式，所有节点都能接收到所有信息。

❷　如果通过 ControlNet 网络来消费（接收）标签，要使用 RSNetWorx for ControlNet 软件进行网络规划。

(4) 大数组处理

消费标签的请求信息包间隔（RPI）决定了数据的更新周期。通过 ControlNet 网络共享标签时，标签的数量不能指定的大小，ControlNet 网络在一个网络刷新时间（NUT）中仅能传递 500B。如果标签数据过大而无法通过 ControlNet 网络传递，要采取缩短 NUT、增大 RPI 等方法进行调整。

Logix5000 控制器可通过一个规划内连接发送多达 500B 的数据，这相当于一个 125 个 DINT 或 REAL 元素的数组。要传输超过 125 个 DINT 或 REAL 元素的数组，应使用 125 个元素的生产/消费标签来创建数据包；然后，使用信息包将数组逐个部分地发送给另一个控制器。较小信息包传输大数组可以提高系统性能，这时应确保在信息包传输完成后再将数据移入目标数组中。

3.6.6 数据库导入/导出

在例程编程时，对指令或数据库中的标签进行逐一创建、填写相关参数的工作量是很大的，而且项目中很多相关的标签具有类似的参数设置和说明，这种方式无疑效率不高。Studio5000 提供了数据库导入/导出功能，可以借助其他软件（如微软的 Excel）来完成批量的数据库建立、编辑工作。

(1) 数据库导出

点击菜单栏的【工具】（Tools），在下拉菜单中选择【导出】（Export）并点击【标签和逻辑注释】（Tags and Logic Comments），弹出导出对话框如图 3-122 所示。选择导出路径、文件名、文件类型和范围后，点击【导出】（Export）按钮，导出数据库到指定的文件中去。输出文件类型有逗号分隔符 .CSV 文件和文本文件 .TXT 两种，通常选用 .CSV 文件。

图 3-122 数据库导出操作

使用 Excel 软件对数据库进行编辑、复制、粘贴、查找和替换等操作，可以快捷完成批量的创建和修改等工作，保存并关闭后就可以导入到系统中。

(2) 导入数据库

点击菜单栏的【工具】（Tools），在下拉菜单中选择【导入】（Import）并点击【标签和逻辑注释】（Tags and Logic Comments），弹出导入对话框如图 3-123 所示。选择需要导入文件的路径、文件名、文件类型。数据库导入有两个【冲突处理】（Collision Handling）选项，通过下拉选择【创建新标签并覆盖已有的标签】（Create New Tags & Overwrite Existing Tags）和【导入新注释并覆盖已有的注释】（Import New Comments & Overwrite Existing Comments），然后点击【导入】（Import）按钮，指定文件就导入到系统的数据库中去。这时查看项目管理的数据库文件夹，可以看到导入的数据库标签❶。

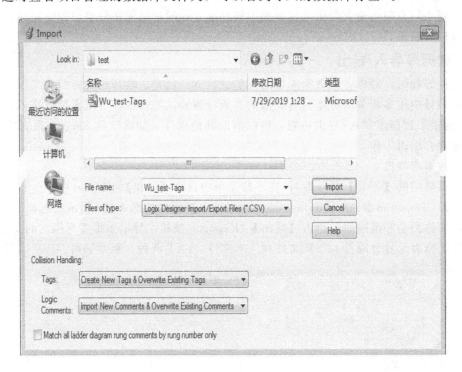

图 3-123　数据库导入操作

3.6.7　组态显示界面设置

Studio5000 组态编程软件的各种显示界面，如项目应用、标签编辑器、梯形图编辑器等，都是可以根据使用习惯进行修改和设置的。软件安装后就会按照默认的设置运行。当设置修改保存后重新启动软件，就会按修改后的设置运行。

点击菜单栏【工具】（Tools）下的【选项】（Options），出现【工作站选项】（Workstation Options）窗口，如图 3-124 所示。窗口的左侧是类别，包括应用、标签编辑器/数据监视器、梯形图编辑器、SFC 编辑器、FBD 编辑器、结构文本编辑器和趋势等，右侧是逻辑设计器的常规优选设定。每个类别的选项或设置内容比较多，包括各种显示、注释内容、行列数、字体及大小、颜色、背景、对齐方式、默认数据类型、各种校验、快捷键定义等。

---

❶　数据库的导入/导出功能可以大大提高数据库维护的效率。在导出前建议在系统中先创建几个有代表性的标签，如每种 I/O 类型都创建一个，并对标签的每个对话框内容进行填写。这样，导出文件的每个字段都有了明确的参考意义，在批处理时十分有帮助的。同时，数据库导入/导出支持中文描述或说明，但不宜使用一些特殊的字符或符号。

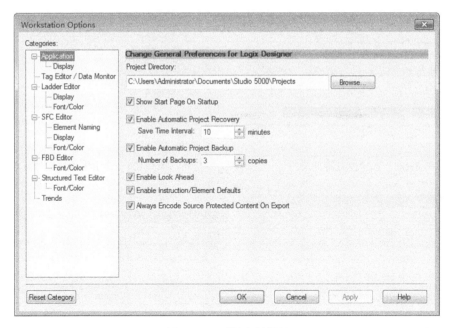

图 3-124　项目应用设置

3.6.8　固件版本和 ControlFLASH

ControlLogix 系统模块如控制器、通信模块和 I/O 模块等都有固件版本，从组态过程也可以看到，它代表了模块内在的特性和性能。因此，各模块的固件版本应匹配❶。如果由于采购批次或系统升级改造引起了不匹配，模块的性能就可能达不到最佳，还可能会产生报警信息。因此，要使用专门的固件刷新工具对模块进行升级或降级处理，以保证整个系统的性能处于最优的状态。

ControlLogix 系统的模块固件刷新工具是 ControlFLASH 软件❷。这里以 1756-L7X 控制器固件的刷新操作为例进行说明，其他模块的刷新操作类似。

① 在建立网络连接且设置了 RSLinx 驱动程序后，把控制器 SD 卡的读写开关设为不锁定，通过【开始】（Start）菜单、桌面快捷键或 Studio5000 编程软件的【工具】（Tools）下拉菜单来启动 ControlFLASH 软件。点击【下一步】（Next），指定刷新路径，选择需要刷新的控制器目录号 1756-L75 控制器，如图 3-125 所示。

② 选择控制器目录号，点击【下一步】，进入 RSLinx 浏览界面，在指定的网络驱动中选中要刷新的控制器并点击【下一步】，选择控制器最新版本，如图 3-126 所示。图中当前的控制器版本是 18.1.47，新版本是 18.2.49。

③ 确认相关信息后开始刷新，如图 3-127 所示。如果出现要求确认是否开始升级的对话框，点击【是】（Yes）。

④ 刷新完成后点击【完成】（Finish），会显示刷新的版本和状态，如图 3-128 所示。点

---

❶　通常和组态编程软件配套安装的固件版本是与控制器的版本相匹配的，选择指定的版本号就可以进行刷新。如果在固件版本库中找不到，可以在指定的网站下载进行版本更新。注意，在互联网上得到的程序或文件等都必须经过防病毒软件检测无问题后才能进行后续工作。

❷　也可以使用 Logix Designer 应用程序中的 AutoFlash 功能，请参阅相关资料和说明。

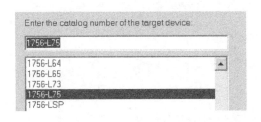

图 3-125　选择控制器目录

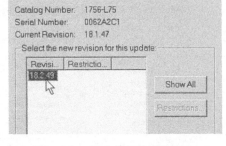

图 3-126　选中模块的固件版本

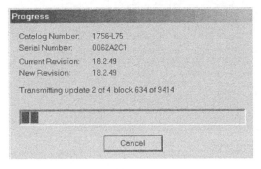

图 3-127　刷新过程

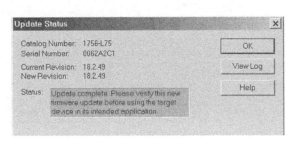

图 3-128　刷新状态

击【确认】（OK）完成控制器的固件版本刷新过程。

在刷新过程中点击【取消】（Cancel）按钮，刷新过程被取消，控制器恢复为引导固件版本 1.XXX。如果刷新时出现框架断电或通信中断等情况，就会导致控制器的版本刷新失败，控制器可能不能再进行版本刷新甚至损坏。其他模块的版本刷新道理一样。因此，在刷新过程中不能随意取消刷新，更不能出现框架断电和通信中断等情况。为了避免不必要的波动和意外，虽然有的模块固件版本刷新可以正常控制时处理，但还是建议在停工或检修时进行。

3.6.9　项目文件打印

当需要时可以将项目文件打印出来存档。编程软件中有关打印的选项设置有 4 个，在【文件】（File）的下拉菜单中，包括页面设置、生成报告、打印和打印选项，如图 3-129 所示。

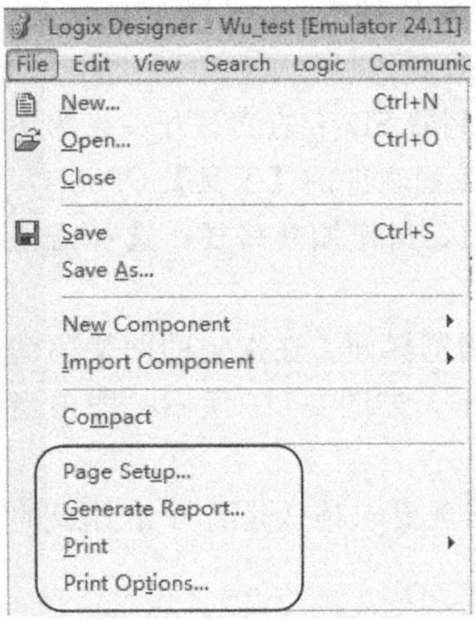

【页面设置】（Page Setup）设置页边距、打印质量、纸张大小和送纸方式等。【生成报告】（Generate Report）选定需要打印的内容，包括各种例程、数据标签、数据文件等。单击【打印】（Print）进行打印所需文件。【打印选项】（Print Option）包括数据列表、模块属性列表、各种例程字体、颜色列表等内容，可以根据个性进行配置，打印出所需要的项目文档。

图 3-129　项目文件打印

3.6.10　AI/AO 模块校准

当 AI/AO 模块使用到一定的年限，有可能受到温湿度、底板电压等因素影响，AD/

DA 转换的精度发生变化，这时可以通过系统提供的校准功能进行校准。校准通常应在系统检修或停止现场控制时进行，并处于在线状态。校准用的电压或电流信号应达到相应的精度要求，避免校准后精度变得更差的问题出现。

（1）AI 模块的校准

这里以 1756-IF16 为例。IF16 可以接收电压或电流信号，但校准时只能采用电压信号。

① 断开模块的现场连线，将标准电压信号接入将要校准的通道。

② 打开模块属性的【校准】（Calibration）选项页面，如图 3-130 所示。

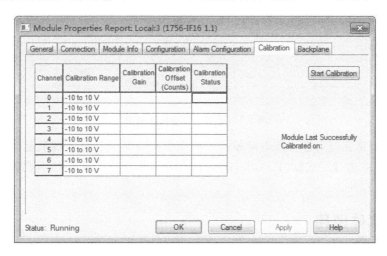

图 3-130　AI 模块校准页面

③ 点击【开始校准】（Start Calibration）。如果模块不在编程模式，会提示切换。点击【是】（Yes）继续校准。

④ 选择要校准的通道，可以选择分组校准或逐个通道。通常是逐个通道进行校准。

⑤ 点击【下一步】（Next）。先进行低电压校准，把低电压输入到通道上，然后校准高电压信号。校准的【状态栏】（Status）表示校准的情况，显示【好】（OK）表示通道精度达到要求；显示【错误】（Error）表示通道存在问题。校准完成后显示低电压和高电压的校准状态。点击【完成】（Finish）完成校准。如果多次校准都达不到精度要求，考虑更换备用通道或模块。

（2）AO 模块的校准

这里以 1756-OF8 为例。AO 模块的校准与 AI 模块的校准过程类似。OF8 可以输出电压或电流信号，但校准时只能采用电流信号。

① 断开模块的现场连线，将标准电流表串接入将要校准的通道。

② 打开模块属性的【校准】（Calibration）选项页面，如图 3-131 所示。

③ 点击【开始校准】（Start Calibration）。如果模块不在编程模式，会提示切换。点击【是】（Yes）继续校准。

④ 选择要校准的通道，可以选择分组校准或逐个通道。通常是逐个通道进行校准。

⑤ 点击【下一步】（Next）。先进行低电流校准，把标准电流表的测量值输入到【记录参考值】（Recorded Reference）栏上。如果低电流值是好的，点击【下一步】。如果精度不够，可以重复校准。

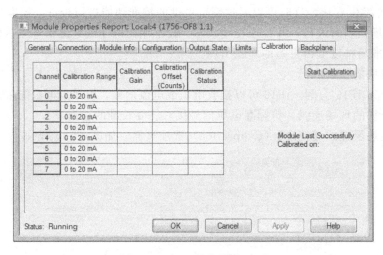

图 3-131　AO 模块校准页面

⑥ 低电流校准完成后进入高电流校准。操作方法一致。校准完成后显示低电流和高电流的校准状态。点击【完成】（Finish）完成校准。如果多次校准都达不到精度要求，考虑更换备用通道或模块。

3.7　仿真软件使用

RSLogix Emulate5000 软件是 Logix5000 控制器的仿真软件（简称仿真软件或仿真器，下同），可以在一个安全和可控的环境中练习、调试 Logix5000 逻辑程序和 HMI 程序。特别是在培训、还没有搭建真实的控制器和 I/O 模块的时候使用。仿真软件有两个仿真功能，即框架监视与仿真控制器和 I/O 模块。I/O 模块（只仿真开关量模块和生产/消费标签）的仿真是指功能的仿真，不包括 I/O 接口和连线。

3.7.1　与真实控制器比较

仿真软件通过 RSLinx 的本地或远程连接进行编程仿真，它与真实的控制器大部分功能相同，只有一些小差异，这些差异通常不会影响练习和程序逻辑的执行。主要差异如表 3-2 所示。

表 3-2　仿真软件和物理控制的主要差异

性能	Logix5000 控制器	仿真软件
断点和跟踪点	不支持	支持
控制真实的 I/O	支持	支持
冗余	支持	不支持
强制	支持	支持
非罗克韦尔 HMI 软件接口	DDE/OPC	DDE/OPC
编程语言	LD、FBD、SFC、ST	LD、FBD、SFC、ST
信息指令	支持	支持❶

---

❶　传送到子例程的顺序相反，即后进先出。

性能	Logix5000 控制器	仿真软件
JXR 指令	支持	不支持
RS-232 接口通信	支持	支持
RSView/FactoryTalk View 通信	支持	支持
单步扫描	不支持	支持
网卡	支持	不支持
任务优先级别	16	3
趋势	支持	支持
在线编辑 SFC 和 ST	支持	支持

3.7.2 仿真步骤

使用 RSLogix Emulate5000 仿真软件进行组态编程的基本步骤可以分为❶：

① 使用 RSLinx 设置通信通道；

② 在仿真软件中添加控制器和 I/O 模块；

③ 在 Studio5000 组态编程软件中创建应用项目，控制器选择仿真控制器类型；

④ 组态 I/O 与仿真器的设置一致，I/O 模块选择 1756-MODULE；

⑤ 开发应用逻辑程序，使用符号标签定义 I/O 点，并用别名映射到 I/O 模块的通道中；

⑥ 把程序下载到仿真器，调试程序逻辑；

⑦ 调试正确完成后，保存项目作参考用；

⑧ 修改控制器类型为真实使用的类型，重新组态 I/O，替换修改别名指向真实的 I/O 模块上；

⑨ 删除仿真程序中的曾经设置的断点和跟踪点指令；

⑩ 调试、修正错误，确保正确后下载到真实的控制器中。

3.7.3 仿真过程

（1）RSLinx 与仿真软件连接

打开 RSLinx，在菜单选择【通信】（Communication），组态通信驱动。选择【虚拟背板】（Virtual Backplane）点击【增加新驱动】（Add New），如图 3-132 所示。输入名字后点击【确认】（OK），进入【组态】（Configure），选择插槽为 8❷，确认即完成设置。如果要删除或调整放在 8 号插槽的 RSLinx 软件通信模块，必须在 RSLinx 软件中删除指定的连接，然后再重新建立连接并指定在新的插槽位置。

（2）在仿真软件添加设备

打开 RSLogix Emulate5000 仿真软件，出现一个可以切换的 9 槽或 17 槽框架。其中，0 号或 1 号插槽是通信适配器（Communication Adapter），被系统通信连接软件（RSLinx Enterprise）占用，而 8 号槽则被新建立的 RSLinx 软件通信使用。

① 添加仿真控制器 每个仿真项目至少要有一个控制器。点击菜单【插槽】（Slot）选

---

❶ 前 3 点是 3 个软件的使用，不分先后，只要求项目设置与仿真软件中一致。

❷ 仿真软件的框架为 17 槽，通常设在 0 号或 16 号插槽，减少仿真时与真实系统 I/O 可能出现的位置冲突。这里为了显示清晰，放在第一排插槽的最后 1 个位置。

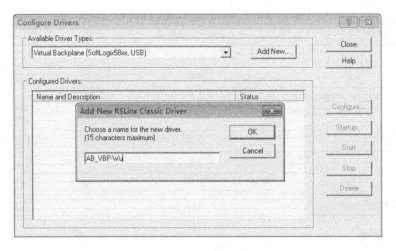

图 3-132　组态通信驱动类型

择【添加模块】（Create Module）❶，在指定的任一个槽位（这里设置在 0 号插槽）添加仿真控制器，如图 3-133 所示。仿真软件只有两种模块可以选择，即仿真控制器和 32 点的 I/O 仿真模块。

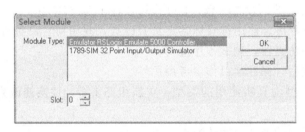

图 3-133　添加仿真控制器

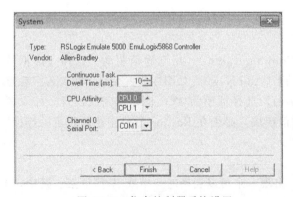

图 3-134　仿真控制器系统设置

选择仿真控制器和插槽后，点击【确认】（OK）后进入仿真控制器设置，采用默认值，点击【下一步】（Next）进入系统设置，如图 3-134 所示。其中：

【停止时间】（Dwell Time）设置连续任务执行之间的停止间隔时间，默认 10ms；

【CPU 关联】（CPU Affinity）指定执行仿真软件的 CPU，仿真软件只能在一个 CPU 上执行，有多个 CPU 的计算机会显示 CPU 数量，默认选 CPU0；

【通道 0】（Channel 0）控制器串口通信，如果有仿真需求，选择一个通信口。

设置完成后可以通过【属性】（Properties）检查设置是否正确。

---

❶　或右击指定的空槽，选择【创建】（Create），结果是一样的。对比 Studio5000 组态编程软件的使用，仿真软件的操作要简单得多，操作风格接近。

② 添加/删除仿真 I/O 模块　在 2 号插槽添加 32 位的仿真模块 1789-SIM，可以同时有输入和输出点。控制器和 I/O 添加完成后，虚拟框架如图 3-135 所示。点击 I/O 模块的下半部，可以打开前盖看到 I/O 状态。仿真框架右侧的箭头按钮可以展开或缩小框架。当不需要指定的模块时，可以右击模块，点击【删除】（Remove），勾选【删除框架监视模块组态】（Clear Chassis Monitor Module Configuration），然后单击【确认】（OK）删除模块。

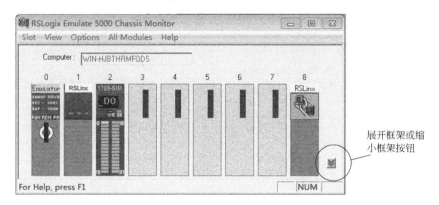

图 3-135　添加了仿真控制器和 I/O 模块的框架监视器

右击 I/O 模块，选择【属性】（Properties）打开属性窗口。模块属性有【常规】（General）、【I/O 数据】（I/O Data）、【模块信息】（Module Info）和【模块状态】（Module Status）4 个选项页面，其中【I/O 数据】可以看到模块的数据（开关量）状态。

这时用 RSLinx 查看网络状态，可以看到框架监视中的所有模块状态，如图 3-136 所示。

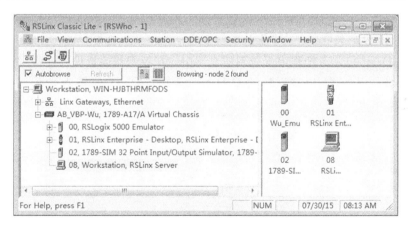

图 3-136　RSLinx 与虚拟框架通信连接

(3) Studio5000 组态编程仿真

在 Studio5000 组态编程软件中创建项目，框架、控制器的型号和插槽号与仿真软件中的一样，即选择 A17 框架，控制器选择仿真控制器类型，放置在 0 号插槽。然后添加 I/O 模块作 DI 和 DO 用，模块类型在【其他】（Other）类型中选择 1756-MODULE，出现模块的属性窗口，如图 3-137 所示。

① 在模块属性的【常规】（General）选项页面设置参数。

通信格式（Comm Format）要与仿真的类型一致，有带状态和不带状态两大类，每一类还有 DINT、REAL 等数据类型，支持输入或支持输入/输出。常用的通信格式是：

- 数据-双整型（Data-DINT） 有输入和输出的开关量；
- 数据-实型（Data-REAL） 有输入和输出的实型数；
- 输入数据-双整型（InputData-DINT） 只有输入的开关量。
- 输入数据-实型（InputData-REAL） 只有输入的实型数。

连接参数（Connection Parameters）中，给数据指定地址，默认输入（Input）、输出（Output）和组态（Configuration）的为值 1、2 和 16，大小（Size）选 2、1 和 0。

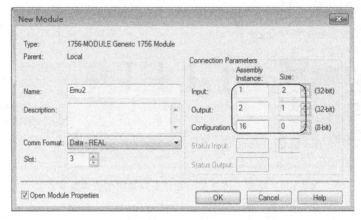

图 3-137　I/O 设置

② 在【连接】（Connection）选项页面，设置 RPI 值为 50ms，仿真软件规定不能小于 50ms。

编写一段最简单的泵启停和比较传送逻辑，并作别名与模块的 I/O 通道关联。输入 int1、int2 和 int3 分别关联 Local:2:I.Data[1].0、Data[1].1 和 Data[1].2，输出 out1 关联 Local:2:O.Data[0].0。把程序下载到仿真器中，在控制器面板设置远程运行程序。打开仿真器 I/O 属性，点击【I/O 数据】（I/O Data）选择页面，点击输入通道 00 和通道 01 作【切换位】（Toggle bit）操作，输出的 00 通道得电，如图 3-138 和图 3-139 所示。

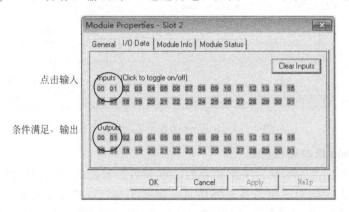

图 3-138　I/O 测试

模拟量的仿真直接采用实型标签进行编程就可以了，当调试完成后，把相关的标签与模拟量 I/O 模块通道的关联来实现转换和控制。仿真软件还常用来与 HMI 软件进行程序调试，方法类似，不做赘述。

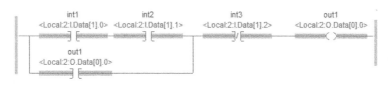

图 3-139　梯形图仿真

【本章小结】

本章采用了大量的界面、窗口等截图，按照 Studio5000 组态编程软件的操作使用基本步骤，结合项目的组态应用经验，循序渐进地说明组态软件的各种常用功能和使用方法，包括建立通信、创建项目、任务、例程，以及 Studio5000 组态编程软件的搜索、强制、固件版本维护等。同时对界面、窗口中的关键参数设置、意义和应用经验进行扼要说明和必要的注释，并对参数设置的英文做了同步翻译，方便使用英文版本的人员阅读和理解。

本章还对组态编程常用的仿真软件 RSLogix Emulator5000 做了详细的使用分享。仿真软件在培训、调试程序逻辑和 HMI 方面都很有帮助。仿真时要经常查看 Studio5000 组态编程软件上控制器面板的状态指示灯，特别查看 I/O 状态灯。如果 I/O 有连接错误，通常无法正常运行，因此，要注意软件连接的设置。虽然仿真软件与罗克韦尔自动化的其他软件相比，无论结构、仿真深度和使用都简单得多，但很实用，仿真效果与真实系统非常接近。

Studio5000 组态编程和仿真软件等操作性强，建议边阅读边上机操作，加深对软件各种功能的理解，最终掌握才能运用自如。

【练习与思考题】

（1）什么叫上装、下装？

（2）什么是本地 I/O？什么是远程 I/O？

（3）打开 RSLinx 通信连接软件，建立一个名为 Test 的以太网连接，驱动类型选择 Ethernet Drives，设主机名为 Host。

（4）运行 Studio5000（或 RSLogix5000），打开梯形图编辑器，查看指令栏的指令分类和指令与指令集分类的异同，认识常用指令所在的位置。

（5）运行 Studio5000，创建名为 Test 的一个项目，控制器为 1756-L75，放在 A10 框架的 0 号插槽。添加 DI 和 DO 模块各一块，型号分别是 1756-IB16D 和 1756-OB16D，插槽自定义。保存后查看控制器管理器中的 I/O 组态情况。

（6）在【任务】（Tasks）文件夹的主例程中编写梯形图例程，实现输入信号 Input1 的滤波防抖动逻辑，滤波定时器时间预设值为 500ms。

（7）在第（6）题的基础上，关联 Input1 到 DI 模块的输入通道 4。

（8）在第（7）题的基础上，添加一块模拟量模块 1756-IF16，插槽自定义。模块设为单端输入，全部通道都设为电流输入 0～20mA，量程把 0～100％转换为 4～20mA。

（9）在第（8）题的基础上添加一块 ControlNet 模块，节点地址为 10。保存后查看 I/O 组态情况。

（10）打开仿真软件 RSLogix Emulate 5000，把组态站与仿真软件建立通信。

（11）把第（6）题输入滤波防抖动例程下载到仿真软件中进行测试，使用【切换位】（Toggle Bit）来改变输入，检查输入情况。

（12）创建一个新例程 InLock 实现图 3-140 的联锁逻辑，用主例程调用并在仿真软件中测试，体会"故障安全型"设计的思路。

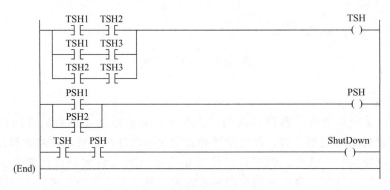

图 3-140　习题（12）图

（13）在线检查仿真控制器的属性，查看是否存在故障信息，包括【严重故障】（Major Faults）和【轻微故障】（Minor Faults）的内容，如果有，记录故障信息并尝试清除。

（14）创建一个名为 Test_Per 的周期型任务，优先级为 8，周期为 1s。

（15）创建一个名为 Test_Tre 的趋势，记录一个随时间变化的标签 Trend1。体会趋势图中 X、Y 轴坐标、单位、数值和曲线等的变化。

（16）在线修改例程，把第（6）题中的时间预设值由 500ms 改为 80ms，并观察运行效果。

（17）在线强制 InLock 例程中的输入条件，检查联锁输出结果是否正确。

（18）设置文档打印，把 InLock 例程逻辑连同注释、I/O 通道等信息打印出来。

（19）使用在线帮助，分别调出 1756-IF16 的接线图和指令 JSR 的说明。

（20）把第 2 章的其余举例程序都作为例程编写到主程序中去，并由主例程调用运行。

（21）创建一个名为 Test_UDF 的用户定义数据结构，分别定义 10 个不同数据类型的标签，记录不分类存放和同类型数据调整存放情况下的内存占用数量。

第

4

章

ControlLogix系统项目设计

前面几章介绍了 ControlLogix 系统的基础知识，对 ControlLogix 系统的硬件、软件组成以及组态的基本概念有了初步的认识。本章着重介绍 ControlLogix 系统的项目设计方法，包括项目设计总则、需求分析、详细设计以及可靠性考虑等内容❶。对于某个具体应用的系统设计时，要注意相应的国家规范、规定、所在行业的规范和要求，以及企业的规定和习惯用法等。这在项目设计中，特别是前期准备时是十分关键的和有用的。

4.1 项目设计总则

4.1.1 基本要求

控制系统无论规模大小，其目的都是为了实现被控对象（生产设备或装置流程）的生产监视和控制要求，提高生产安全性、可靠性、生产效率、产品质量以及降低劳动强度等。因此，在应用 ControlLogix 设计控制系统时，应着重考虑以下几点基本要求：

① 选用的系统必须满足控制和管理的要求；

② 技术成熟，通用性好，安全可靠性高；

③ 有较高的性能价格比，方便操作，使用、安装维护方便；

④ 可扩展能力好，产品兼容性高，网络和 I/O 接口种类多；

⑤ 具有较好的完整性和先进性，不致太快变得不合适和过时；

⑥ 配置合理，能适应多种工况和操作变化。

4.1.2 应用开发环节

ControlLogix 系统的应用开发，简单地可归纳为设计、安装、调试和投用 4 个步骤，其中设计通常包括系统规划、I/O 分配、流程图设计和程序开发等环节。

(1) 系统规划

项目应用的要求是设计、开发 ControlLogix 系统的依据，必须根据项目应用中各被控对象的控制要求，确定整个系统的输入、输出设备的数量，从而确定 ControlLogix 的 I/O 点数，包括开关量 I/O、模拟量 I/O 和特殊 I/O 如脉冲等，并考虑 I/O 点数、安装位置等余量和系统的可扩展性，确定 ControlLogix 控制器型号、控制系统方案和各种类型的模块❷。系统方案设计要注意有以下几点：

① 根据项目的情况和用户的需求，对整个项目的控制范围、控制方案等进行综合考虑，并考虑系统的性能价格比等因素，确定控制系统总体方案，如选择采用就地控制、远程控制、冗余、网络类型及架构等；

② 在确定了控制系统方案后，要明确各组成部分的基本功能，包括硬件的主要设备如控制器、I/O 模块的类型和信号特点、操作站、控制网络通信设备和软件及其数量等；

③ 对设计方案进行分析论证，确保控制方案能满足项目的全部要求，并具有一定的先

---

❶ 一个自控工程设计通常包括可行性研究报告、工艺包设计（如果有）、基础设计、详细设计、材料采购阶段设计、施工阶段设计、各阶段的管道和仪表流程图（P&ID）设计等。

❷ 目前，控制系统的品牌和种类有很多，功能日趋完善和强大，不同厂家的系统产品其网络结构、性能、指令系统、通信协议、编程方法等各有不同，各具特点。选择什么品牌控制器、控制器中的什么系列、网络架构和协议、I/O 类型等，不仅与技术参数有关，还与工程应用行业、企业习惯、商务、价格等因素有关。这里叙述的主要是在确定了采用 ControlLogix 系统后的设计内容。设计的深度和范围等可根据具体工程的大小、复杂程度、不同行业、职责要求不同而不一样。可参考有关标准、规范和建设方要求等内容。

进性和可靠性。如果发现存在缺陷或不完整，则重新修改方案，直到符合要求为止。

（2）I/O 分配

根据数量和类型统计，确定和建立 I/O 一览表，并根据应用情况，如防爆场合增加隔离栅，防雷设计增加电涌防护器，以及各种信号转换和辅助单元等，结合直流电源、机柜布局后，绘制 ControlLogix 控制系统的输入、输出接线图以及回路图等。这是控制系统集成、编程、调试和运行维护的主要资料。

（3）流程图设计

根据控制要求、管道和仪表流程图（P&ID）绘制用户程序流程图，主要用于人机接口的界面使用。流程图应能全面反映整个控制过程，包括动作时序、条件、保护和联锁等以及方便操作、提示、报警灯、警示等的各种控制面板、启停按钮、颜色、动画、动态变化等。人机接口的操作，结合控制策略和程序开发逻辑统一考虑。

（4）程序开发

根据控制策略和方案进行程序设计，关注工艺包界面或接口、联锁回路等操作要求，采用编程语言（如梯形图）、模块化编程技术等编制标准化、易读易维护的用户程序。

（5）安装、调试

根据设计和产品技术要求进行系统集成和安装❶。在程序设计完成并下载到 ControlLogix 控制器后，必须根据调试计划和方案对控制系统进行调试❷。调试包括单点调试、回路调试、控制功能调试等，并联合工艺、设备和电气等进行联合调试，检查各种功能是否达到设计要求。

（6）交付投用

在确保系统达到设计要求后，编制各类技术文档，备份设置和用户程序，对用户进行培训后交付使用。

4.2 需求分析

在展开应用系统方案设计的工作之前，有必要进行深入细致的调查研究工作。因为前期的工作做得越详细，考虑得越周到，以后可能出现的修改和问题就越小。在综合各方面意见和建议后，进行系统分析，确定控制系统的总体方案，同时形成有关文字纪要、记录，作为下一步设计的重要依据。

系统调研和分析的主要内容包括：

① 对控制系统的要求，如中央控制室、操作室的位置、操作台数、辅助操作站、按钮等；

② 各种控制信号的数量、性质，如 DI、DO、AI、AO 数量、电压等级以及特殊信号要求等；

③ 控制系统的配置和性能指标，如冗余配置、控制回路数量、扫描速度等；

④ 控制系统的现场情况，如控制点的分布、已有的控制系统、控制手段和方法等；

---

❶ 安装、调试内容可参阅第 5 章相关内容。

❷ 调试计划和调试方案通常由集成方、设计方和使用方等共同制订。由于工程建设的管理是多样的，不同的行业、企业要求不尽相同，这里只是把可能的情况列举一下，提示有关各方进行共同确认、完成，便于分清责任和工作的开展而已。下同。

⑤ 现场环境因素，如系统防爆、防雷、防腐要求以及安装的空间、温湿度和电磁干扰等；

⑥ 信息及管理系统、工控系统安全、设备资产管理等技术方案；

⑦ 系统供电、仪表电源、执行器以及其他可能与系统相关的技术方案。

4.3 硬件设计

根据需求分析确定的内容进行具体的设计，主要包括 ControlLogix 控制器、I/O 模块、电源、网络架构、人机界面、各种辅助仪表和控制机柜布局等设计内容。

4.3.1 控制器

ControlLogix 控制器选择的重要依据是它的性能指标，通常有 CPU 性能、I/O 处理能力、存储容量、响应速度、通信能力等。其他的参数如功耗、工作环境要求、使用年限等，要根据实际应用情况综合考虑。总体说来，采用当前主流的控制平台和控制器（如 1756-L7X 控制器）总是一个不错的选择。对可靠性有较高要求的场合，可配置控制器冗余、直流电源冗余、网络冗余和 I/O 冗余系统。

(1) I/O 处理能力

指单个 ControlLogix 控制器可以有效控制的最大 I/O 数量，包括不同类型 I/O 的组合数量。由于表述不同，不同厂家的控制器所给出的最大 I/O 点数的含义并不完全一样，要考虑远程 I/O、数字量 I/O、模拟量 I/O、智能 I/O 以及控制的回路数量等。同时，要注意整个项目完成后控制器的负荷要低于 50％。

(2) 存储容量

指控制器的最大存储能力和断电保护存储信息的能力。通常 I/O 点数越多、通信节点和交换信息越多、程序越复杂，所需要的存储容量就要越大。应用时可以根据经验估算或借助专门的设计软件进行较准确的计算。

(3) 响应速度

指输出对输入变化的反应速度，与 CPU 性能、指令执行时间、网络刷新速度和程序扫描周期等因素有关。对于工业自动化生产的绝大部分控制应用场合，如石油、化工、水处理、交通、制药等，ControlLogix 控制器的响应速度都能满足要求。对响应速度有特殊要求的如多轴控制、高速运动控制等情况要重点注意，可以选择专用的高速控制模块。

(4) 通信能力

ControlLogix 控制器支持多种通信网络，除 Ethernet/IP、ControlNet 和 DeviceNet 外，还支持 DH＋、RIO、HART 和 FF 总线等。同时，通信能力还包括各种网络连接数量的限制，如 1756-CNB 和 1756-CNBR 通信模块支持 64 个连接，实际运用时通常推荐最多为每个模块配置 48 个连接❶。

此外，控制器的选择还要考虑区域或全厂一体化控制系统、设备（资产）管理、生产执行系统（MES）需求、备品备件、技术培训和服务、维护、性价比等众多因素。

4.3.2 I/O 模块

I/O 模块是 ControlLogix 控制器与工艺过程的电气接口。通过 I/O 模块，ControlLogix

---

❶ 请参阅第 6 章 6.5 相关的内容。

控制器采集过程信息，并将控制程序运行的结果传送到各种执行部件（如电磁阀、继电器或控制阀）和人机界面，实现对被控对象、设备或生产过程的控制。

(1) I/O 类型

ControlLogix 系统有多种 I/O 模块类型，包括具有不同电压、电流范围的 DI、DO、AI、AO 模块以及各种特殊的智能 I/O 模块。通常采用直流 I/O 模块，可以通过各种信号转换器把信号转换成标准信号以减少 I/O 类型。

I/O 模块的通道数量通常选择 8～32 点。从维护的角度看，较重要的场合使用点数不宜太多，使用信号连接端子板时可选高密度模块，不选用信号连接端子板时选低密度模块，如表 4-1 所示。对存在较严重干扰的应用场合，选用通道间分组隔离或每通道隔离形式的 I/O 模块，以减少相互间的影响。

表 4-1　I/O 模块点数选用参考

型号/类型	有信号连接端子板时	较重要场合/无连接端子板	型号/类型	有信号连接端子板时	较重要场合/无连接端子板
DI	32	16	AI	16/8	8/16
DO	16/32	16	AO	16/8	8

(2) I/O 数量

I/O 模块的数量应根据需求统计，按类型分别计算，包括现场实际 I/O 点数、15%～20% 的余量和非智能设备❶（如外部电源状态、交换机状态、给电气启停机/泵信号、电机电流、电机电压等）的状态监控用的点数。根据所选模块类型的通道数取整后计算得出所需模块的数量，同时配置相应的框架（或底板）槽位数量。典型应用的 I/O 模块数量统计如表 4-2 所示，其中温度测量的热电阻和热电偶信号采用温度变送器转换为 4～20mA 信号，减少 I/O 种类。DO 信号采用 24V DC 继电器隔离连接不同的负载。

表 4-2　典型应用的 I/O 模块数量统计

型号/类型	现场 I/O 点数	余量 15%	非智能设备监控点数	需求点数	模块型号	模块数量	实配点数
DI(24V DC)	165	25	21	211	1756-IB16D	14	224
DO(24V DC)	76	12	—	88	1756-OB16D	6	96
AI(4～20mA)	112	17	12	141	1756-IF16	9	144
AO(4～20mA)	43	7		50	1756-OF8	7	56

4.3.3　电源

对重要应用场合的交流供电应采取不间断电源（UPS）供电。采用冗余交流供电时，可以采用双路 UPS 供电或至少其中一路 UPS 供电。机柜风扇和照明用第 3 路交流电供电。

直流电源模块的选择，包括系统用电源和外部仪表用电源两部分。电源模块常用交流电压 220V 输入型，输出采用直流 24V。直流电源的功率要满足在满负荷的情况下，电源负荷在 50% 以下的要求。电源设计时一般还要考虑以下几点：

① 系统内部供电和现场仪表供电尽可能分开；

---

❶　也可以把现场实际 I/O 点数加上非智能设备状态监控用的点数后再预留 15%～20% 的余量。

② 估算系统消耗的最大功率和容量，包括控制器、I/O 模块、框架或背板电流等；

③ 对要求可靠性较高的场合，可采用多路交流输入、独立配置隔离模块的冗余直流电源来提高可靠性**❶**；

④ 一般不采用底板式的冗余直流电源。

4.3.4 网络架构

ControlLogix 系统有 3 层网络架构，即 EtherNet/IP、ControlNet 和 DeviceNet，以及传统的 DH＋和 RIO 网络，可以根据应用规模和控制方案进行灵活配置。其中操作和管理层的网络需求变化最大，如远程监控、数据采集、MES 应用、资产管理和先进控制（APC）等。网络架构可以配置成星形结构或客户机/服务器（C/S）结构。通常，操作和管理层选用 EtherNet/IP，控制层选用 ControlNet 或 DeviceNet。以太网交换机要选用带宽、端口相匹配的设备。通信距离较远时（如超过 80m），可选用光纤连接等。

当前普遍采用分布式结构。对于小型系统应用，大多采用冗余控制器和冗余操作站结构，其中工程师站兼作操作站。对于大型系统应用，多采用冗余服务器的 C/S 结构，各子站独立完成区域所有控制，上层采用冗余以太网（或环网）方式相连。典型的两种系统应用如图 4-1 和图 4-2 所示。

图 4-1 是一个小型控制的应用图，采用冗余 EtherNet/IP 和冗余 ControlNet 网络，冗余控制器架构，两个 RIO 框架，I/O 不冗余。共有两个操作站，其中一个兼工程师站，运行 FactoryTalk View SE 版 HMI。

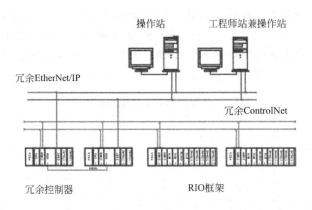

操作站　　　　工程师站兼操作站

冗余EtherNet/IP

冗余ControlNet

冗余控制器　　　　　　RIO框架

图 4-1　典型系统应用 1

图 4-2 是一个原油管道 SCADA 系统站控中心的控制系统图，包括站控系统、罐区监控系统、GDS 系统等几个部分（略去了与其他站控系统的远程通信连接和防火墙等网络隔离设备）。采用冗余 EtherNet/IP、冗余 ControlNet 网络，冗余服务器和控制器架构，I/O 不冗余。上层计算机包括一台雷达液位计组态站、工程师站和两台站控调度服务器。第 2 层计算机包括一台 GDS 组态监控站、两台操作站、一台数据库服务器和两台查询服务器。底层是 ControlLogix 控制系统，包括独立设置可燃气体和有毒气体检测（GDS）系统、一对冗余控制器、五套 RIO 框架和一个通信桥接框架。HMI 和实时数据库等采用 SCHNEIDER 旗下 Wonderware 公司的 Intouch 和 InSQL 软件等。

---

❶ 可参考《SH/T 3082 石油化工仪表供电设计规范》，或具体行业规范。

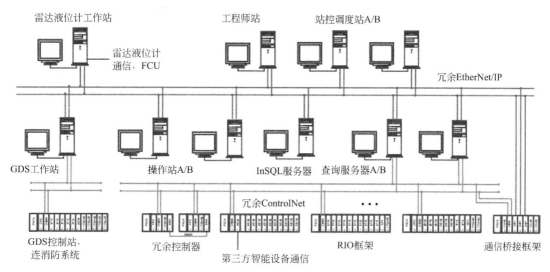

图 4-2　典型系统应用 2

4.3.5　机柜布局

根据项目情况，选择合适防护等级（IP）或防爆的控制机柜（盘）。系统设备和附件的布局应预留散热、安装和维护空间，要求距离柜顶不小于 150mm，距离柜底不小于 200mm。强、弱电尽可能分开或隔离，设置独立的工作接地汇流排和保护接地汇流排。对有防雷设计的机柜，可增设电涌防护接地汇流排。使用双面机柜时，正面布置电源、控制器、空气开关、交换机和 I/O 框架等，反面布置交流接入设备、接线端子排、隔离栅、防雷栅等。典型的机柜布局如图 4-3 所示。

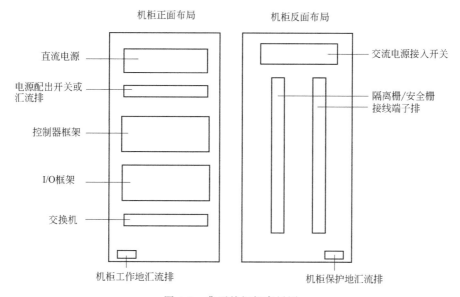

图 4-3　典型的机柜布局图

其中，机柜正面布局：

① 直流电源采用非底板式冗余电源，双隔离模块；

② 关键设备都采用双路供电，或冗余直流供电；

③ 机柜设两个接地母排：工作地汇流排应与机柜绝缘，保护地汇流排与机柜相通。对有防雷工程设计的机柜设防雷接地母排，并与机柜绝缘。

机柜反面布局：

① 不同种类交流电的空气开关要有明显标志，其间应有线槽隔离或有适当距离；

② 空气开关多的场合，可以分多行排列，每组应采用跨接短接片并用两对线连接，以防止因接线松脱引起多个空开失电，如图 4-4 和图 4-5 所示；

③ 隔离栅/安全栅等应采用首尾供电的"环形供电"方式；

④ 隔离栅/安全栅宜按 I/O 通道数量满配。供电端子可用带保险的端子，重要回路端子选用明显颜色差异端子（如红色）等。

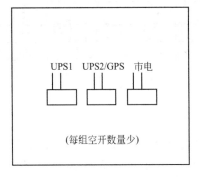

图 4-4　交流空气开关布局 1

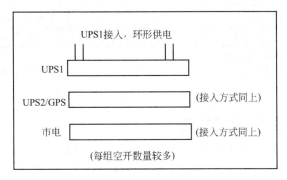

图 4-5　交流空气开关布局 2

4.3.6　人机界面

即人机交互接口硬件设施，除了设计必需的声、光报警和辅助操作设备外，还可选用触摸屏、操作终端作为设备级的操作界面，操作站作为监视级的人机界面。对大规模集中操作的应用场合，通常装有 HMI 软件的计算机作人机操作界面，并选择双屏界面以便于流程展示、监控操作和管理。

4.4　软件设计

软件设计的主要内容包括平台软件、组态软件、界面软件以及各种接口和驱动软件等 4 部分。平台软件通常是 Windows 系列，包括操作平台、数据库平台、历史库平台软件和网络安全相关软件等。采用第三方软件时，最好采用经过系统厂家测试过的最新版本软件。组态软件通常选用 Studio5000、RSLinx 和 RSNetWorx 等。界面软件首选 FactoryTalk View Studio 系列，根据项目规模、用户习惯等具体情况确定❶。

4.4.1　控制程序

控制程序设计是项目软件设计中最核心的内容，通常由专利工艺包提供方、设计方和系统集成方等共同完成。控制程序就是使用 ControlLogix 系统提供的指令、方法，去实现整个项目的逻辑控制、顺序控制、批量控制和回路控制等全部控制和操作功能。

（1）程序设计的主要方法

控制程序设计必须紧密结合生产过程的特点，熟练掌握控制步骤和方案，熟悉控制系统

---

❶　也可以根据项目应用情况选用第三方的通用 HMI 软件，如 Intouch 或 iFix 等。

的硬件和软件指令和功能，熟悉现场仪表回路和控制网络的应用等。程序设计的主要方法有时序法、经验法和综合法等。

① 时序法　根据控制过程与时间的关系，得出控制系统的时序程序框图，通过逻辑运算规则进行逻辑关系求解，得出逻辑结果，再用 ControlLogix 编程指令写成程序。时序法常用于以时间为基准的控制程序设计，具有直观、简洁、逻辑运算严密等特点。采用梯形图编程常会使用时序法进行程序设计。

② 经验法　运用经验进行程序设计，对类似的程序或典型功能的标准程序（即经验）进行修改和进一步开发。如泵的启停、电机互锁、液位两位式控制，都是典型的程序，可以在设计时灵活参考、运用。

③ 综合法　结合时序法和经验法的混合编程方法，包括结合不同的编程语言和编程方式，如 AOI、SFC、设备阶段管理等，以及结构化、模块化编程等。

不论采用什么设计方法，都可以借助计算机、编程组态软件或专用的程序开发软件（如最基本的 Studio5000 和 RSLogix Emulate5000）进行程序设计，在线或离线进行编程、仿真和调试等。

（2）注意要点

程序设计要符合正确、可靠、易读、易改和简洁的根本要求。因此，在程序设计时要注意以下几点。

① 位号/标签要采用有意义的符号名，如 LIC101、PV203、Motor_Start 等，还可以根据信号的特点定义数字量变量和模拟量变量，如 dXV2040、rLT50102 等。对于大型项目，还可以通过标签前缀来分类，如 TK1_L101、TK2_L101 分别表示 1 号罐和 2 号罐同一位置点的参数。

② 采用模块化程序设计方法。

③ 要有必要的注释和说明，包括各种变量、参数、逻辑功能、控制过程、子程序等。对于工艺包、专利等接口内容，也要对数据连接和交换的参数、变量等做注释和说明，以便于阅读、修改、扩展和维护等。

④ I/O 分配要有规律性，以便于编程、故障查找和维护等。

⑤ 开关量输入状态要注意保持一致性的原则，即通道得电时所代表的状态（如"高"或"低"，"通"或"断"等），以便于理解和维护。

⑥ 虽然目前有的控制器支持双线圈操作，但为了避免程序设计中逻辑不严谨而产生意外的逻辑结果，不建议使用双线圈或慎用双线圈。

4.4.2　程序规划

一个好的控制程序要经过规划，才能获得好的效果。通常要求任务不宜太多，一般应用 3～5 个任务，例程数量没有限制。各个例程完成相对独立的控制。程序的功能、层次清晰，便于编程开发、扩展和维护修改等，图 4-6 所示是一个典型的流程工业程序规划。

① 把一个流程（或对象）按工艺流程、设备、功能以及检修、维护等分成多个工段，每个工段信号相对独立。总共设置了 2 个任务，连续型任务有 6 个子例程，包括主例程、3 个工段的例程、信号处理例程和系统状态例程等。周期型任务设置了 100ms 的周期时间，优先级别为 10，完成所有的 PID 控制回路的控制，保证 PID 控制在指定的时间周期内执行输出控制。

② 主例程循环调用子例程，如图 4-7 所示。

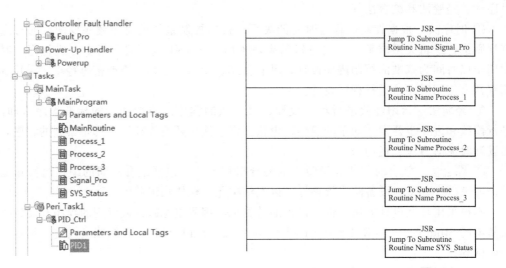

图 4-6　规划好的控制器管理器　　　　图 4-7　主例程循环调用各子例程

③ 信号处理例程（Signal_Pro）完成所有信号处理功能，如延时、滤波、有效化处理、与第三方系统通信等数据处理。

④ 子例程 Process_1～3 对应 3 个工段，完成各自工段的所有控制功能（子例程中还设置了子例程，这里略去）。

⑤ 系统状态（SYS_Status）获取所有的系统状态数据，如控制器冗余、电源、CPU 运行数据、环境参数、主要设备状态等。

此外，程序还设置了控制器故障处理例程和上电例程，分别处理控制器故障时的顺序控制和上电时的初始化批量动作。当然，更复杂的应用场合还要结合 AOI、结构化程序设计等综合因素考虑。

4.4.3　监控画面

监控画面设计是与控制程序相关的重要软件设计，包括触摸屏和操作站监控画面设计。根据 P&ID 图，采用人机接口软件，如 Factory Talk View Studio，把工艺流程分为若干个画面，显示关键的设备、关联设备、监控点和控制回路等状态、提示，以及操作参数设定、开关设备的操作接口等。监控画面要求布局均匀、清晰，设备特征明显、准确，颜色搭配合理、操作接口使用方便、明确。监控画面设计如图 4-8 所示，且应至少包括以下内容❶：

① 总貌图　显示整个项目最关键的流程、参数和状态等内容；

② 工艺流程图　显示全流程的主要设备、物流方向、操作参数等，可以分组、分工序等显示；

③ 趋势图　显示主要参数的变化趋势图，可以把相关的参数组态到一个趋势图中进行

---

❶　监控画面中的流程图是有标准的，包括 IEC 和各种行业标准或规范，有浓重的行业特点。内容涵盖画面底色、字体大小、静态动态颜色、设备符号、管道、启停状态、趋势和报警等。但多数使用方都有自己的习惯和管理要求，标准不一，这里仅对常用界面和习惯进行说明。

集中对比显示；

④ 报警图　当工艺控制参数偏离报警设定值、状态发生变化时，提示操作人员关注、干预；

⑤ 各种操作画面　如 PID 参数设定，各种设定值修改，电机的启、停，手/自动切换，手动调节等画面；

⑥ 系统维护图　把系统各部件，如控制器、网络设备、I/O 模块及通道等状态信息尽可能采集（如用 GSV 指令读取等）并集中显示，当发生异常时通过报警信息及时被发现。

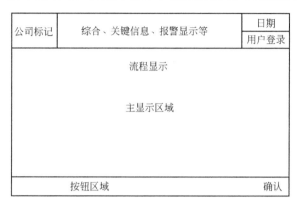

图 4-8　监控画面设计

4.5　可靠性设计

ControlLogix 系统是专门为工业控制应用而设计的，硬件模块从元器件选择、电路板设计、贴片封装到测试，都有严格的标准。因此，通常具有比较高的可靠性，其平均无故障时间（MTBF）可达 10 万小时以上。ControlLogix 系统的可靠性设计，除了包括系统硬件的可靠性外，还包括环境因素、冗余措施、防干扰、程序可靠性和系统网络安全措施等整体可靠性设计。

4.5.1　环境因素

环境因素是指应用 ControlLogix 系统的场所的温度、湿度、尘埃、防雷、防爆、防腐等众多因素。原则上，ControlLogix 应安装在安全区域，没有阳光直射到的地方，周围环境没有腐蚀性或易燃易爆气体，没有大量灰尘，没有能导电的粉尘、微粒。环境温度一般为 0～60℃，相对湿度在 5％～95％范围内，无凝结，并且对环境的振动和冲击有一定的限制。良好的工作环境对提高 ControlLogix 系统的可靠性、稳定性、控制精度和延长使用寿命等总是有帮助的，在应用设计时要做充分的考虑。

环境因素的影响以及解决方案归纳如表 4-3 所示。

表 4-3　环境因素的影响以及解决方案

环境因素	可能影响	设计解决方案
温度和湿度	①器件性能恶化 ②精度降低 ③故障率提高,寿命降低 ④内部短路或击穿 ⑤静电集结,损坏器件	①整体置于空调控制室内 ②强制通风(风扇、滤网) ③降低安装密度 ④采用密封型机柜和防潮抽湿

环境因素	可能影响	设计解决方案
周围空气 (尘埃、腐蚀、 可燃性气体)	①电路短路 ②腐蚀电路板、损坏器件 ③接触不良 ④火灾或爆炸	①采用密封型防爆(隔爆)机柜 ②盘内通入清洁空气 ③采用防腐涂层模块(符合 G1、G2、G3 和 GX 标准) ④采用防爆仪表(隔爆、本安)
雷电感应	①损坏仪表和系统 ②控制失效	①防雷工程设计 ②回路防雷 ③电源防雷 ④防雷接地
振动和冲击	①内部继电器等误动作 ②机械结构松动 ③接触不良	①将控制系统远离振源 ②采用防振仪表和材料减振 ③紧固各部件及连线

4.5.2　冗余措施

对可靠性有更高要求的应用场合，如经过安全完整性等级（SIL）评估的安全仪表系统（SIS）、需要长周期可靠运行的系统等，可以通过采用各种冗余措施（包括系统内部和外部的措施）来进一步提高系统的安全性、可靠性和可维修性。

（1）系统内部冗余设计

① 主要硬件冗余　ControlLogix 控制器、通信网络、电源和重要 I/O 模块等环节，根据对可靠性要求和投资费用等情况，把系统设计为控制器、通信网络和电源等部分冗余或全冗余系统。

② 软件设计　信号变化率、偏差、平均计算、取中值、线路判断、状态失谐报警等。

（2）系统外部冗余设计

① 主要考虑交流供电冗余、直流电源冗余、回路环形供电、急停按钮双触点等。

② 现场仪表多取多冗余、线路冗余、触点冗余等。当考虑现场仪表（如传感器、变送器、开关、电磁阀等）做冗余设计时，还可以把系统 I/O 的"三取二""二取二"等冗余信号分别接入不同模块上，来减少因信号模块故障引起的误动作，进一步提高过程的安全性和仪表的可维护性。

4.5.3　防干扰设计

由于工艺过程通常都存在大电流电机、变频器以及各种电磁感应等情况，干扰信号会通过各种途径对现场仪表和控制系统产生影响。因此，为了使 ControlLogix 控制系统能更稳定、可靠地工作，在系统设计时必须要考虑电源、现场仪表、控制系统和接地等防干扰的措施。

（1）电源防干扰措施

来自电源的干扰可造成电压波形畸变，出现尖峰毛刺，使电源模块工作不正常、损坏，使系统模块的电子元器件过负荷、烧毁等。电源的防干扰措施要考虑：

① 使用 UPS 或开关电源供电；

② 使用带屏蔽的隔离变压器；

③ 使用电涌防护器；

④ 串接滤波电路等。

（2）现场仪表防干扰措施

现场仪表分布在项目的各种设备上和周边，容易受到各种电磁干扰，造成信号波动、失效甚至损坏，如无线对讲、大电机启停、焊接、变频器、断路器以及感应雷等产生的干扰。设计时应整体考虑，包括：

① 选用通过电磁兼容性（EMC）测试的、防干扰能力强的仪表；

② 仪表和信号做好屏蔽接地；

③ 选用屏蔽电缆；

④ 信号线与动力线分开，敷设时要留有一定的距离❶；

⑤ 槽架中不同类型的信号电缆应设隔板等。

（3）系统防干扰措施

控制系统本身的防干扰设计也是不能忽视的，包括：

① 选择防干扰性能较好的 I/O 模块（如绝缘型、高门槛电压和通道间隔离等）；

② 输入信号电流化；

③ 串接滤波电路、电涌防护器；

④ 用继电器隔离；

⑤ 模块、框架的接地极良好接地。

（4）接地

接地是指电力系统和电气设备的交流电中性点、用电设备的外露导电部分、直流电源公共点、信号屏蔽、电涌防护器等，通过导体与大地相连。良好的接地可以保证人员和设备的安全，防止或减少各种干扰信号对系统的影响，保证系统安全、可靠和稳定运行❷。

① 保护接地和工作接地　保护地防止设备故障或异常时带电危及人身和设备安全，连接用电设备外壳、电气地；工作地用于保证控制系统正常工作，连接数字地、模拟地、信号地和直流负极公共点等。保护地和工作地分别安装在机柜的汇流排上，然后连接到控制室或指定的接地极或接地母板上，接地连接电阻要求小于 1Ω，接地极电阻和连接电阻之和应小于 4Ω。机柜室或控制室的接地方式常用星形连接和网状连接，接地极与整个机柜室或控制室、工艺设备等实现等电位连接❸。仪表系统常用的星形接地如图 4-9 所示，机柜内的工作地和保护地汇流排分别连线工作地汇总板和保护地汇总板中。对于有防雷工程设计的场合，电涌防护器的接地通常独立设立电涌地，然后连接到工作地汇总板以防止地电位反击。网状接地时可省掉汇总板接地层，直接与网状接地极连接。

② 供电回路接地　含有 UPS 交流回路的 TN-S 接地原理图如图 4-10 所示，图中只标明了按星形连接的一级 PE 总排连接，实际连接可能有 2 级或 3 级。

4.5.4　程序可靠性

ControlLogix 控制系统的可靠性不仅与硬件部分有关，而且还与软件有关，特别是与用户应用程序的可靠性有关。在软件设计时，要采用标准化和模块化的设计思路，要充分考虑控制上和操作上可能出现的因果关系和转换条件等情况，尽可能减少因控制程序所造成的问

---

❶ 可参考《SH/T 3521 石油化工仪表工程施工技术规程》，或具体行业规范。

❷ 可参考《HG/T 20513 仪表系统接地设计规范》和《SH/T 3081 石油化工仪表接地设计规范》，或具体行业规范。

❸ 可参考《SH/T 3164 石油化工仪表系统防雷设计规范》。

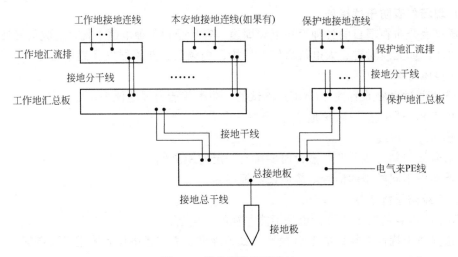

图 4-9　仪表系统星形接地

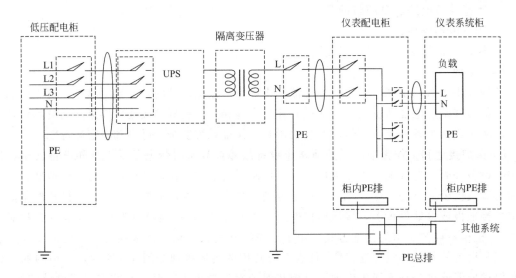

图 4-10　含有 UPS 交流回路的 TN-S 接地原理

题和故障。要注意以下几点：

① 对输入信号做处理，检查信号的好坏，如采用软件延时滤波、取平均值和断路检查等；

② 要尽量利用系统软件提供的各种功能、状态标志、自诊断和监视定时器（WDT）监视等功能进行程序设计；

③ 判断不合理的和非法操作，只接受正常的合理的操作，如禁止同时按下电机正、反转和启停按钮等；

④ 采用模块化和结构化编程方法编写程序；

⑤ 注意网络刷新时间（NUT）的设置，避免出现控制时序的错乱引起信号丢失、执行周期变长，甚至使控制系统不能按控制要求执行相应的动作等；

⑥ 控制回路中的 PV、控制输出值尽可能不采用通信的方式，如变频器控制参与回路控制时，通过通信方式读取变频器的所有工作参数，过程参数和控制输出仍采用 4～20mA 连

接等。

4.5.5 网络安全考虑

无论控制系统大小和是否与管理网及互联网相连，ControlLogix 系统都要考虑网络安全问题。

如果控制系统与其他网络系统相连接，要设置隔离防护措施。包括减少不必要的连接；增加防火墙、网闸等设备；只允许通过数据采集站进行单向读取系统数据；增加白名单和（或）黑名单通信机制，以及必要时增加流量镜像、入侵侦测报警和保护等措施。

如果控制系统与其他网络系统不相连接，也要防止通过移动介质感染病毒，因此要考虑对移动介质限制使用的措施（管理措施不作为设计考虑因素）。同时，Windows 平台要定期更新补丁，配置与人机接口（HMI）软件兼容性测试通过的防病毒软件，并及时更新病毒库，最大可能减少感染病毒的可能性。

【本章小结】

本章介绍了项目设计的主要内容，包括项目设计的总则、如何做需求分析、硬件和软件设计以及可靠性设计的要考虑的内容。

需求分析是详细设计的基础，必须根据项目的需要和使用方的需求做详细分析。不仅要满足控制、操作和管理的要求，还应有所提升，优化信号处理、网络架构和控制策略等，保证系统的可靠性、安全性和一定的先进性。

硬件和软件设计是项目设计的核心，包括硬件选择和软件应用开发。硬件设计包括控制器、I/O、电源、网络架构和机柜布局等。软件设计包括控制程序和人机界面设计。

可靠性设计包括环境因素、冗余措施、防干扰措施以及程序可靠性设计。不管控制系统的大小或是否与互联网相连，网络安全问题都应进行综合考虑。

【练习与思考题】

（1）ControlLogix 系统的应用开发简单地可归纳为＿＿＿＿、＿＿＿＿、＿＿＿＿和＿＿＿＿等 4 个步骤。

（2）项目应用开发的六个环节是＿＿＿＿＿＿、＿＿＿＿＿＿、＿＿＿＿＿＿、＿＿＿＿＿＿、＿＿＿＿＿＿、＿＿＿＿＿＿。

（3）项目设计的基本要求有哪些？

（4）控制器选型时应考虑哪些方面的内容？

（5）I/O 模块的点数通常如何选择？

（6）程序设计应符合哪些要求？

（7）系统可靠性设计主要考虑哪些因素？

（8）防干扰措施主要包括哪些内容？

（9）系统接地是如何连接的？接地电阻有什么要求？

（10）仪表系统接地连接中，对接地连接线有什么要求？线径有什么规定？

ControlLogix系统安装、
调试和维护

一套好的控制系统，除了设计合理、功能完备外，符合要求的安装是满足控制要求、便于调试和维护的基础和保障。无论是机柜的集成安装，还是现场控制机柜就位、仪表信号连接安装，都要按照控制系统的产品技术规范、具体应用的行业规范、规定和设计要求进行安装、调试，调试合格后才能投用。投用后也必须经过适当的维护，才能使系统稳定、可靠运行，满足生产过程中的各种应用需要。

5.1　系统安装

系统安装通常包括系统模块安装、现场就位安装和现场仪表回路连接等工作。

5.1.1　系统模块安装

模块安装前应检查外观、型号规格和数量等，如果发现有问题应及时更换处理。要求整体包装完整，无变形、破损、受潮、积水等问题；模块的型号规格和数量等与设计参数一致；模块的资料齐全，包括随设备来的纸质资料或电子资料、安装手册、小工具和附件等。

（1）总体安装要求

安装时要根据设计布局和系统硬件配置图，按照产品的安装规范进行安装。要注意以下几点：

① 机柜或系统盘安装时，设备或模块间的位置和距离要布局合理，便于安装、接线、更换和维护；

② 模块和部件的安装、连接要到位、牢固；

③ 插拔模块时不得用手或工具直接触摸电子线路板，严禁用容易产生静电的刷子或化纤棉纱等清洗各类模块和设备，安装人员应采取防静电措施，如佩戴防静电手套或手链等；

④ 对有开关设置，如跳接器、双列直插式开关或拨码开关的模块，应根据组态要求（如节点地址等）进行设置并做好记录；

⑤ 要对模块做好保护措施，避免小杂物掉进模块内；

⑥ 注意保管好设备，特别是小配件和材料，并保持安装环境的清洁，做到文明施工。

（2）部件和模块安装

① 框架　框架安装主要有两个要点，即框架的固定和接地连接。框架的上部有安装孔，用螺栓把框架固定在机柜（盘）的安装板上，框架与机柜周边以及框架与框架之间要有足够的距离，以确保散热和安装、维护所需的最小空间，如图 5-1 所示。图中的尺寸单位为mm，框架左右两侧到机柜边的距离含线槽的宽度。

当采用冗余电源模块时，框架间的距离、冗余电源模块间的距离以及电源到机柜顶部距离等要求都有不同，如图 5-2 所示。

框架底部的金属部分有三个接地连接点，其中一个是安全地接地螺栓，用来连接保护地。另外两个是工作接地，用来连接通信电缆的屏蔽层以防止干扰❶。安全接地和工作接地都不能串接，每个框架的保护地和工作接地必须单独连接到机柜的接地汇流排上，且越短越好，如图5-3 所示。图中左边部分为安全地连接明细图，右边部分为安全地和工作地的连接方法。

---

❶　在目前的规范中，很少见到安全接地与工作接地从相距很短的且相通的连接点引出。这种引出方法与主流做法不一样。建议在项目中连接安全接地到安全地汇流排上，框架的工作接地不做连接。机柜的接地设两条接地汇流排，一个为保护接地汇流排，与机柜外壳连通；另一个为工作接地汇流排，与机柜外壳绝缘。

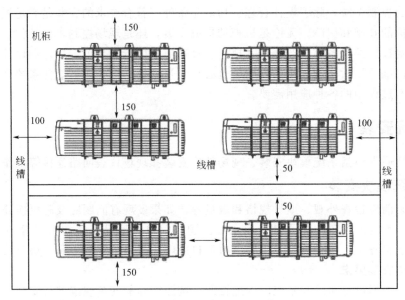

图 5-1　框架安装的间距要求

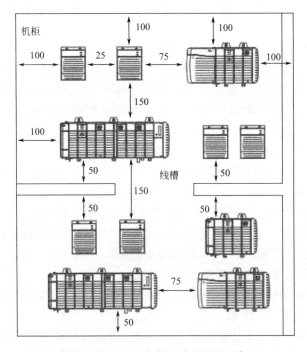

图 5-2　采用冗余电源时的间距要求

　　② 电源模块　ControlLogix 系统的标准电源安装在框架的最左边，安装时沿着框架左侧的凹槽卡住并推入，到位后拧紧固定螺钉，系统投用时撕掉保护标签，如图 5-4 所示。冗余电源模块的安装与标准电源模块的安装不同，冗余电源模块通常安装在框架的上方、左侧或右侧，在框架左侧的凹槽上先安装冗余电源的框架适配器连接模块 1756-PSCA2，再通过冗余连接电缆 1756-CPR2（长度为 0.9m）连接到适配器连接模块上。电源周边要按要求留足散热空间。

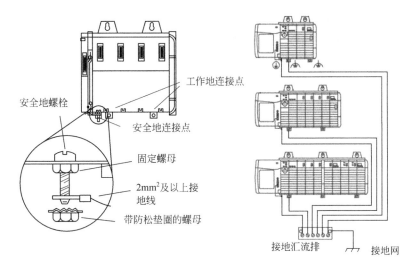

图 5-3　框架的接地连接

③ 控制器模块　控制器可以安装在框架的任何一个槽位中，通常安装在 0 号槽位。安装时将控制器的电路板沿框架的顶、底部导槽中推入，直到与底板连接到位，上、下锁扣扣紧，如图 5-5 所示。安装好后插入钥匙，打开 SD 卡挡板，检查是否预装了 SD 卡，如果没有预装，则安装 SD 卡。对配置了 ESM 模块的控制器，要打开 ESM 卡槽箱并安装 ESM 模块。

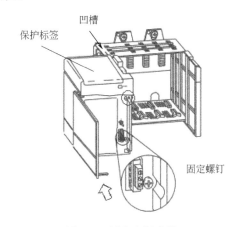

图 5-4　标准电源安装

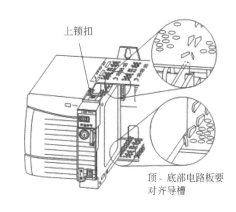

图 5-5　控制器模块安装

④ 通信模块　通信模块的安装与控制器的安装类似，这里以安装 ControlNet 模块为例，在安装前需要进行节点地址的设置❶，按照设计要求设置模块节点地址。设置的拨码开关在模块的顶部或底部（不同型号的拨码开关位置有不同），用小螺丝刀进行设置，如图 5-6所示。可以设置的节点地址为 1～99，图中设置的节点地址是 23。对于冗余介质的 ControlNet 模块，在连接网络时要注意 A 网和 B 网在任何一个节点上都不能交叉连接。

⑤ I/O 模块　I/O 模块的安装与控制器模块的安装类似，选择好槽位（这里仍以选择 0

---

❶　ControlLogix 系统大多数模块的设置都已改为软件设置。Ethernet/IP 通信模块的部分型号（如 1756-EN2T 模块）的 IP 地址设置、ControlNet、DeviceNet 和 DHRIO 等通信模块的节点或通道地址设置，仍采用拨码开关进行设置。

号槽位为例）后将模块的电路板沿框架的导槽推入到位，上、下锁扣扣紧，再安装模块的端子块，然后按下在模块前面上部的锁销来锁住端子块，如图5-7所示。如果I/O模块选择了现场接口模块（IFM/AIFM），还要进行接口模块的安装以及I/O端子块到接口模块的连接电缆安装等。

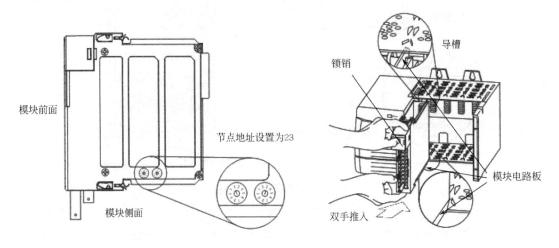

图 5-6　ControlNet 通信模块的拨码地址设置　　　　　图 5-7　I/O 模块安装

以上是主要的系统模块的安装，其他模块的安装参照进行。此外，在控制柜内还有其他部件的安装和连接，如网络设备、安全栅、继电器和各种接地连接等，都应按照要求完成施工工作。

5.1.2　现场就位安装

控制柜（盘）的现场安装，必须在控制室（或指定安装位置）有关的土建、电气等完工后才能进行，一般不允许同时施工。集成方应会同建设方、设计方和监理等检查现场控制室或安装环境，并共同确认有关内容，包括：

① 机柜基础（如钢架）已安装完毕，规格、防腐等满足设计要求；

② 安装环境的各项施工如地面、门窗等均已完成并清理干净；

③ 系统用电（如 UPS）及室内照明全部完成投入正常运行；

④ 接地极和接地总线施工完毕，接地电阻符合设计规定和产品技术要求；

⑤ 控制室已具备封闭管理的条件，空调、安全设施如灭火器等齐备和已处于正常运转状态；

⑥ 安全接地和工作接地已按接地规范进行检查，接地电阻符合要求等。

5.1.3　接地连接

控制柜（盘）安装就位完成后，进行现场仪表与控制柜的接线，包括信号线、供电及屏蔽等连接。电缆的敷设要注意远离大电机、强磁场、加热炉等环境，还要与电气强电电缆、建筑物或设备的防雷引下线等拉开距离，并按照图4-9和图4-10，采用线径符合要求的黄绿色多股软线，做好接地连接，防止干扰信号引入，影响系统的稳定运行❶。

---

❶　详细信息请参阅《GB 50093—2013 自动化仪表工程施工及质量验收规范》和《SH/T 3164—2012 石油化工仪表系统防雷设计规范》等相关内容。

接地连接工作包括：

① 连接机柜内工作地到工作地汇流排，接地连线线径 2.5～4.0mm²；

② 连接机柜内保护地到保护地汇流排，接地连线线径 2.5～4.0mm²；

③ 连接工作地汇流排和保护地汇流排到对应的接地汇总板，接地分干线线径 4.0～16.0mm²；

④ 连接接地汇总板到总接地板，接地干线线径 10.0～25.0mm²；

⑤ 连接总接地板到接地极❶，接地总干线线径 16.0～50.0mm²。

控制系统的现场仪表安装和接地按有关规范执行，并接好仪表外壳接地，信号屏蔽层接控制系统侧，单端接工作地。接地连接时，要求至少连接两条及以上的连接电缆，这样既可以减小连接电阻，还可以"冗余"连接，防止单条接地连接松动时影响接地效果。

5.2 系统调试

系统调试是指系统集成完成后，对系统进行的各种设置调整和功能测试工作，是检查系统能否满足控制要求的关键步骤。系统调试通常包括上电检查、单点调试、回路调试、控制功能调试、系统功能测试等内容。系统必须经过严格调试，直到实现所有控制要求并经有关方签字确认后才能交付使用。

调试前应制定调试方案，熟悉系统构成、硬件和软件操作以及控制功能等。调试时发现的问题应及时联系有关设计人员，在设计人员确认后进行修改，并做好详细的记录和软件备份等。调试时可参照应用行业的调试规范和企业的操作规定的相关内容。

5.2.1 上电调试

系统上电是开始调试的前提，包括调试条件检查、上电前检查和上电后检查。

（1）调试条件

上电调试应具备以下条件：

① 已制定详细的调试计划、调试步骤和调试记录表格；

② 有关仪表电缆、电气电缆均已正确安装，系统电源、接地等检查合格；

③ 现场检测仪表和执行机构已安装完毕并调试合格，处于正常运转状态，有关电气专业设备已具备接收输出信号的条件；

④ 系统基本功能测试已完成，并有测试报告❷；

⑤ 有关的过程参数如报警值、联锁值和 PID 参数等已确认；

⑥ 人员配合已准备好等。

（2）上电前检查

控制系统上电检查一般需要供货方、系统集成方、设计方、建设方和监理代表等在场情况下进行。系统上电前要做严格的检查，检查结果要填写记录并确认。上电前检查的内容至少包括：

① 检查系统所有硬件设备，包括电源部分、底板或框架、控制器以及 I/O 模块等，确保所有硬件都正确安装而且牢固；

---

❶ 总接地板、接地总干线、接地极合称为接地装置。

❷ 系统基本功能测试通常在出厂验收测试（FAT）中完成，由集成方、设计方和建设方等进行并确认。

② 检查供电系统，确保供电特性（如交流、直流和电压值等）符合控制系统要求，而且连接到的每个设备不能有短路的现象；

③ 检查控制系统的所有 I/O 连线和通信连线等正确、牢固；

④ 检查接地系统，确保接地系统符合控制系统设计要求；

⑤ 空气开关全部处于断开状态；

⑥ 控制系统周边环境条件符合上电要求；

⑦ 控制器的钥匙开关处于编程模式，存储卡等附件已安装好。

（3）上电后检查

上电按上电步骤从进电总开关开始，向下逐级给分开关送电。上电后要检查的内容至少包括：

① 所有的模块包括电源、控制器、通信、I/O 等的状态指示灯应正常，对于上电后自检不正常或状态指示灯不正常的模块，要按有关协议要求进行处理（如维修、更换、赔偿等）；

② 组态站连接正常，运行系统软件在线检查系统自诊断状态，确保系统上电正常运行（如控制器和网络负荷、内存使用情况等）；

③ 将经过离线检验过的用户程序下载到控制器中去，开始调试时切换到运行模式；

④ 检查所有输入信号与 I/O 分配表连线完全正确。

5.2.2　单点调试

单点调试指输入输出回路的调试，包括连接的正确性检查，通断、量程、报警等设置检查，要求现场状态与系统指示一致，包括开关量的通、断状态和控制阀的开、关方向等。

（1）DI 通道调试

在相应的机柜端子和现场仪表端子上短接或断开，检查 DI 模块对应通道发光二极管的变化，同时检查通道地址的 0、1 变化。

（2）DO 通道调试

通过系统软件提供的强制（Force）功能，对输出地址进行 0、1 强制，检查 DO 模块对应通道发光二极管的变化，同时检查机柜端子和现场仪表端子的通、断或电压的变化。

（3）AI 通道调试

用信号发生器在机柜端子和现场仪表端子加入标准模拟量信号，通常取 0、50％ 和 100％ 三点进行检查。对有报警、联锁值的 AI 回路，还要对报警联锁值，如高报、低报和联锁点以及精度进行检查，确认有关报警、联锁状态，同时检查显示值的正确性并估算回路的精度。

（4）AO 通道调试

通过系统软件做手动输出信号检查执行机构（如阀门开度等），通常取 0、50％ 或 100％ 三点进行检查；对有报警、联锁值的 AO 回路，还要对报警联锁值，如高报、低报和联锁点以及精度进行检查，确认有关报警、联锁状态的正确性。

5.2.3　回路调试

通过输入和输出组成的闭环控制回路，在检查现场端子输入信号或检查输出信号到现场的阀位变化，检查控制系统是否满足有关要求，如控制器的正反作用、联锁逻辑以及事故状态下继电器、阀门的开关动作等。

(1) 控制回路调试

对于简单控制回路，通过修改设定值，检查控制器的正反作用、阀门动作的正确性等，并对阀门动作情况检查控制回路的正确性。

(2) 逻辑回路调试

对于由复杂的控制逻辑组成的逻辑回路测试，要对所有的逻辑条件进行测试，检查逻辑输出的正确性。测试时要注意各种逻辑组合的可能性，防止由于逻辑条件的变化而输出不可预测的结果，造成不必要的损坏或事故，必须联合工艺、电气等共同完成调试。

逻辑回路中的联锁回路必须联合工艺、电气等进行联校，确认所有的逻辑动作和控制符合设计要求。

5.2.4　系统功能测试

系统功能测试是指控制系统各组成部件或模块具有的内在功能测试，以及为提高可靠性、可用性等配置的各种附加功能和能力的测试❶。通过功能测试来验证系统各个部件或模块的功能或性能指标，确保控制系统具有产品规格书描述的功能、性能且稳定可靠。系统投用前或新建、大修检修后，应做相应的测试。

系统功能包括组态功能和硬件功能两大部分。组态功能有逻辑图组态、回路组态、系统自检、文件查找、文件编译和下装，故障信息、备份等，使用系统软件进行测试。硬件功能包括带电插拔、短路检查、过载保护等，对有冗余配置的系统还包括电源冗余、控制器冗余、通信冗余、I/O冗余以及备用电池功能等。

冗余功能测试主要有以下几点。

(1) 电源冗余测试

切断其中一路电源，系统应能继续正常运行，输出无扰动；被断电的电源加电后能恢复正常。然后按同样的方法做另一路电源测试，同时检查电源与上层供电开关的对应关系。

(2) 控制器冗余测试

切断主控制器电源，备控制器应能自动成为主控制器，系统运行正常，输出无扰动；被断电的控制器加电后能恢复正常并处于备用状态。

冗余模块的测试与控制器的测试类似，拔出主控制器的冗余模块，系统控制能切换到备控制器，输出无扰动；把拔出的冗余模块插入，对应的控制器能恢复正常同步并处于备用状态。冗余模块切换也可以通过 RSLinx 连接软件人工触发切换来进行测试。

(3) 通信冗余测试

通过断开一个通信模块网络或从框架中带电拔出通信模块来测试，检查系统能否正常通信、输出无扰动；电源或网络复位后，相应的模块状态应自动恢复正常。

(4) I/O冗余测试

分别带电插拔互为冗余的输入模块和输出模块，检查所有的输入输出通道是否工作正常，状态是否能保持不变。

每种测试都要有相应的测试步骤，测试完成后分别填写测试结果，确认签字并存档作为维护资料。

---

❶　这些测试有部分与 FAT 的测试相同。这里主要针对系统在现场仪表就位安装后带负载进行有关功能测试。

5.3　系统硬件维护

控制系统投用后，应建立维护和定期保养的规章制度，完善岗位责任制和巡回检查制度，包括建立系统设备档案（如设备一览表、系统资料、程序清单和竣工图等），采用统一的记录格式记录系统的运行状况、故障现象和维修情况等。

系统的硬件维护一般分为日常维护、定期维护和故障维护。ControlLogix 系统产品中都有基本的维护要求，但由于工程应用的千差万别，系统工作环境、使用和维护水平的不同，应用效果会不一样。因此，应根据具体情况制定相关的巡检、维护规定或制度，提高系统的稳定性、可靠性和使用周期。

5.3.1　日常维护

日常维护也称为一般性维护，是指系统正常运行时对系统的巡检、清洁以及根据应用需要进行回路修改、增减仪表、修改参数等工作。

① 根据有关管理制度，定时（如每天 2 次）进行巡检，主要检查系统直流电源、现场仪表直流电源、控制器、通信模块、交换机、后备锂电池等运行状态并做好记录。

② 检查控制系统的工作环境，包括供电、温湿度。

③ 登录组态站或工程师站，检查系统的事件记录、历史趋势和诊断状态。如：

a. 打开 Studio5000 检查　控制器属性中的严重故障（Major Faults）、轻微故障（Minor Faults）、内存（Memory）、冗余（Redundancy）等信息，I/O 模块属性中连接（Connection）信息，控制器管理器的主任务（MainTask）、主例程（MainRoutine）属性中监视（Monitor）的扫描时间等；

b. 打开 RSNetworx 检查网络状态，更新网络信息；

c. 打开 RSLinx 检查通信模块、冗余模块状态、事件记录（EventLog）信息，主、从站是否发生切换，检查冗余框架中 ControlNet 模块的【连接管理器】（Connection Manager），查看 CPU 运行状态（CPU Statistics）应小于 75％等。

④ 按期修改系统设置的密码或保护级别。

⑤ 当需要进行回路调整增删、参数修改时，进行回路相应的组态和程序修改等。

5.3.2　定期维护

定期维护是指结合工艺生产周期进行的维护工作，通常有小修、中修和大修等。

① 应根据应用地点、场所，制定定期清洁措施。如定期清洁和更换机柜的空气过滤网，确保机柜空气的洁净和通畅，防止大量粉尘污物积在控制器和 I/O 模块上。清洁时要注意不要让污物掉入系统模块内，造成模块损坏和引起系统停机。

② 检查电源、网络是否连接牢固，连接端子是否有松动、氧化、生锈腐蚀，对有问题的地方进行处理。

③ 检查中间部件如继电器、隔离器等是否有振动松脱。一次元件根据其技术参数进行定期校验和检查，确保信号输入准确和输出信号执行畅顺。

④ 检查接地和接地连接电阻。

⑤ 中修和大修应进行系统功能测试。如用 RSLinx 手动切换冗余模块，检查主、从框架的冗余功能等。

⑥ 大修时应进行系统点检，如通道标定等。

⑦ 结合日常维护、定期维护和工艺运行周期制定系统的预防性维护策略，对控制系统做全生命周期管理。

5.3.3 故障维护

故障维护是指系统出现异常、报警和故障时的维护工作。ControlLogix 系统的故障排查方法通常有两种，即外部状态排查和内部诊断。外部状态排查是根据系统模块的各种 LED 状态指示和数码显示代码来定位、判断系统的异常和故障。内部诊断是利用 Studio5000 组态编程软件和网络通信等的诊断、监视功能，对系统进行内部诊断，通过诊断的状态或文件来确定故障的位置和可能的原因。如何结合系统的外部状态和诊断的结果快速确定故障的位置、原因并及时处理，需要经验的积累。当遇到问题时，多看系统资料、多思考分析和多动手处理，对快速解决问题及提升维护技术是有帮助的。

（1）电源模块

① 非冗余电源模块都有一个绿色的电源指示灯，如图 5-8 所示。通电正常时绿色常亮。如果绿灯灭了，可能电源回路存在故障。可采用外部状态判断和处理维护的方法。

a. 检查供电输入电压是否正常。

b. 如果电压正常，则断电，从框架卸下电源模块后再上电。

c. 如果这时绿灯亮，则初步判断电源正常，检查背板负载；如果绿灯不亮，则电源故障，更换电源模块。

② 冗余电源模块　冗余电源模块有两个指示灯：一个绿色电源状态指示灯和一个琥珀色非冗余状态指示灯，如图 5-9 所示，通过两个指示灯的状态可以判断冗余电源可能存在的故障，并进行处理维护，如表 5-1 所示。框架适配器上的绿色指示灯也可以辅助判断冗余电源模块的故障。绿灯常亮，冗余电源供电正常；绿灯熄灭，冗余电源存在故障。

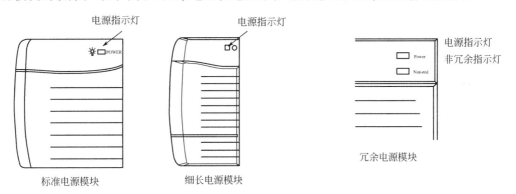

图 5-8　非冗余电源模块电源指示灯　　　　图 5-9　冗余电源模块电源指示灯

表 5-1　冗余电源故障处理维护

电源指示灯	非冗余指示灯	现象判断	处理维护措施
绿色常亮	熄灭	冗余电源正常	/
绿色常亮	琥珀色常亮	本电源模块正常供电,另一块冗余电源没有供电	检查另一路电源
熄灭	琥珀色常亮	已按冗余电源连接,但模块没有上电	给模块上电
			如果电源没有输出,则断电,拆下输入电源线,等 30s 后重新连接输入电源,然后上电
			如果电源仍不正常,更换电源模块

电源指示灯	非冗余指示灯	现象判断	处理维护措施
熄灭	熄灭	模块没上电	给模块上电
		输入电压没有或不在范围之内	检查输入电压,满足要求后上电
		冗余连接电缆 1756-CPR2 连接故障	重新连接或更换电缆并上电
		电源故障	更换电源模块

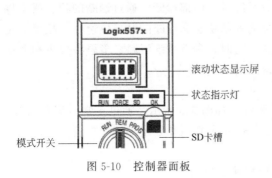

图 5-10　控制器面板

（2）控制器模块

1756-L75 控制器模块前面板的上部有滚动状态显示屏和 4 个控制器状态指示灯,如图 5-10 所示。查看控制器的这些状态,可以快速了解控制器当前的运行情况,对判断、定位可能出现的故障并做出处理都是十分有帮助的。由于控制器的状态显示屏提示的内容很多,控制器详细的诊断和故障判断,最好使用 Studio5000 组态编程软件中的【控制器属性】（Controller Properties）进行在线诊断。

① 状态显示屏　控制器正常上电后,状态显示屏滚动显示各种系统信息,包括控制器固件版本、ESM 状态、项目状态等常规状态信息。当控制器发生故障时,状态显示屏显示相关的故障信息。常规状态信息和故障信息分别如表 5-2 和表 5-3 所示。详细的故障信息和代码可参阅控制器用户手册来加深理解。

表 5-2　显示屏常规状态信息表

显示信息	意义或现象判断	处理维护措施
无显示	控制器没上电	检查 OK 指示灯,确定控制器是否已上电和控制状态
TEST	测试,控制器正在执行上电测试	—
PASS	通过,已成功完成上电测试	—
SAVE	保存,正在将工程保存到 SD 卡中	存操作完成后才可以拔出 SD 卡和断开电源
LOAD	加载,控制器上电时正在从 SD 卡加载工程	在完成加载后才可以拔出 SD 卡、断开电源和拔下 ESM 模块
UPDT	升级,上电时正在从 SD 卡进行固件升级	如果不想在上电时进行固件升级,可以更改控制器的 LoadImage(加载映像)属性
CHRG	充电,正在对电容式 ESM 充电	—
1756-L7x/X	控制器产品目录号和系列	—
Rev XX. xxx	控制器固件的主版本和次版本	—
No Project	无工程,控制器中未加载工程	使用组态软件把工程下载到控制器,或使用 SD 卡将工程加载到控制器
工程名称	当前加载到控制器中工程的名称	—
BUSY	忙,与控制器关联的 I/O 模块尚未完成上电过程	预留上电和 I/O 模块自检的时间
Corrupt Certificate Received	接收到的证书已损坏,与固件相关联的安全证书已损坏	下载需要升级的固件版本并替换

显示信息	意义或现象判断	处理维护措施
Corrupt Image Received	接收到的映像已损坏,固件文件已损坏	下载需要升级的固件版本并替换
ESM Not Present	ESM 不存在,控制器无法在断电时保存应用程序	插入兼容的 ESM。如果使用的是电容式 ESM,在 ESM 充满电之前不要切断电源
ESM Incompatible	ESM 不兼容,ESM 与控制器的存储器大小不兼容	使用兼容的 ESM 替换
ESM Hardware Failure	ESM 硬件故障。ESM 发生故障,控制器无法在断电时保存程序	在切断控制器电源之前更换 ESM,以保存控制器程序
ESM Energy Low	ESM 电量不足。电容式 ESM 电量不足,控制器无法在断电时保存程序	更换 ESM
ESM Charging	ESM 正在充电。电容式 ESM 正在充电	ESM 充满电之前不要切断电源
Flash in Progress	正在进行闪存。正在进行固件升级	固件升级过程请勿中断
Firmware Installation Required	需要安装固件,控制器使用的是引导固件(即版本 1.xxx),需要升级	升级控制器固件
SD Card Locked	SD 卡锁定。安装的 SD 卡被锁定	如果需要,可拔出 SD 卡解锁

表 5-3　显示屏故障状态信息表

显示信息	说明
Major Fault TXX:CYY	检测到类型为 XX、代码为 YY 的严重故障
I/O Fault Local:X # YYYY	本地框架中的模块发生 I/O 故障。显示插槽号 X、故障代码 YYYY 及简要说明
I/O Fault N # YYYY	远程框架中的模块发生 I/O 故障。显示故障模块名称 N、故障代码 YYYY 及简要的故障说明
I/O Fault:N # YYYY	远程框架中的模块发生 I/O 故障。显示模块的所在框架的通信模块名称 N、故障代码 YYYY 及简要的故障说明
X I/O Faults	存在 X 个 I/O 故障。发生多个 I/O 故障时,控制器将显示第一个出现的故障。每解决一个 I/O 故障后,I/O 故障数减 1,故障信息将指示下一个故障

② 状态指示灯　控制器的状态指示灯在状态显示屏的下方,包括 RUN、FORCE、SD 和 OK 共 4 个指示灯,分别指示控制器的工作状态和健康状态,如表 5-4 所示。

表 5-4　故障信息表

指示灯	显示状态	说明
RUN（运行）	熄灭	控制器处于编程或测试模式
	绿色常亮	控制器处于运行模式
FORCE（强制）	熄灭	没有强制,没有标签被强制
	黄色常亮	I/O 强制使能,强制已起作用
	黄色闪烁	一个或多个输入输出地址已被强制为开或关状态,但强制未起作用
SD（闪存卡）	熄灭	SD 卡没有读/写操作
	绿色常亮/闪烁	控制器正在读/写 SD 卡
	红色常亮	控制器无法识别 SD 卡
	红色闪烁	SD 卡没有有效的文件系统

指示灯	显示状态	说明
OK （正常）	熄灭	控制器没有上电
	绿色常亮	控制器正常运行
	红色常亮	控制器正在完成上电诊断
		断电时 ESM 中的电容器正在放电
		控制器已通电,但无法运行
		控制器正在将项目加载到非易失性存储器
	红色闪烁	控制器是一个新安装的控制器,根据状态显示需要进行固件升级
		控制器发生严重故障

③ 使用 Studio5000 组态编程诊断　打开 Studio5000 组态编程软件中对应的项目文件,在线后点击【控制器属性】(Controller Properties),打开【严重故障】(Major Faults) 和【轻微故障】(Minor Faults) 选项卡进行详细检查。结合发生的故障描述和故障位,快速定位故障原因。还可以导出、保存作为维护的历史文档。如果是不可修复的硬件故障,更换控制器。如果是外部故障、轻微故障或程序故障等,通过清除故障 (Clear Majors 或 Clear Minors) 按钮进行清除,并继续检查内部和外部问题,直到控制器恢复正常运行。

④ 冗余控制器检查　冗余控制器通常不会自动切换,当出现以下几种情况时才会切换:

a. 主框架掉电、插板主框架中任何模块、主框架中任何模块硬件故障或固件版本问题、控制器程序发生严重故障、断开主框架 ControlNet 模块分接器或电缆,以及断开主框架 EtherNet/IP 模块通路电缆等;

b. 主框架控制器发送 MSG 指令切换;

c. 在 RSLinx 软件中手动切换。

当发生切换时,检查硬件各种状态指示灯,并用 Studio5000 和 RSLinx 软件逐项检查确定切换原因,及时处理问题❶。

(3) I/O 模块维护

数字量 I/O 模块的前面板上都有状态指示灯,不同型号的模块指示灯的数量和种类有差异。通过这些指示灯,可以快速定位故障点。有的模块在指示灯下面还有"DIAGNOSTIC""ELECTRONICALLY FUSED"字样,表示模块带诊断功能和电子熔断器功能。I/O 模块详细的诊断和故障判断,可以借助 Studio5000 组态编程软件中的 I/O 模块【属性】(Properties) 进行在线诊断。

① 模块面板指示灯　1756-IB16D 和 OB16D 模块的面板指示灯如图 5-11 和图 5-12所示。

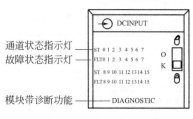

图 5-11　1756-IB16D 面板

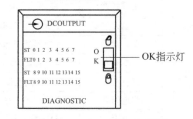

图 5-12　1756-OB16D 面板

---

❶　结合冗余模块故障处理方法检查。

DI 和 DO 模块的通用指示灯的状态说明和处理维护如表 5-5 和表 5-6 所示❶。

表 5-5　DI 模块指示灯状态说明

指示灯	显示状态	说明	处理措施
OK（正常）	绿色常亮	模块正常运行	
	绿色闪烁	模块已通过内部诊断,但是未多播输入或者已禁用	取消禁用连接或者建立连接以启用与模块的通信
	红色常亮	模块故障	更换模块
	红色闪烁	之前建立的通信已超时	检查控制器和框架的通信
ST（状态）	黄色常亮	输入已接通	—
FLT（故障）	红色常亮	输入发生故障	检查输入回路

表 5-6　DO 模块指示灯状态说明

指示灯	显示状态	说明	处理措施
OK（正常）	绿色常亮	模块正常运行	
	绿色闪烁	模块已通过内部诊断,但非主动控制或被禁用,或控制器处于程序模式	取消禁用连接,建立连接或将控制器切换为运行模式
	红色常亮	模块故障	更换模块
	红色闪烁	之前建立的通信已超时	检查控制器和框架的通信
ST（状态）	黄色常亮	通道有输出	—
FLT（故障）	红色常亮	输出发生故障	检查输出回路
DIAG（诊断）	红色常亮	输出发生故障	检查输出回路
	红色闪烁	输出正在监听对等输入并通过该输入确定输出点的状态	—
FUSE（熔断器）	红色常亮	该组中的某一点发生了短暂的过载故障	检查接线,同时检查 Studio5000 中"Module Properties"对话框并重置熔断器。

② 使用 Studio5000 组态编程诊断　在【I/O 组态】（I/O Configuration）中,右击怀疑故障的模块,在【连接】（Connection）选项页面中检查【模块故障】（Module Fault）内容,查看故障说明及故障代码,同时检查【模块信息】（Module Info）和【背板】（Back-plane）选项页面,综合判断确切的故障原因。

③ I/O 模块的常见故障和处理　模块的常见故障,包括模块的物理器件损坏、电子识别不匹配、通信连接错误（如所有者身份错误和模块被屏蔽）、通信网络错误、模块的某个点的故障等。

维护方法：组态检查（模块故障、错误代码、通信模式的选择等）、控制器与 I/O 模块通信、网络故障分析、模块故障通道的内部和外部检查、给框架重上电和更换故障模块。

（4）通信模块维护

通信模块使用较多的是 EtherNet/IP 以太网模块和 ControlNet 控制网模块,每种模块

---

❶　这里仅以 1756-IB16D 和 OB16D 模块为例,其他模块的指示灯状态和意义接近,详细信息请参考相应的手册。

又有多种型号，面板和指示灯略有差异。通信模块详细的组态和诊断可以借助 RSLinx 通信连接软件中的【模块组态】（Module Configuration）和【设备属性】（Device Properties）等进行在线诊断和分析。

① 以太网模块　单端口以太网模块的面板有一个显示屏和 LINK、NET、OK 等 3 个指示灯，如图 5-13 所示❶。LINK 灯指示模块当前通过 EtherNet/IP 网络发送数据的状态，NET 灯指示是否已建立 CIP 连接，而 OK 灯指示模块的当前工作状态。

滚动显示屏和 3 个状态指示灯的状态说明和处理维护分别如表 5-7 和表 5-8 所示。

表 5-7　以太网模块显示屏状态说明

模块状态	显示屏显示	说明
模块上电检测	TEST-PASS-OK-REV$x.x$	$x.x$ 是模块的固件版本
模块正常	模块状态显示器滚动显示模块 IP 地址	—
网络冲突	NET 灯红色常亮。显示冲突的 MAC 地址。滚动显示：OK<IP_address_of_this_module>Duplicate IP<Mac_address_of_duplicate_node_detected>	例如：OK10.88.60.196Duplicate IP-00：00：BC：02：34：B4
模块没有组态	OK 灯绿色闪烁。模块状态显示器滚动显示：BOOTP 或 DHCP<Mac_address_of_module>	例如：BOOTP00：0b：db：14：55：35

表 5-8　以太网模块指示灯状态说明

指示灯	显示状态	说明	处理措施
LINK （链路）	熄灭	模块没有得电或端口上无链路	确认模块已完全插入到框架背板中
			确保模块已组态
	绿色常亮/闪烁	端口有数据通信	—
NET （网络）	熄灭	模块没有得电或没有组态 IP 地址	确认模块已完全插入到框架和背中
			为模块分配一个 IP 地址
	绿色常亮	模块已至少建立 1 个 CIP 连接，且工作正常	—
	红色常亮	模块处于冲突模式。它与网络中的另一个设备共用一个 IP 地址	更改模块的 IP 地址
	绿色/红色闪烁	模块正在执行上电检测	—
OK （正常）	熄灭	模块没有得电	确认模块已完全插入到框架背板中
			确保模块已组态
	绿色常亮	模块正常工作。模块状态显示器滚动显示模块 IP 地址	—
	绿色闪烁	模块未组态	组态模块
	红色常亮	模块检测到不可恢复的严重故障	对模块循环上电。如果该操作不能清除故障，则更换模块
	红色闪烁	模块检测到可恢复的轻微故障	检查模块组态，重新组态模块

② 控制网模块　单端口控制网模块的面板有一个显示屏和 A、B、OK 等 3 个指示灯，

---

❶　以 1756-ENB 以太网模块为例。

如图 5-14 所示。A 和 B 灯指示模块 A 和 B 通道的状态，OK 灯指示模块的当前工作状态❶。

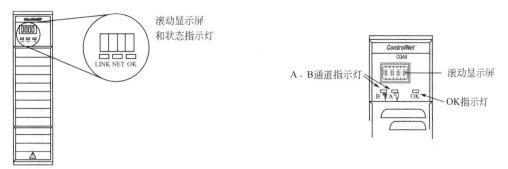

图 5-13　1756-ENB 面板　　　　　　　　图 5-14　1756-CN2 面板

　　滚动显示屏和 OK 状态指示灯的状态说明和处理维护如表 5-9 所示，A/B 状态灯的状态说明如表 5-10 和表 5-11 所示。

表 5-9　滚动显示屏和 OK 状态指示灯的状态说明和处理措施

OK 灯状态	显示屏	说明	处理措施
熄灭	无显示	模块没有得电或内部故障	检查电源和通信电缆连接
			确认模块已完全插入到框架背板中
			如无法修复，更换模块
红色常亮	Reset Complete-Change Switch Settings	模块网络地址设置为无效地址 00	拔出模块，设置有效的地址
	FAIL	模块上电测试失败	更换模块
	Backplane Init	冗余系统中等待冗余模块完成上电	—
	Stop Service Received	非冗余模块安装在冗余热备框架中。模块被冗余模块(RM2/RM/SRM)停止运行	从冗余热备框架中拔出模块，用冗余模块替换非冗余模块
		如果运行引导代码的 1756-CN2 或 1756-CN2R 模块安装到带 1756-SRM 或 1756-RM 模块的框架中，则可能发生这种情况 在增强型冗余系统中，1756-CN2/B 或 1756-CN2/C 模块与 1756-RM 或 1756-RM2 模块一起使用。它不能与 1756-SRM 一起使用	将模块插入不包含 1756-SRM、1756-RM 或 1756-RM2 模块的框架中，并用 ControlFlash 软件更新模块固件
红色闪烁	Image update Needed	需要设计映像	正在运行引导映像，并用 ControlFlash 软件更新模块固件
	DUPLICATE NODE DETECTED	模块网络地址与链路中的某个模块地址相同	拔出模块，设置唯一的地址
	Flash in Progress	正在进行固件升级	
		如果在升级过程中通信中断，即使模块无法完成升级也会一直显示这条消息	关闭模块电源，然后再执行升级
	TEST	模块正在上电测试	如果显示持续超过 45s，则测试失败，更换模块

---

❶　以 ControlNet 模块 1756-CN2 为例。

表 5-10　A/B 通道指示灯状态说明（一）

A 和 B 指示灯	说明	处理措施
熄灭	模块没有得电	检查电源
红色常亮	模块故障	循环上电或复位模块。如果故障仍然存在,更换模块
红/绿闪烁	正在自测试	—
红色闪烁	节点组态不正确	检查节点地址和其他组态参数

表 5-11　A/B 通道指示灯状态说明（二）

A 或 B 指示灯	说明	处理措施
熄灭	通道被禁用	如果需要,组态冗余网络
绿色常亮	模块工作正常	—
绿色闪烁	存在暂时性错误。模块进行自行校正	
	节点未组态为联机	确保组态管理器节点(Keeper)存在和运行,并且选择的地址不大于最大非规划节点地址(UMAX)
红色闪烁	介质存在故障	检查介质是否有断开、连接器松脱或丢失终端电阻等

③ 通信模块常见故障和处理　打开 RSLinx 通信连接软件,选择怀疑故障模块并右击【模块属性】,选择【模块组态】(Module Configuration) 和【设备属性】(Device Properties)等进行在线诊断和分析。

维护方法：分析通信模块的组态和错误代码检查故障,检查模块通信模式的选择是否正确,检查控制器与通信模块连接,检查网络故障,更换故障模块。

（5）冗余模块

① 状态显示屏　标准型冗余模块（1756-RM/A 和 1756-RM/B）和增强型冗余模块（1756-RM2/A）的面板类似,都有一个 4 位的状态显示屏和 3 个状态指示灯,如图 5-15 所示。状态显示屏滚动显示,提供很多状态信息,有助于模块的运行维护。增强型冗余模块RM2/A 常见的状态信息如表 5-12 所示❶。

图 5-15　1756-RM 和 1756-RM2/A 面板

表 5-12　1756-RM2/A 状态显示屏信息和说明

模块状态显示屏	说明
Txxx	冗余模块正在执行开机自检(xxx 代表测试识别号)
	等待自检完成
XFER	正在更新应用程序固件
	等待固件更新完成

---

❶　增强型冗余模块详细的状态信息和标准型模块的状态信息请参阅冗余模块用户手册。

模块状态显示屏	说明
ERAS	正在擦除当前的冗余模块固件
PROG	正在更新冗余模块固件
	等待固件更新完成
????	正在解析初始冗余模块状态
	等待状态解析完成
PRIM	主冗余模块
	模块作为主模块运行
DISQ	失去资格的从冗余模块
	检查从配对模块的类型和版本
QFNG	正在验证从冗余模块
	冗余系统状态
SYNC	失去资格的从冗余模块
	冗余系统状态
LKNG	正在锁定从冗余模块进行更新
LOCK	已锁定从冗余模块以进行更新
Exxx	发生严重故障(xxx代表错误或故障代码)

② OK 指示灯　标准冗余模块的指示灯为 PRI、COM 和 OK 灯,增强型冗余模块的指示灯为 CH2、CH1 和 OK 灯。其中,OK 指示灯的状态一样,对应两种模块的状态和处理处理措施如表 5-13 所示。

表 5-13　OK 状态指示灯说明和处理措施

OK 指示灯	1756-RM 说明和处理措施	1756-RM2 说明和处理措施
熄灭	冗余模块没有通电 —如有必要,接通电源	
红色常亮	冗余模块正在执行开机自检 —无需采取任何措施	
	冗余模块发生严重故障 —反复通电以清除故障。如果严重故障未清除,则更换模块	
红色闪烁	冗余模块正在更新其固件 —无需采取任何措施	冗余模块正在更新其固件 —无需采取任何措施
	冗余模块组态错误 —检查模块组态并纠正所有问题	冗余模块组态错误 —检查模块组态并纠正所有问题
	冗余模块发生严重故障 —反复通电以清除故障。如果严重故障未清除,则更换模块	冗余模块发生严重故障,使用冗余模块组态工具(RMCT)远程清除该故障
绿色常亮	冗余模块运行正常 —无需采取任何措施	
绿色闪烁	冗余模块运行正常,但无法与其他冗余模块通信 —如有必要,建立与其他冗余模块的通信	冗余模块运行正常,但无法与同一框架中的其他冗余模块通信 —如有必要,建立与其他冗余模块的通信

③ PRI 指示灯　1756-RM 标准冗余模块的 PRI 指示灯指示框架的主、从状态,主框架冗余模块上的 PRI 指示灯保持绿色常亮,从框架冗余模块上的 PRI 指示灯保持熄灭。

④ COM 指示灯　1756-RM 标准冗余模块 COM 指示灯指示冗余框架对中冗余模块之间

的通信活动。对应 COM 等状态和处理措施如表 5-14 所示。

表 5-14 COM 指示灯状态和处理措施

COM	说明和处理措施
熄灭	模块当前没有通电 —给模块通电
	冗余框架对中的冗余模块之间没有通信 —诊断冗余组态,查找没有通信的原因
红色＜1s	模块已启动,并且已建立配对通信 —无需采取任何措施
红色常亮	模块发生严重故障(通信) —反复通电以清除故障。如果严重故障未清除,则更换模块
绿色闪烁＞250ms	存在通信活动 —无需采取任何措施

⑤ CH1 和 CH2 指示灯　1756-RM/2 增强型冗余模块的 CH1、CH2 指示灯的状态说明和处理措施如表 5-15 所示。CH1 或 CH2 都可能出现间歇性绿色和绿色闪烁,但不会两个指示灯同时出现这些情况。

表 5-15 CH1/CH2 指示灯状态说明

CH1/CH2	说明
熄灭	未通电
	冗余模块严重故障
	NVS 更新❶
红色常亮	未插入收发器
	检测到收发器故障或失败
	检测到收发器的供应商识别不正确
间歇性红色	如果亮 1s 再熄灭,则表示通电
红色闪烁	冗余通道错误 未连接电缆
间歇性绿色	对于收到的每个信息包亮起 256ms,然后熄灭。存在活动的通信通道(用于配对 1756-RM2/A 模块间数据通信的通道)
绿色闪烁	表示此通道正用作备用,即可变成活动通道

⑥ 冗余模块常见故障和处理　当增强型冗余系统中发生错误或事件时,维护方法或处理措施如下。

a. 检查模块状态指示灯　当冗余系统发生错误或故障,检查冗余框架中控制器和冗余模块的状态指示灯,以确定引发错误或事件的模块。如果有任何模块的状态指示灯呈红色闪烁或长亮,可以检查状态显示屏或使用 Studio5000 和 RMCT 等软件来进一步诊断和确定原因。

b. 查看 Studio5000 软件中的诊断信息　打开 Studio5000 软件,在线连接冗余控制器,点击【控制器属性】(Controller Properties) 的【冗余】(Redundancy) 选项卡来检查❷。进

---

❶ 非挥发性存储更新,通常指 Flash 存储器更新。
❷ 可以在 Studio5000 软件界面的控制器面板点击【主控制器】(Primary) 或【从控制器】(Secondary) 快速查看故障信息。

一步点击【严重故障】（Major Faults）和【轻微故障】（Minor Faults）查看控制器故障的详细信息和故障代码。

c. 打开 RMCT 软件进一步检查状态和故障信息　如果配置了 RMCT，点击 RMCT 中的【同步】（Synchronization）和【同步状态】（Synchronization Status）选项卡，检查模块的同步状态。还可以进一步查看事件记录（RMCT Event Log），分析冗余系统的故障、错误、切换的原因。

d. 使用 RSLinx 查看网络状态　右击冗余模块查看模块的属性，包括模块信息（Module Info）、组态（Configuration）、同步（Synchronization）、同步状态（Synchronization Status）、事件记录（Event Log）、系统更新（System Update）和系统事件历史（System Event History）等 7 个选项页面。

在【模块信息】（Module Info）选项页面中显示模块的厂家、版本、系列号以及状态等相关状态，如图 5-16 所示。当冗余模块出现严重故障时不支持冗余。【用户定义标识】（User-Defined Identity）用来表明物理框架的位置和名称。点击【改变】（Change）可以修改标识，如 A 框架、B 框架等。

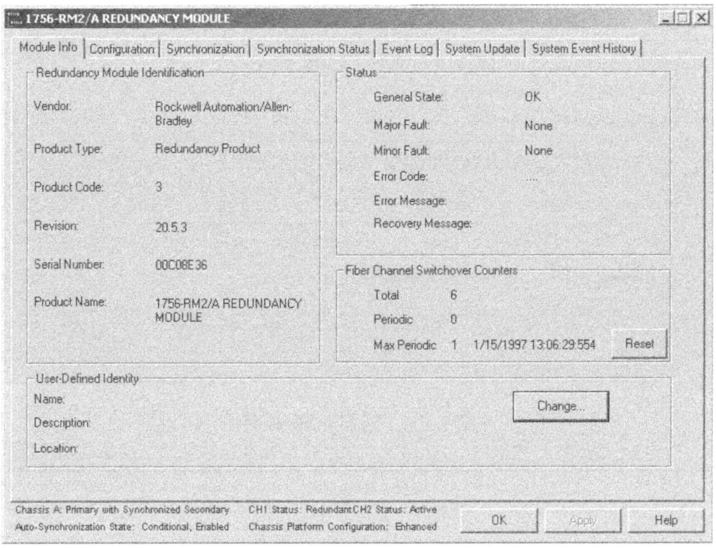

图 5-16　冗余模块信息选项页面

在【组态】（Configuration）选项页面中可以查看冗余模块的组态信息，如图 5-17 所示。在【自动同步】（Auto Synchronization）选项中有 3 个选项：从不（Never）、总是（Always）和有条件（Conditional）。冗余控制器时选总是同步。勾选【允许用户程序控制】（Enable User Program Control），冗余模块接收控制器通过 MSG 指令发送的所有命令，包括冗余切换。【框架标识】（Chassis ID）用来标识 RM 模块的所在框架的标识，即 A 框架或 B 框架。

在【同步】（Synchronization）选项页面中可以看到最近的同步情况，如图 5-18 所示。图中的同步全部成功。页面的 4 个冗余命令按钮说明如下：

【同步从站】（Synchronize Secondary）强制同步从站，在同步的状态下不可用；

【取消从站冗余资格】（Disqualify Secondary）使从站步丧失冗余资格，通常要把自动同步设为 Conditional；

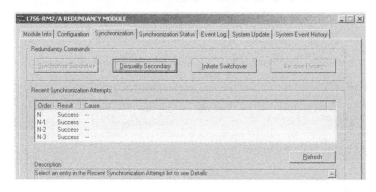

图 5-17　冗余模块组态选项页面

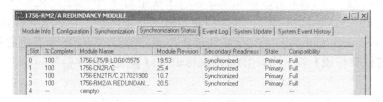

图 5-18　同步选项页面

【初始切换】（Initiate Swithover）启动冗余切换，实现主、从框架切换，常用来检查能否实现冗余切换；

【变为主站】（Become Primary）强制将本框架设为主站，通常为不可用。

在【同步状态】（Synchronization Status）选项页面显示主、从框架的同步状态，以及模块版本等，有助于模块的故障分析，如图 5-19 所示。

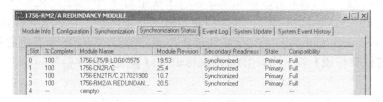

图 5-19　同步状态选项页面

在【事件记录】（Event Log）选项页面中可以看到所有曾经发生过的事件，包括时间、槽号、模块、事件说明等，对分析故障原因是非常有用的。还可以点击【导出全部】（Export All）按钮，把事件导出保存等，如图 5-20 所示。

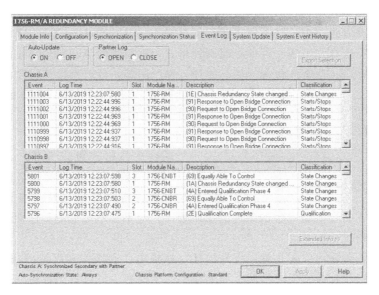

图 5-20　事件记录选项页面

e. 使用 RSNetWorx for ControlNet 查看 Con-
trolNet 网络状态，从【网络】（Network）菜单中
检查【保持器状态】（Keeper Status）来进一步分
析，如图 5-21 所示。显然，最小节点地址为 1 的设
备作为 Keeper，它的状态为活动的 Keeper，其余的
节点都是有效的节点。

经分析和处理措施后仍无法修复，更换模块。
如有必要，导出事件记录内容发给厂家协助进一步
分析，减少同类事情的发生。

如果是新上系统或更换冗余模块后出现的新问
题，还可通过 Studio5000 软件检查模块的主版本和

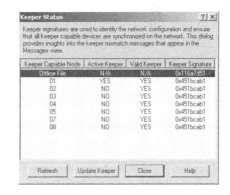

图 5-21　Keeper 状态

次版本的差异，并用固件刷新工具 ControlFLASH 进行刷新，使得冗余框架之间的模块版
本完全一致[1]。

5.4　系统软件维护

系统软件维护包括 Windows 平台维护、组态编程软件维护和应用程序维护等三大部分。
Windows 平台维护要关注系统密码更新、补丁和漏洞可能对系统的影响，及时更新经测试
过的防病毒软件病毒库。组态编程软件的维护要注意版本对模块功能的支持和固件（Firm-
ware）版本维护等。应用程序的维护有程序保存、备份、通道修改、参数设置、控制逻辑
修改等。

程序备份指应用程序开发阶段性完成后的复制，通常会在投用后或维护修改前、后
进行。

---

[1]　冗余模块的主版本有差异时，兼容性（Compatibility）项显示 Undefined；次版本有差异时显示 Incompatible。

（1）程序保存格式

在程序应用开发过程中，随时可以进行保存操作。在菜单中选【保存】（Save）或按工具栏中的图标进行保存。工程文件保存有两种格式，即后缀为 ACD 和 L5K 的文件，通常采用 ACD 格式保存。ACD 文件包含标签、注释、梯形图等，可以直接编辑和下载，占用存储空间较大。L5K 文件以 ASCII 码形式存储，用于导入/导出程序，不能编辑和下载，占用存储空间小。

图 5-22　文件格式转换

两种文件格式可以互换，通过【另存为】（Save as）转换为另一种文件格式保存，也可以把一种文件格式打开为另一种文件格式，如图 5-22 所示。此外，打印一份完整的最终的纸质程序，也是必不可少的程序保存方式。

（2）程序备份

定期备份应用程序可以防止程序意外损坏（如掉电、误操作和病毒破坏）和被修改等，当出现异常时可以快速恢复生产控制。如果程序很少改动，可以每年备份一次。如果经常需要修改参数，通常会在修改前先做备份，修改后再做一次备份。每次的修改都必须做好软件维护记录，如果有逻辑的变化，还需要对有关图纸等进行同步变更。备份文件要求用专用的移动介质如光盘、U 盘和移动硬盘等存储，不能备份在本机的硬盘中，防止硬盘损坏或病毒使备份文件受到破坏。

（3）固件版本维护

在系统扩容、采购备件、操作站 Windows 升级和软件升级时，都可能会需要固件版本刷新或升级。在刷新过程期中要严格按照步骤进行。如果刷新时出现框架断电或通信中断等情况，会导致模块固件版本刷新失败，模块有可能不能正常工作甚至损坏，因此，在刷新过程中要注意不能出现框架断电和通信中断等情况。固件版本刷新通常在停机维护期间进行，如果有条件，且需要频繁刷新的模块多，可以用配件搭建一个刷新和培训操作用的平台（如用一个 A4 框架、一个标准电源、一个以太网模块或一个控制器构成），进行独立的模块固件版本刷新工作。

【本章小结】

本章介绍了 ControlLogix 系统的安装、调试、硬件和软件维护等内容。

安装重点介绍了框架、电源、控制器、通信模块和 I/O 模块的安装，其他模块的安装类似。现场仪表的安装和机柜的信号连接可参阅有关的仪表施工安装规范。ControlLogix 系统与现场仪表的连接要根据现场应用情况安装中间部件，如隔离器、安全栅和继电器等。信号电缆要注意做好屏蔽连接和接地连接以提高系统的抗干扰能力。

系统调试的重点是联合现场仪表的控制系统回路调试。系统功能的测试通常在 FAT 中完成，以减少在联调过程中的工作量和差错。调试工作是对设计控制程序软件进行检查验收的过程，是系统应用开发中最复杂、技术要求最高、难度最大的一项工作。对有工艺包或专利商的控制功能测试，还要注意边界或接口信号的正确性，确保控制系统整体的控制功能的正确性和完整性。

系统的硬件和软件都是需要维护的。硬件维护有日常维护、定期维护和故障维护。故障维护中选了最常用的模块指示灯和处理维护做了表格化的说明，旨在学习快速定位故障点并进行维护处理。

　　工作中往往容易忽视软件的维护，如 Windows 平台的补丁、防病毒软件病毒库的升级和管理，以及模块固件版本维护等，从而引起系统不必要的波动，甚至停工。应用中要注意工控系统的网络安全问题。

【练习与思考题】

　　(1) 系统安装通常包括＿＿＿＿＿、＿＿＿＿＿和＿＿＿＿＿等工作。

　　(2) 系统调试包括＿＿＿＿＿、＿＿＿＿＿、＿＿＿＿＿、＿＿＿＿＿和＿＿＿＿＿等内容。

　　(3) 控制机柜现场就位安装时要确认哪些内容？

　　(4) 控制机柜上电调试的条件是什么？

　　(5) 系统上电后应检查哪些内容？

　　(6) 电源冗余功能应如何测试？

　　(7) 什么叫故障维护？故障维护通常有哪些方法？

　　(8) 系统硬件维护通常包括哪几种？每种维护有什么内容？

　　(9) 为什么要定期进行程序备份？如何备份？

　　(10) 系统软件维护包括哪些内容？

第

6

章

ControlLogix系统深入应用

前面几章介绍了 ControlLogix 系统的设计、安装组态、调试和运行维护等内容，只要能够熟练掌握并灵活运用，就能够满足工程应用和维护的基本要求。即使在工况或流程复杂得多的应用中，也可以利用这些基本思路、方法去分析和处理，最终实现有效的控制。然而，ControlLogix 系统的性能远不止这些，还有很多内容需要进一步地学习并应用发挥。因此，有必要对 ControlLogix 系统做更深入的了解。本章着重介绍 AOI、其他编程语言、设备阶段管理、人机界面和系统优化等内容。如果都能熟练掌握，就可以在各种复杂的、不同特性对象的工程应用中得心应手。

6.1 AOI 用户自定义指令

AOI（Add-On Instruction）是用户自己创建的指令，可以用系统的标准编程语言（如梯形图 LD、结构化文本 ST 和功能块图 FBD）来编写，有自己的输入输出参数。AOI 可以像例程一样被反复调用执行，也可以在多个项目中使用同一条 AOI。对有特殊要求的 AOI，可以进行加密保护以防止修改，有利于保护专利技术和知识产权等。以下通过创建一个故障安全型"三取二"联锁的 AOI 实例，来说明 AOI 的创建、参数设置、编程、调用和删除等过程。

6.1.1 创建 AOI

在项目文件夹中选择【用户自定义指令】（Add-On Instruction），右击【新 AOI】（New Add-On Instruction），弹出新 AOI 对话框，输入或选择名称、说明、编程语言类型、版本和供应商等内容，如图 6-1 所示。

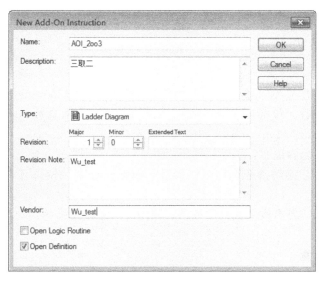

图 6-1　新建 AOI

图中，新创建的 AOI 名称为 AOI_2oo3[1]，使用 LD 作编程语言，版本为 1.0，开发者为 Wu_test[2]。对话页面下部还有两个可选项：【打开逻辑例程】（Open Logic Routine）和

---

❶　三取二即 2 out of 3，缩写为 2oo3。

❷　这些参数也是 AOI 指令的帮助中显示的内容。

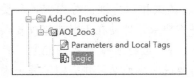

图 6-2　新建 AOI_2oo3 指令

【打开定义】（Open Definition），分别表示勾选时直接打开逻辑例程和直接打开定义，通常取默认勾选项。输入正确后，点击【确定】（OK），完成创建 AOI。这时在 AOI 文件夹下出现新建的 AOI 文件夹 AOI_2oo3 指令，包含有两个子目录项，即【参数和本地标签】（Parameters and Local Tags）和【逻辑】（Logic），如图 6-2 所示。

6.1.2　AOI 属性

AOI 属性中包括设置输入输出参数、本地标签和扫描方式等几项内容。设 AOI_2oo3 的逻辑如图 6-3 所示，用来判断三取二的状态[1]。如果任意两个输入故障（按故障位失电设置），则输出为 0。逻辑中还设置了一个中间变量来说明 AOI 参数属性[2]。

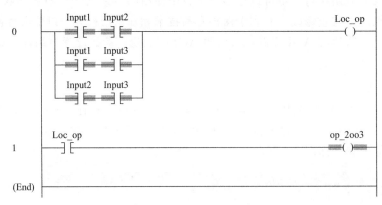

图 6-3　AOI_2oo3 逻辑

（1）参数设置

双击 AOI_2oo3 进入 AOI 指令定义页面[3]，选择【参数】（Parameter）选项页面，根据三取二的要求设置参数，包括设置 AOI 指令的所有输入/输出参数，不包括中间变量，即 Input1、Input2、Input3 和 op_2oo3，如图 6-4 所示。

图中的表格栏目内容说明：

【必须项】（Req）：表明指令调用时该参数需要创建标签。勾选【必须项】时自动勾选【可视项】。

【可视项】（Vis）：表明该参数只作显示，调用时不需创建标签。勾选【可视项】不会自动勾选【必须项】。

（2）本地标签设置

选择【本地标签】（Local Tags）选项页面进入本地标签设置，定义 AOI 指令的中间变量存储标签，这里是 Loc_op，如图 6-5 所示。

---

❶　实际的 AOI 应用逻辑应该会复杂得多，这里仅为了说明而已。

❷　就本例而言，中间变量可以省去。中间变量是 AOI 内部的变量，不需要与外部调用的输入/输出相连。

❸　也可以右击 AOI_2oo3，选择【打开定义】（Open Definition）或者选择【属性】（Properties）进入参数定义窗口。

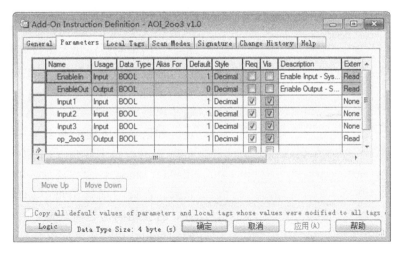

图 6-4 AOI 参数设置

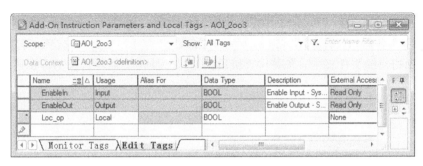

图 6-5 本地标签设置

6.1.3 AOI 应用

双击 AOI_2oo3 文件夹下的【逻辑】（Logic）子项，使用指定的编程语言完成逻辑编写、保存，AOI 指令就创建完成了。当 AOI 指令建立后，在指令栏中的 AOI 选项中就会出现新创建 AOI 的指令 AOI_2oo3，与其他系统指令一样可以直接调用，还可以使用导入/导出功能给其他的项目使用。如果需要，可以对指令加密保护或直接删除。

（1）AOI 程序调用

在 LD 例程中调用 AOI 指令的形式如图 6-6 所示。图中，LSLL01 为 AOI 类型，判断液位低低状态。3 个液位开关 LSLLA01/B/C 组成三取二回路，分别对应指令的 3 个输入参

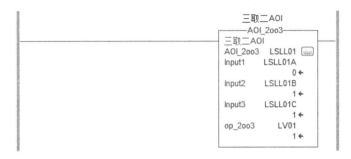

图 6-6 AOI 程序调用

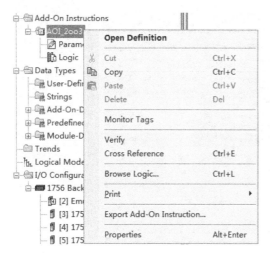

图 6-7　AOI 导出

数 Input1/2/3，输出对应 LV01，可以是判断的结果变量，也可以直接带动电磁阀工作。从图中的运行状态可以看出，LSLL01A这时为故障状态，LSLL01B/C 为正常状态，输出保持为正常状态，即输出为 1。中间变量不出现在指令中。

如果项目应用中有多个三取二判断，都可以调用，如 LSLL02、LSHH15 等。每调用 AOI_2oo3 一次，就做一次三取二判断。这样，在应用项目中可以创建多种 AOI 指令，省去相同的逻辑代码，有效提高程序代码的重用，提高系统的执行效率。

（2）AOI 导出/导入

在 AOI 文件夹中右击需要导出的 AOI指令，选择【导出 AOI】（Export Add-On Instruction），如图 6-7 所示。然后选择导出的 AOI 指令路径、名称和文件类型（通常为 * . L5K），点击【导出】（Export）按钮，AOI 指令就被导出到指定的文件夹中，如图 6-8 所示。导入的操作类似，这里不再赘述。

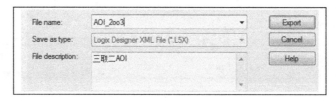

图 6-8　AOI 导出对话框

（3）加密 AOI

点击菜单栏的【工具】（Tools）下拉菜单中的【加密】（Security）选项，选择【组态源保护】（Configure Source Protection），如图 6-9 所示。选择需要加密的 AOI 程序 AOI_2oo3，点击【保护】（Protect）按钮，输入并确认密码，然后点击【确定】（OK），完成对 AOI_2oo3 的加密❶，如图 6-10 所示。

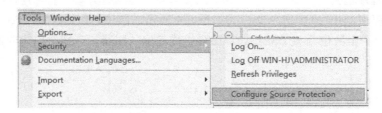

图 6-9　AOI 加密

加密后，AOI 文件夹下的 AOI_2oo3 的两个子项被隐藏，无法打开和编辑 AOI 指令中

---

❶　强烈建议在做加密操作时，先对原代码做好备份，以免操作失误时造成不必要困扰。可以先通过练习加密 AOI 指令来体会加密/解密的过程和效果。

的逻辑，起到了加密保护的作用。这时双击 AOI_2oo3 指令，就出现登录窗口，输入正确的用户名和密码后才能打开，如图 6-11 所示。

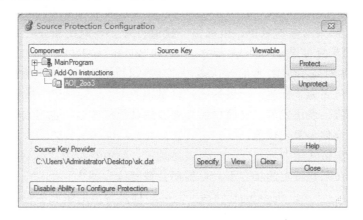

图 6-10　选择 AOI 加密路径

图 6-11　AOI 加密后状况

（4）删除 AOI

当不再需要某个 AOI 指令时，可以进行删除。右击 AOI 文件夹下想要删除的 AOI 指令，在弹出的窗口中选择【删除】（Delete）就可以删除。删除时建议把该 AOI 指令相关的标签都清理掉。

6.2　其他编程语言

Studio5000 组态编程软件除了支持梯形图（LD）编程语言外，还支持结构化文本（ST）、功能块图（FBD）和顺序功能图（SFC）等编程语言。掌握多种编程语言，组态编程时就更灵活，可以根据不同的对象编写不同语言的例程，还可以在 SFC 中嵌入 ST 编程等。

6.2.1　ST 编程语言

ST 是一种结构化文本编程语言，使用规定格式的语句来定义功能、功能块和程序执行的动作，还可以在顺序功能图中编写操作和转换条件等，适合有复杂运算应用的项目中使用。

ST 形式上与 C 语言和 PASCAL 语言类似，能够对变量赋值、调用功能块、实现条件和迭代等，可以在关键词与标签之间任何地方插入制表符（Tab）、换行符（Return 或 Enter）和注释，易阅读理解、易学和易用。熟悉计算机语言的工程技术人员比较喜欢使用。

（1）ST 的组成

ST 由赋值语句（Assignments）、表达式（Expression）、指令（Instruction）、结构（Construct）和注释（Comment）等 5 大部分组成。文本的书写不区分大小写。

① 赋值语句　用来给标签赋值，由标签、赋值符号、表达式和分号结束符号组成，有保持型和非保持型❶两种赋值格式。标签类型为 BOOL、SINT、INT、DINT 和 REAL 型❷，BOOL 型标签对应 BOOL 型的表达式，其余数据类型的标签对应数值型表达式。

保持型的语法格式为"标签：＝表达式；"，赋值符号为"：＝"。标签被赋值后会保持该值直到有新的赋值。表达式可以是简单的立即数或其他标签名，也可以包括多个运算符和函数。保持型赋值也称为常规赋值。

非保持型的语法格式为"标签［：＝］表达式；"，赋值符号为"［：＝］"。被赋值的标签值不是不变的，在某些特定的场合下，标签都会被复位为零❸。

语句 pre_val2：＝5.0；和 gain_1［：＝］3.85；都是合法的赋值语句。

② 表达式　可以是一个标签、等式或比较，包括标签名称（变量）、数字（立即值）、字符串字面值、函数和运算符等。表达式包括布尔表达式、算术表达式和字符串表达式三种。布尔表达式中还可以混合数值表达式，对于较复杂的表达式可以使用圆括号来组合多个表达式，这样既能提高整个表达式的可读性，又能确保表达式按照期望的顺序执行。

表达式中的逻辑运算有检查多个条件的与（AND、&）、或（OR）、异或（XOR）和非（NOT）运算，也有整数型数值内的按位与（AND、&）、或（OR）、异或（XOR）和取补（NOT）运算，数据类型通常为 DINT。如：

IF NOT pheye THEN…

IF pheye OR（temp＜100）THEN…

op：＝pheye1 & pheye2；

resu1：＝input1 AND input2❹；

算术运算包括加（＋）、减（－）、乘（*）、除（/）、指数（**）、取模（MOD）等，函数运算有三角函数（SIN、COS、TAN）、反三角函数（ASIN、ACOS、ATAN）、绝对值（ABS）、自然对数（LN）、常用对数（LOG）、角度转弧度（RAD）、弧度转角度（DEG）、平方根（SQRT）、截取（TRUNC）等 13 种，数据类型通常为 DINT 和 REAL 型。典型的算术运算表达式如：

gain2：＝gain4＋15；

alarm1：＝-high. alarm；

ovtravel_POS：＝ABS(ovtravel)；

posi1：＝adj1＋ABS((sen1＋sen2)/2)；

---

❶ 在很多英文版资料中，通常称为【不带括号的赋值操作符】（Non-bracketed assignment operator）和【带括号的赋值操作符】（Bracketed assignment operator）。

❷ 有的控制器（如 CompactLogix 5380、5480、ControlLogix 5580、GuardLogix 5580 等）还支持 STRING 型的标签，而 1756-L7X 控制器不支持。

❸ 每当控制器切换到运行模式，或在组态 SFC 为自动复位的情况下，离开 SFC 的程序步时，标签都会被复位为零。

❹ 从形式上看，这条指令与上一条指令是一样的，主要看标签的数据类型：如果是 BOOL 型，就是"逻辑与"操作；如果是整型，就是"按位与"操作。这在编程和维护时要留意。

关系运算有等于（＝）、小于（＜）、小于等于（＜＝）、大于（＞）、大于等于（＞＝）和不等于（＜＞）5 种，数据类型可以是 DINT、REAL 和 STRING 类型。关系运算中的字符串比较，如果其字符匹配，则字符串相等。字符区分大小写，如大写"A"（＄41）不等于小写"a"（＄61）。两个字符串按照字母顺序排序时，它们的大小由字符串的顺序决定，如 AB＜BA。

③ 指令　ST 有自己的指令系统，共有 28 类 161 条指令❶，如表 6-1 所示❷。

表 6-1　ST 指令表和功能简要说明

序号	指令类型	指令	简要说明	指令条数
1	报警指令	ALMD、ALMA	报警相关操作	2
2	高级数学指令	LN、LOG、XPY	对数、指数运算	3
3	数组(文件)/移位指令	—	不支持	
4	ASCII 转换指令	BPT、TPT、DTOS、STOD、RTOS、STOR、UPPER、LOWER	ASCII 字符、数据转换	8
5	ASCII 串口指令 ❸	AWT、AWA、ARD、ARL、ABL、ACB、AHL、ACL	读写 ASCII 字符	8
6	ASCII 字符串指令	FIND、INSERT、CONCAT、MID、DELETE	ASCII 字符串操作	5
7	位指令	OSRI、OSFI	位操作	2
8	比较指令	—	不支持	
9	计算/数学指令	SQRT、ABS	算术运算	2
10	数据记录指令	DLE、DLS、DLT	数据记录	3
11	调试指令	—	不支持	
12	驱动指令	PMUL、SCRV、PI、INTG、SOC、UPDN	驱动控制	6
13	设备阶段指令	PSC、PFL、PCMD、PCLF、PXRQ、PPD、PRNP、PATT、PDET、POVR	设备阶段操作	10
14	文件/杂项指令	COP、SRT、SIZE、CPS	文件复制、排序等	4
15	过滤器指令	HPF、LPF、NTCH、LDL2、DERV	过滤操作	5
16	循环/中止指令	—	不支持	
17	人机接口按钮控制指令	HMIBC	人机界面调试	1
18	输入/输出指令	MSG、GSV、SSV、IOT	特殊的输入/输出指令	4
19	数学转换指令	DEG、RAD、TRUNC	度、弧度等转换操作	3
20	金属成形指令		不支持	

---

❶　打开 Studio5000 的指令帮助，可看到与 LD 指令对应的 ST 指令。不是每条 LD 指令都有对应的 ST 指令，而且指令的缩写、形式和说明可能会有一些差异。

❷　以指令类型的英文字母顺序排列。

❸　对于没有串口的控制器,指令无效。

序号	指令类型	指令	简要说明	指令条数
21	运动组态指令	MAAT、MRAT、MAHD、MRHD	运动相关操作	4
22	运动事件指令	MAW、MDW、MAR、MDR、MAOC、MDOC		6
23	运动组指令	MGS、MGSD、MGSR、MGSP		4
24	运动传送指令	MAS、MAH、MAJ、MAN、MAG、MCD、MRP、MCCP、MCSV、MAPC、MATC、MDAC		12
25	运动状态指令	MSO、MSF、MASD、MASR、MDO、MDF、MDS、MAFR		8
26	传送/逻辑指令	MVMT、SWPB、BTDT、DFF、JKFF、SETD、RESD	传送操作和逻辑运算	7
27	多轴协调运动指令	MCS、MCLM、MCCM、MCCD、MCT、MCTP、MCSD、MCSR、MDCC	多轴运动相关操作	9
28	过程控制指令	ALM、SCL、PID、PIDE、RMPS、POSP、SRTP、LDLG、FGEN、TOT、DEDT、D2SD、D3SD、IMC、CC、MMC	过程控制	16
29	程序控制指令	JSR、RET、SBR、TND、UID、UIE、SFR、SFP、EOT、EVENT	跳转、子程序、返回等操作	10
30	安全指令	—	不支持	
31	选择/限制指令	ESEL、SSUM、SNEG、HLL、RLIM	选择或限制操作	5
32	顺序器指令	—	不支持	
33	顺序功能图指令	—	不支持	
34	特殊指令			
35	统计指令	MAVE、MSTD、M2MC、MAXC	统计操作	4
36	定时器/计数器指令	TONR、TOFR、RTOR、CTUD	时序控制	4
37	三角函数指令	SIN、COS、TAN、ASN、ACS、ATN	三角函数运算	6

ST 指令在每次被扫描时，如果条件为真，则执行结构中的文本指令。如果结构的条件为假，不会对结构内的语句进行扫描。与 LD、FBD 指令不同，没有触发执行的梯级条件或者状态转换。ST 指令在每次扫描到的时候执行，除非预先设置执行条件。如图 6-12 所示的 LD 中，ABL 指令当扫描到 tag_xic 从 0 到 1 跳变时执行，而当 tag_xic 保持为 1 或跳变为 0 时都不执行 ABL 指令。

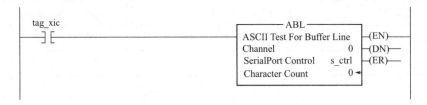

图 6-12　ABL 梯形图逻辑

如果把图 6-12 写成 ST 例程 1 所示，显然执行效果是不一样的，即每次扫描到 tag_xic 为 1 时就执行 ABL 指令，而不只在 tag_xic 从 0 跳变为 1 时执行。

【ST 例程 1】

```
IF tag_xic THEN ABL(0,s_ctrl);
END_IF;
```

如果要让 ABL 指令只在 tag_xic 从 0 跳变为 1 时执行，则必须限制 ST 指令的执行条件。使用上升沿一次触发指令来实现，如 ST 例程 2 所示。

【ST 例程 2】

```
osri_1.InputBit:= tag_xic;
OSRI(osri_1);
IF (osri_1.OutputBit) THEN
    ABL(0,s_ctrl);
END_IF;
```

④ 结构 ST 有 5 种结构，即 IF…THEN、CASE…OF、FOR…DO、WHILE…DO 和 REPEAT…UNTIL 等。结构可以单独使用，也可以嵌套到其他结构内。

a. IF…THEN 结构 如果满足指定的表达式条件，就执行相应的语句动作。它的完整语法形式和注释为：

```
IF 表达式1 THEN        //如果表达式1为真，执行 THEN 后的语句
    语句；
    ……
ELSIF 表达式2 THEN      //可选，如果表达式2为真，执行 THEN 后的语句
    语句；
    ……
ELSE                   //可选，如果表达式1和表达式2都为假，执行 ELSE 后的语句
    语句；
    ……
END_IF;
```

IF…THEN 结构的应用举例和注释如 ST 例程 3 和例程 4 所示。ST 例程 3 是最简单的 IF…THEN 语句，只有一个判断条件，ST 例程 4 有多个判断条件。

【ST 例程 3】

```
IF rejects>3 THEN      //如果废品数>3，则
    conveyor:=0;       //停止传送带
    alarm:=1;          //报警
END_IF;
```

【ST 例程 4】

```
IF tank.temp>200 THEN                              //如果罐温>200，则
    pump.fast:=1; pump.slow:=0; pump.off:=0;       //泵快转
ELSIF tank.temp>100 THEN                           //如果罐温>100，则
    pump.fast:=0; pump.slow:=1; pump.off:=0        //泵慢转
    ELSE
    pump.fast:=0; pump.slow:=0; pump.off:=1;       //否则，泵停止
END_IF;
```

b. CASE…OF 结构 根据数值表达式的值来选择要执行的语句。它的语法形式和注释为：

```
CASE 数值表达式 OF
    选择器 1：语句；              //当数值表达式的值=选择器1时执行语句
        ……
    选择器 2：语句；              //当数值表达式的值=选择器2时执行语句
        ……
    选择器 N：语句；              //当数值表达式的值=选择器N时执行语句
        ……
    ELSE                        //可选，数值表达式的值与选择器都不等时执行语句
    语句；
        ……
END_CASE；
```

数值表达式是一个标签。选择器是立即数，可以是一个值，也可以是多个不同的值。多个值时用逗号（,）分隔每个值。如果值是连续的范围，使用两个句点（..）来标识，还可以用用逗号和句点组合标识多个数值和范围。数值表达式的数据类型可以是整型和实型，如果是实型，选择器必须设定数值的范围。CASE…OF 结构的应用举例和注释如 ST 例程 5 所示。

【ST 例程 5】
```
CASE recipe_num OF
    1: ingr_A.out_1:=1;          //如果配方号=1，则成分A出口1开
       ingr_B.out_4:=1;          //成分B出口4开
    2,3:                         //如果配方号=2或3，则成分A出口4开
       ingr_A.out_4:=1;
       ingr_B.out_2:=1;          //成分B出口2开
    4..7:                        //如果配方号=4到7，
       ingr_A.out_4:=1;          //则成分A出口4开
       ingr_B.out_2:=1;          //成分B出口2开
    8,11..13:                    //如果配方号=8或11到13，
       ingr_A.out_1:=1;          //则成分A出口1开
       ingr_B.out_4:=1;          //成分B出口4开
    ELSE                         //否则，
       ingr_A.out_1[:=]0;        //成分A出口1和4关
       ingr_A.out_4[:=]0;
       ingr_B.out_2[:=]0;        //成分B出口2和4关
       ingr_B.out_4[:=]0;
END_CASE；
```

c. FOR…DO 结构　按指定的增量和次数循环执行结构内语句。它的语法形式和注释为：
```
FOR 计数值:=初始值 TO 结束值 BY 增量 DO
    语句；
        ……
    IF 布尔表达式 THEN      //可选，使用布尔表达式判断提前结束循环
        EXIT；
    END_IF；
END_FOR；
```

其中，BY 增量是可选的，如果不指定，则默认增量值为 1。FOR…DO 结构的应用举

例和注释如 ST 例程 6 所示，它将数组的值初始化为 0，即把布尔类型数组中 array_BL[0] 到 array_BL[31] 的初始值置为 0。

【ST 例程 6】

```
FOR subspt:=0 TO 31 BY 1 DO
    array_BL[subspt]:=0;
END_FOR;
```

d. WHILE…DO 结构　当指定条件为真时循环执行结构内语句。它的语法形式和注释为：

```
WHILE 布尔表达式 1 DO        //如果表达式 1 为真
    语句；                  //重复执行语句
    ……
    IF 布尔表达式 2 THEN    //可选，如果表达式 2 为真则退出循环
        EXIT
    END_IF;
END_WHILE;
```

WHILE…DO 结构是先判断循环条件，如果条件为真才进行循环。因此，循环中的语句可能从不执行。应用举例和注释如 ST 例程 7 所示。

【ST 例程 7】

```
pos:=1; sum1:=0;
WHILE pos<100 DO
    sum1:=sum1+pos;         //计算 1+3+5+…+99 的和，并存放在 sum1 标签中
    pos:=pos+2;
END_WHILE;
```

e. REPEAT…UNTIL 结构　循环执行结构内语句，直到指定的条件为真。它的语法形式和注释为：

```
REPEAT 语句；                  //开始重复执行语句
    ……
    IF 布尔表达式 2 THEN    //可选，如果表达式 2 为真则退出循环
        EXIT
    END_IF;
    UNTIL 布尔表达式 1        //如果表达式 1 为真则结束循环
END_REPEAT;
```

从 REPEAT…UNTIL 结构的执行可以看出，它是先执行结构的语句后才进行循环条件是否为真，因此，结构内的语句至少被执行一次。应用举例和注释如 ST 例程 8 所示。

【ST 例程 8】

```
pos:=1; sum1:=0;
REPEAT
    sum1:=sum1+pos;         //计算 1+3+5+…+99 的和，并存放在 sum1 标签中
    pos:=pos+2;
    UNTIL pos>100
END_REPEAT;
```

显然，例程 7 和例程 8 中 sum1 的结果应该是一致的。

⑤注释 在 ST 中加入的说明或解释，使得程序更容易解读。注释的符号有三种：双斜线、括弧加星号和斜线加星号。注释形式可以混合使用，在程序的开头、语句行的当中或结尾、段落之间等位置加入，注释不会影响 ST 的执行。

a. 双斜线 语法格式为"//"开始加上注释内容，可以在文本行的头部或尾部加注释。如：

```
//检查传送带是否运行——在文本开头注释
  IF NOT conveyor_RUN THEN
      light:=1;              //如果传送带不动，报警灯亮——在行尾注释
  END_IF;
```

b. 括弧加星号 语法格式为"（＊注释内容＊）"，可以在任意位置加注释，还可以跨行加注释。如：

```
      Sugar.Inlet[:=]1;    (*打开入口阀——在行尾加注释*)
      IF Sugar.Low  (*低位开关*) & Sugar.High (*高位开关——在行中加注释*) THEN
          pump1:=1;         (*控制循环泵转速，循环泵的转速取决于
                             罐的温度——跨行注释*)
      END_IF;
```

c. 斜线加星号 语法格式为"/＊注释内容＊/"，使用方法与括号加星号一样。如：

```
Sugar.Inlet:=0;     /*关闭入口阀*/
IF bar_code=65      /*代码 A*/   THEN
    SIZE(Invent,0,Invent_Items);   /*获取库存矩阵中的元素号，并把数值存储
                                    到标签 Invent_Items 中——跨行注释*/
END_IF;             //入口阀关闭后，把数据存储到指定的位置——混合注释形式
```

（2）ST 编程

这里采用 FOR…DO 结构来举例说明在 Studio5000 中的 ST 编程和应用。

① 启动 Studio5000 组态软件，打开项目 Wu _ test，在【任务】（Tasks）文件夹下，右击【主程序】（MainProgram），选择【增加】（Add）和【新例程】（New Routine），如图 6-13 所示。

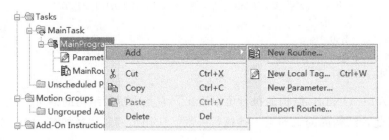

图 6-13 新增例程

② 在【新例程】（New Routine）对话框中输入例程名 ST_ex1，选择编程语言为 ST，然后点击【确认】（OK）按钮，如图 6-14 所示。这时，在【主程序】文件夹下出现新建的例程 ST_ex1。

③ 双击例程 ST_ex1，出现 ST 编程窗口，在编辑区域输入 ST 程序，加入必要的注释，如图 6-15 所示。ST 例程编辑操作与其他文本编辑器类似，操作简单、直观。

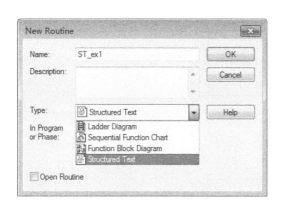

图 6-14　选择 ST 编程语言

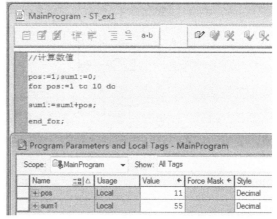

图 6-15　ST 例程运行

④ 保存例程，在【主例程】（MainRoutine）中调用 ST_ex1，下载到控制器并运行。这时打开【程序参数和本地标签】（Program Parameters and Local Tags）可以看到运行结果，即 POS 值为 11，sum1 值为 55。

（3）ST 应用要点

使用 ST 进行编程时还要注意以下几点。

① 标签在使用前先做定义。文本中可不分大小写，但可以用大小写来表示特定的意义，辅助注释，使 ST 例程更易读和易理解。当 ST 例程不能保存，或标签有下划波纹线，分别表明例程中有错误，或指示该标签还没有被创建。

② 结构中的专用词通常不能用作标签，如 EXIT、CASE、WHILE、REPEAT 等。

③ ST 指令和 LD 指令的形式和意义是有差异的，即使是类似作用功能的指令，也要注意执行上的变化和可能引起的执行结果不同。

④ 非保持型的赋值在控制器处于不同状态时可能会被清零等。

⑤ ST 的三种循环结构在编程时都要注意其循环结构不能过长或过于复杂，避免出现程序执行无限循环的情况。如果执行时间超出监视定时器的时间，就可能引发轻微/重大故障，从而使控制器异常或停机。

6.2.2　FBD 编程语言

FBD 编程语言是一种图形化的例程或子程序，由输入/输出参考、功能块、连线、输入/输出接线器等 6 个部分组成，每个功能块都有设置按钮进行功能组态，FBD 就是使用功能块的元素连接起来实现控制，适用于连续流程、驱动控制和回路控制等，具有结构清晰、数据流关系直观、便于监视和易学易懂等特点。FBD 例程如图 6-16 所示。

（1）FBD 例程的组成

① 输入参考（IREF）　接收输入设备或标签提供的值，通过连线给各种功能块指令提供输入数据。

② 输出参考（OREF）　将前一个连接块的数值发送到输出设备或标签上。

③ 功能块（FB）　也称为功能块指令，对一个或多个输入值执行功能块指令，并生成一个或多个输出值。

④ 连线　连接输入/输出参考、功能块等，表示数据流的方向和例程执行的顺序，还可

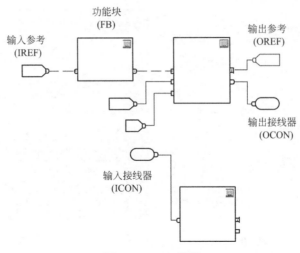

图 6-16　FBD 例程

以用作反馈连线。其中实线表示 SINT、INT、DINT 或 REAL 型数据，虚线表示 BOOL 型数据 0 或 1。

⑤ 输入/输出接线器　当功能块在例程表单内相隔距离较远或在不同的例程表单上时，使用输入/输出接线器进行连接，实现各功能块之间数据传送。每个输出接线器（OCON）有唯一的名字，且至少有一个相同名字的输入接线器（ICON）。多个 ICON 可以对应同一个 OCON。

IREF 会锁存接收的数据，控制器在每次扫描 FBD 例程开始时更新所有 IREF 数据。如果标签值在例程执行过程期间发生变化，那么在例程下次开始执行之后，IREF 中的存储值才会发生变化。当同一例程中多个 IREF 和 OREF 中使用同一个标签时，由于每次扫描例程时 IREF 中的标签值都被锁存，因此，所有的 IREF 都将使用相同的值，而不管在例程的执行过程中 OREF 得到的标签值已经发生了变化。图 6-17 是一个数据锁存例程。

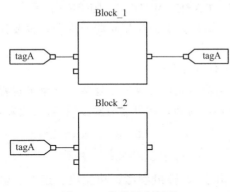

图 6-17　数据锁存例程

设例程开始执行时 tagA 的值是 25.00，Block_1 指令将 IREF 的值（tagA）乘以 2，然后将结果保存在 OREF（tagA）中。例程开始执行时，tagA 被锁存，在同一个扫描周期内，执行 Block_1 后的 tagA 值不会马上影响 Block_2，即 Block_2 的 IREF 仍是原 tagA 的值 25.00 而不是 50.00。在下次扫描开始后，两个 FBD 指令的 IREF 才会使用 tagA 的新值 50.00。

（2）执行顺序

FBD 例程是存放在表单中的，一个例程可以含有多个表单。为了更好地组织功能块和各种控制功能，可以把一个功能或一台设备的控制放在一个表单中。例程执行时，所有的表单都会被执行。

功能块的执行顺序是通过连线来定义的，而与功能块放在表单的具体位置无关。如果功能块之间没有连线连接，就没有数据流，也就没有顺序关系。如果功能块之间有连线连接，执行的顺序就从输入到输出方向执行。在有多个功能块的回路中，如果有跨功能块的反馈线，就应使用【假设数据可用】（Assume Data Available）指示符来指出数据流的方向。图6-18 是一个带反馈的 FBD。执行的顺序为块 1→块 3→块 2，然后反馈到块 1。

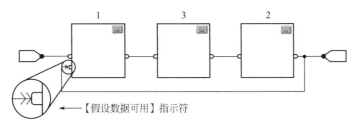

图 6-18　执行顺序示意图

（3）FBD 指令

与 LD 逻辑一样，FBD 也有自己的指令系统，共有 16 类 93 条指令❶，如表 6-2 所示❷。此外，ControlLogix 系统的 FBD 还有支持程序/操作者同时控制的指令，如增强选择（ESEL）、累积（TOT）和增强型 PID（PIDE）等。这些指令可以同时由应用程序和操作者接口设备控制。

表 6-2　FBD 指令和功能简要说明

序号	指令类型	FBD 指令	简要说明	指令条数
1	报警指令	ALMD、ALMA	报警相关操作	2
2	高级数学指令	LN、LOG、XPY	对数、指数运算	3
3	数组(文件)/移位指令	—	不支持	
4	ASCII 转换指令	—		
5	ASCII 串口指令❸	—	不支持	
6	ASCII 字符串指令	—		
7	位指令	OSRI、OSFI	位操作	
8	比较指令	LIM、MEQ、EQU、NEQ 、LES、GRT、LEQ、GEQ	比较、判断操作	8
9	计算/数学指令	ADD、SUB、MUL、DIV、MOD、SQR、NEG、ABS	算术运算	8
10	数据记录指令	—	不支持	
11	调试指令	—	不支持	
12	驱动指令	PMUL、SCRV、PI、INTG、SOC、UPDN	驱动控制	6
13	设备阶段指令	—	不支持	
14	文件/杂项指令	—	不支持	
15	过滤器指令	HPF、LPF、NTCH、LDL2、DERV	过滤器	5

---

❶　打开 Studio5000 的指令帮助，可看到与 LD 指令对应的 FBD 指令。不是每条 LD 指令都有对应的 FBD 指令，而且指令的缩写、形式和说明可能会有一些差异。

❷　以指令类型的英文字母顺序排列。

❸　对于没有串口的控制器，指令无效。

序号	指令类型	FBD 指令	简要说明	指令条数
16	循环/中止指令	—	不支持	
17	人机接口按钮控制指令	HMIBC	人机界面调试	1
18	输入/输出指令	—	不支持	
19	数学转换指令	DEG、RAD、TOD、FRD、TRN	度、弧度等转换操作	5
20	金属成形指令	—	不支持	
21	运动组态指令	—		
22	运动事件指令	—		
23	运动组指令	—	不支持	
24	运动传送指令	—		
25	运动状态指令	—		
26	传送/逻辑指令	MVMT、AND、OR、XOR、NOT、BTDT、BAND、BOR、BXOR、BNOT、OFF、JKFF、SETD、RESD	传送操作和逻辑运算	14
27	多轴协调运动指令	—	不支持	
28	过程控制指令	ALM、SCL、PIDE、RMPS、POSP、SRTP、LDLG、FGEN、TOT、DEDT、D2SD、D3SD、IMC、CC、MMC	过程控制	15
29	程序控制指令	JSR、SBR、RET	跳转、子程序、返回	3
30	安全指令	—	不支持	
31	选择/限制指令	SEL、 ESEL、 SSUM、 SNEG、 MUX、HLL、RLIM	选择/限制	7
32	顺序器指令	—	不支持	
33	顺序功能图指令	—	不支持	
34	特殊指令	—	不支持	
35	统计指令	MAVE、MSTD、MINC、MAXC	统计	4
36	定时器/计数器指令	TONR、TOFR、RTOR、CTUD	时序控制	6
37	三角函数指令	SIN、COS、TAN、ASN、ACS、ATN	三角函数运算	6

（4）FBD 编程

这里通过一个算术运算和一个模拟量报警来举例说明在 Studio5000 中的 FBD 编程和应用。

【FBD 例程 1】用 FBD 编程实现数值计算 $V4 = (V1 + 2.0) * V3$。

① 启动 Studio5000 组态软件，打开项目 Wu_test，在【任务】（Tasks）文件夹下，右击【主程序】（MainProgram），选择【增加】（Add）和【新例程】（New Routine）。在【新例程】对话框中输入例程名 FBD_EX2，选择编程语言为 FBD，然后点击【确认】（OK）按钮，如图 6-19 所示。

② 在【主程序】（MainProgram）文件夹下出现新建的例程 FBD_EX2，如图 6-20 所示。

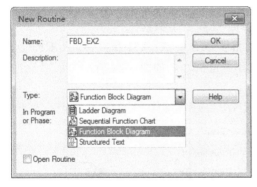

图 6-19　创建 FBD 例程

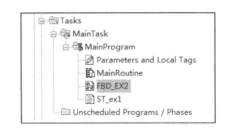

图 6-20　创建的 FBD 例程

③ 双击例程 FBD_EX2，出现 FBD 编程窗口。指令栏为 FBD 指令类型，前面 5 个图标固定是 FBD 组成块图标，接着是功能块的选择指令。编辑区域是一张表单（Sheet），通过拖拉工具栏的图标到表单中，分别增加 IREF、OREF 和 ADD、MUL 指令块，如图 6-21所示。

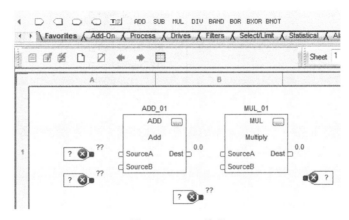

图 6-21　FBD 编程

④ 双击 IREF 输入参考中的问号（?）创建标签（或输入实际值），双问号（??）处会显示标签的值。点击连接针脚建立连线，选择合适的绿圆点进行连接。指令块编号可以采用默认值，也可以根据需要进行定义。

⑤ 保存例程，在【主程序】（MainRoutine）中调用 FBD_EX2，下载到控制器并运行。输入 V1 为 5.0，V3 为 6.0，计算出 V4 等于 42.0，如图 6-22 所示。

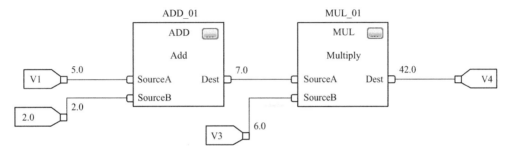

图 6-22　一个混合计算的 FBD 例程

【FBD 例程 2】一个过程参数的报警处理。

可以在图 6-22 原表单中进行，也可以新建表单如 Sheet2 中编程。

① 创建信号源 IREF、比例转换指令块 SCL、报警指令块 ALAM 和报警点 OREF，有 HH 报警、H 报警、LL 报警和 L 报警四点，都是开关量信号，如图 6-23 所示。

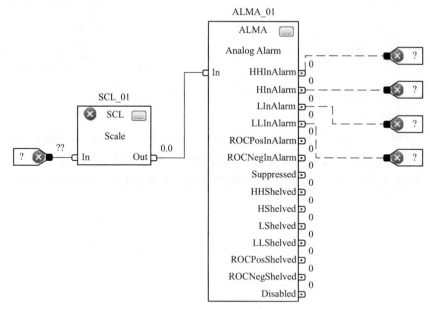

图 6-23 报警 FBD 例程

② 连线后点击 SCL 指令块中右上角的组态属性按钮，出现指令的属性窗口，如图 6-24 所示。设置量程和工程单位转换。这里把 0～100.0 转换为 4.0～20.0。实际应用时根据需要制定工程单位。勾选【参数】(Parameters) 选项页面中的显示 (Vis) 选项，可以显示功能块对应的引脚。

	Vis	Name	Value	Type	Description
I		EnableIn	1	BOOL	Enable Input. If False, th...
I	✓	In	0.0	REAL	The analog signal input to...
I*		InRawMax	100.0	REAL	The maximum value attain...
I		InRawMin	0.0	REAL	The minimum value attain...
I*		InEUMax	20.0	REAL	The maximum scaled valu...
I*		InEUMin	04.0	REAL	The minimum scaled valu...
I		Limiting	0	BOOL	Limiting selector. If TRUE,...
O		EnableOut	0	BOOL	Enable Output.
O	✓	Out	0.0	REAL	This is the output of the S...
O		MaxAlarm	0	BOOL	The above maximum inpu...
O		MinAlarm	0	BOOL	The below minimum input ...
O		Status	16#0000_0000	DINT	Bit mapped status of the f...
O		InstructFault	0	BOOL	Instruction generated a fault
O		InRawRangeInv	0	BOOL	InRawMin <= InRawMax

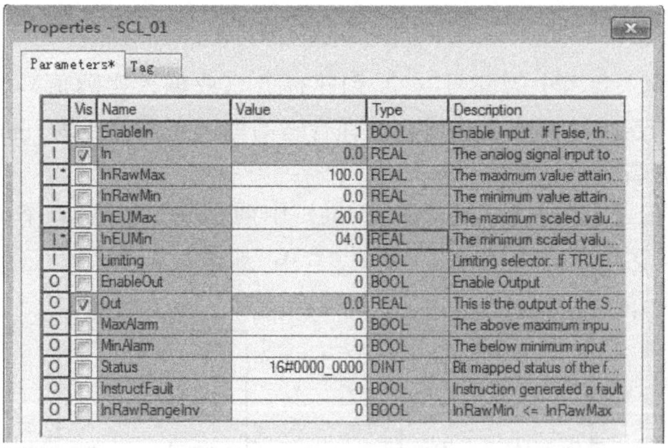

图 6-24 量程转换属性设置

③ 点击报警指令块右上角的组态属性按钮，进入【ALMA 属性】(ALMA Properties) 窗口组态报警值，即 HH：18.0，H：16.0，L：6.0 和 LL：4.0。保存例程，下载到控制器并运行。当输入 V4 为 98.0，经过比例转换后为 19.36，达到 H 和 HH 报警，对应的报

警点 V4_H 和 V4_HH 输出为 1，如图 6-25 所示。

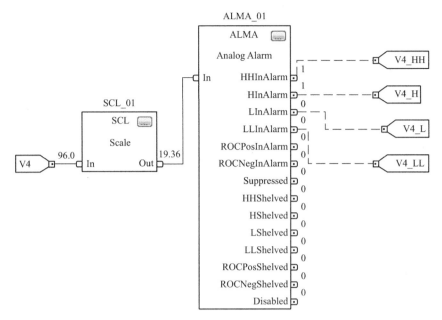

图 6-25　报警 FBD 例程输出

④ 可以给每个 FBD 元素创建文本框进行各种注释或说明。点击指令栏中的文本框图标
（　），在 FBD 编辑页面中拖动到需要注释的地方，双击文本框，输入需要的文本注释，
然后按【Ctrl＋Enter】完成编辑。点击文本框中的针形符号，再点击对应的元素，有个小
绿色点表明是有效的连接。

FBD 编程时要定时点击工具栏的【校验】（Verify）按钮（　），及时发现和修改例程
中的错误。同时，要注意功能块的执行顺序，当有反馈回路或两个块之间有两条及以上的连
线时，要有确定的执行顺序。FBD 综合应用的难点在于：除了常规的指令操作外，还引入
了多条针对过程控制的高级指令，如位置比例（POSP）、分程时间比例（SRTP）、内模控
制（IMC）、协调控制（CC）以及模块化多变量控制（MMC）等。这些指令功能强大、引
脚多，控制模型复杂，而且与被控对象结合紧密，数据关联多而不容易掌握。

6.2.3　SFC 编程语言

SFC 是一种结构化和图形化的例程或子程序，由步（Step）、转换条件（Transition）和
动作（Action）组成。步是 SFC 的执行部分，每一步对应一个控制任务，包含所有实现控
制的程序代码。转换条件是一个逻辑判断或一段程序，决定步的执行状态。当一个步被激活
后就进入执行状态，每执行一次，就检查转换条件，如果转换条件不成立，反复扫描执行。
当转换条件成立，转入执行下一步，直到整个 SFC 执行完成。

（1）SFC 程序结构

SFC 例程的结构方式包括顺序、选择分支、并行分支和循环结构等 4 种结构方式，代
表步与步之间的执行关系。SFC 按照指定的结构方式执行，可以有效地减少控制器的扫描
时间。ControlLogix 控制器继承并扩展了 PLC-5 处理器的 SFC 功能，使 SFC 组态更方便，
功能更齐全，控制效率更高。

① 顺序结构　指一个单序列的步按照顺序连接的结构，每个步后只有一个转换条件，

每个转换条件后也仅有一个步，条件满足的步被激活开始执行，执行结束后检查转换条件。如果条件成立则执行下一步，如果条件不满足就继续重复执行本步，如图 6-26 所示。

　　图中，矩形框表示步，框中数字表示步号。连线表示转入的下一步，短横线表示转换条件。例程从步 0 开始，当转换条件 1 满足时执行步 10，到转换条件 2 满足时执行步 2，依次执行直到程序结束。

　　② 选择分支结构　选择分支结构包含 2 个或以上可能被执行的分支路径，相当于有 2 个或以上顺序结构的选择关系结构，如图 6-27 所示。图中，控制器执行完步 3 后进入选择分支，默认从左到右检查每条分支的转换条件 10、12、11，如果有转换条件为真（如 12），程序就选择执行该条分支的步（步 7）。如果有多个转换条件同时为真（如 10 和 11），程序默认就会执行左边的步（步 2、6）直到结束。

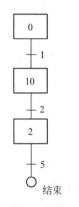

图 6-26　顺序结构示意图

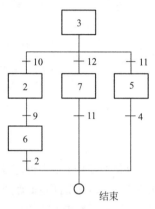

图 6-27　选择分支示意图

　　③ 并行分支结构　并行分支结构包含两个或以上同时执行的分支，如图 6-28 所示。图中，控制器执行完步 5 后进入并行分支，从左到右、从上到下执行步 10 和 8、步 13 和 11 以及步 14。如果转换条件不满足就跳过，直到所有分支的步都执行完一遍才结束并行分支并转入到下一步。分支中的小矩形称为分支的"虚步"，表示各个并行分支结束。由于控制器的扫描速度快，好像控制器在同一时刻同时执行每条分支路径一样。

　　④ 循环结构　循环结构指有返回重复执行前面步的结构，如图 6-29 所示。图中，当步 2 执行完后进入选择分支，当转换条件 14 为真则返回循环执行步 10 和步 2。当转换条件 5

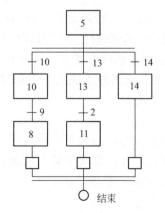

图 6-28　并行分支示意图

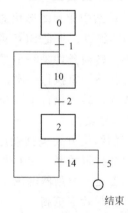

图 6-29　循环结构示意图

为真时程序结束。使用循环结构时要注意，返回线不能连接到并行分支结构的中间，或从并行分支中引出。

不论 SFC 采用哪种结构，都应该有初始步指示程序的开始。步动作有两种类型，即布尔型和非布尔型。布尔型动作仅在调用步的某个状态位编程时使用；直接执行 SFC 中的 ST、调用子例程和使用自动复位在离开步时重置数据等操作，都使用非布尔型动作。

(2) SFC 编程

以下通过建立循环结构和分支结构图来说明在 Studio5000 中的 SFC 编程要点。在图 6-29 SFC 图中，步 0 为初始步，步 10 和步 2 有相应的动作。当转换条件 5 为真时，SFC 例程结束。

① 在【主程序】（MainProgram）下创建 SFC 例程❶ SFC_Ex3，编程语言为 SFC。然后双击例程 SFC_Ex3 进入编辑画面，编辑区域是网格化的，横向为字母顺序，纵向为数字顺序。在指令选项栏中显示步编程选项，它的符号和功能说明如图 6-30 所示❷，直观明了。

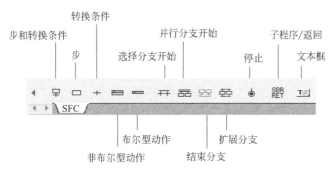

图 6-30　SFC 编程选项栏符号和功能说明

② 编辑 SFC 例程

a. 点击选项栏❸中的【步和转换条件】符号（몬），拖拉到编辑页面中作起始步 0 和转换条件。

b. 点击（몬）作步 10 和转换条件。点击步 10 上的连接点，将出现绿圆点，表示可以连接，把连接点连起来。然后点击【步】符号（□），拖拉到画面中，放在步 10 转换条件的下连接点上，作为步 2。

c. 步 2 后是一个选择分支，点击【选择分支开始】符号（开），拖拉到步 2 的下连接点上。在选择分支下，分别连上转换条件，在左侧转换条件的连接点做循环连线到步 10 的上连接点，在右侧的转换条件下连接【停止步】符号（◉）结束子程序。

d. 逐一双击每个步和转换条件，按照要求分别给步和转换条件编号❹，如图 6-31 所示。同理编辑选择分支例程。

a. 点击【步和转换条件】符号（몬），拖拉到编辑页面作起始步 3，删除起始步的转换

---

❶　在任一程序下都可以创建 SFC 例程。

❷　选项符号黑色表示在当前状态下可用，变灰色时表示不可用。

❸　也可以在编辑区域内右击，选择【增加 SFC 元素】（Add SFC Element），可以在窗口中选择工具栏中的所有功能。

❹　SFC 例程中，操作时每创建 1 个步或转换条件或动作，系统都会自动产生默认的 1 个结构标签或 BOOL 量标签。

条件❶。

b. 点击【选择分支开始】符号（干干），拖拉到步 3 下，再点击【扩展分支】符号（吕吕），增加一个连接点。

c. 给每个分支添加步和转换条件。在第一个选择分支下增加一个步和转换条件，点击第一个转换条件，然后按住 Shift 键或 Ctrl 键选择其余的转换条件❷，这时【结束分支】符号（吕吕）可用，点击【结束分支】符号就可以结束分支，如图 6-32 所示。

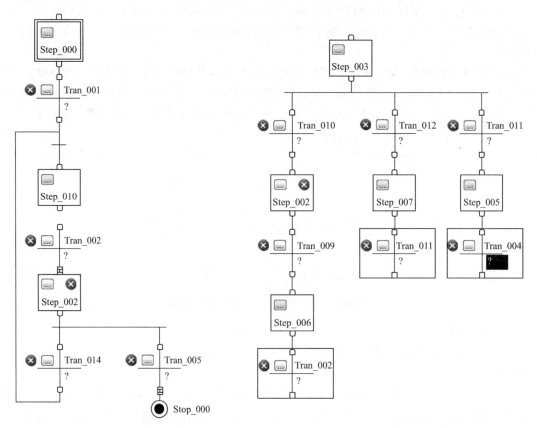

图 6-31　SFC 循环结构编程　　　　　　图 6-32　SFC 选择分支编程

③ 转换条件组态　双击转换条件的问号（?），出现一个小编辑窗，在窗内右击，在出现的窗口中选择【新标签】（New Tag）❸，如图 6-33 所示。建立新标签 Cond7 并定义确认完成，即当 cond7 为 1 时，步 0 转换到步 10 执行。如果组态正确，则转换条件的红色叉号消失。

④ 步组态　右击步 10，在弹出窗口中选择【增加动作】（Add Action），如图 6-34 所示。在步的编辑窗口中输入调用子例程指令 JSR，子例程为 Sub_r1，动作限定符取默认值："N"，如图 6-35 所示。如果一个步有多个动作，通常按动作的列出顺序执行，按住动作上下拖动可以改变步执行顺序。也可以点击步的属性中调整步的执行顺序。

---

❶　选择分支自带有转换条件。

❷　也可以用鼠标同时选择（框住）3 个转换条件。当步的转换条件对齐时常用这种操作。

❸　也可以选择浏览标签，在已定义好的标签中选择标签。

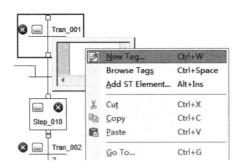

图 6-33　组态转换条件

图 6-34　增加步

图 6-35　组态步动作

⑤ 调整选择分支执行顺序　在图 6-32 选择分支中，默认执行顺序是从左到右，即转换条件 Tran_10、12、11。如果需要可以做调整。右击选择分支，在弹出框中点击【设置顺序优先】（Set Sequence Priorities），出现调整窗口如图 6-36 所示。取消默认勾选顺序，选中转换条件，点击【移动】（Move）的向上或向下按钮调整。这里把 Tran_11 提到 Tran_12 之前，调整后的选择分支上出现代表执行顺序的数字，如图 6-37 所示。

图 6-36　设置优先顺序

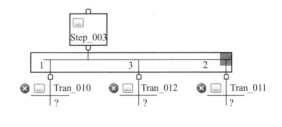

图 6-37　调整后的执行顺序

（3）SFC 应用要点

① SFC 一般不用作主程序。使用 SFC 时自身无法停止 SFC 例程，而 LD 指令 SFR 和 SFP 可以随时停止 SFC 例程，并且可以把程序复位 SFC 到任意步。

② SFC 有两种方法调用其他子例程，一是在转换条件处调用，二是通过动作来调用。当在转换条件中调用子例程时，要在子例程的最后增加一条 EOT 指令来结束转换条件。

③ 对于选择分支，可以通过修改优先级来改变默认的执行顺序。

④ 使用强制步时要注意步中例程的状态，可能会出现不确定的情况。

⑤ 限定符的使用。每个动作都有一个限定符，用来确定动作在什么条件下执行或停止。

系统默认情况下，大多数动作不会因为该步已执行完而自动复位。动作的限定符使用如表6-3所示。

表 6-3　限定符使用

如果希望动作	并且	则限定符为	表示意义为
步激活时执行	步取消时停止	N	不存储
	仅执行一次	P1	脉冲（上升沿）
	在步取消前或当步取消时停止	L	时间限制
	保持激活直到一个复位动作关闭该动作	S	存储
	保持激活直到一个复位动作关闭该动作或保持激活在指定的时间内，即使步取消	SL	存储和时间限制
步激活并保持激活后执行指定的时间	步取消时停止	D	时间延迟
	保持激活直到一个复位动作关闭该动作	DS	延迟和存储
步激活后执行指定的时间，即使步在这段时间前取消	保持激活直到一个复位动作关闭该动作	SD	存储和时间延迟
当步激活时执行一次	当步取消时执行一次	P	脉冲
当步取消时执行	仅执行一次	P0	脉冲（下降沿）
关闭（复位）存储的动作 ①S 存储 ②SL 存储和时间限制 ③DS 延迟和存储 ④SD 存储和时间延迟	---------▶	R	复位

6.3　设备阶段管理

在项目应用中，当生产工艺的环节中有一些完全相同的工艺、运行状态和阶段，只是设备、材料配方或运行参数等不同，这时就可以采用设备阶段❶（Equipment Phase）来处理。它采用与 S88 和 PackML 模型类似的编程方法进行编程，常用的编程语言为 LD 和 ST。每个设备阶段控制设备的一个活动，并通过定义指示设备执行什么活动以及何时执行该活动来实现控制。ControlLogix 控制器内有专门针对设备阶段的嵌入式状态机器（程序），可以大幅简化状态模型的使用。

6.3.1　状态模型

一个设备阶段控制着设备的一个活动，状态模型将设备的该项活动划分为一组具有特定转换顺序的状态，每个状态都是设备操作中的一个临时状态（瞬态），是设备在给定时刻的动作或状况。在模型中，可以定义设备在不同条件下的动作，如运行、保持或停止等。状态模型结构如图 6-38 所示。

（1）状态模型结构

设备阶段共定义了 11 个状态，方框内有 6 个，方框外有 5 个。状态用小方框表示，状态之间用箭头表示转换，指向转换进入的下一个状态，箭头上的文字表示命令，没有命令表示已完成（Done）。

---

❶　也称为设备相位。

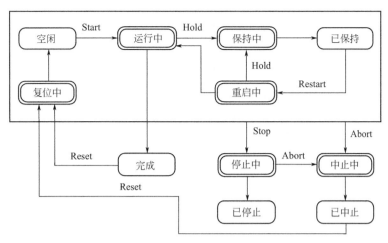

图 6-38　状态模型结构

设备状态有两种类型，即动作和等待。动作指在某段时间内或特定条件满足之前执行某个动作或某些动作，一个动作状态可以运行一次或多次。动作在模型图中用双线框或粗线框表示。等待表明已满足特定条件，设备正在等待信号以进入下一个状态，等待在模型图中用单线框或细线表示。

状态的功能说明如下：

【空闲】（Idle）　设备已准备好，可以马上运行，等待进入运行的条件；

【运行中】（Running）　设备正在运行；

【保持中】（Holding）　设备临时停止，可以恢复或转到故障处理；

【已保持】（Held）　设备已暂停，可以进入重启状态；

【复位中】（Resetting）　设备正在复位，作运行准备；

【重启中】（Restarting）　设备经过暂停处理，正在重启过程中；

【完成】（Complete）　设备已完成当前过程，等待进入下一轮工作开始；

【停止中】（Stopping）　设备正在停止过程；

【中止中】（Aborting）　发生故障，正在中止过程；

【已停止】（Stopped）　设备已停止；

【已中止】（Aborted）　设备已中止。

（2）状态转换

状态模型中状态之间的箭头指示设备从当前所处状态能进入另一个状态。每个箭头称为一次转换。状态模型使设备只能执行特定的转换，这样，使用相同模型的设备就会具有相同的行为。设备可以从方框内的任何状态直接进入方框外的【停止中】和【中止中】状态。状态转换类型如表 6-4 所示。

表 6-4　状态转换类型

转换类型	说明
命令	命令用来指示设备开始执行某个动作或执行不同的动作。例如，操作员按启动按钮开始生产，或按停止按钮以关机。命令有：Reset、Stop、Restart、Start、Hold 和 Abort
完成	设备完成当前操作后进入对应的等待状态。创建代码用来在设备执行完当前动作后发出信号。等待状态显示设备已执行完动作

设备阶段的状态转换有自动方式和手动方式两种。自动方式通过控制器指令来执行转换；手动方式在组态编程软件通过一个窗口来监视设备阶段并向设备阶段直接操作发出命令。

（3）设备阶段指令和阶段标签

设备阶段有专门的管理指令，实现设备阶段的状态转换和数据交换。在任务（Tasks）组态中，每添加一个设备阶段，系统就会自动为其生成一个设备阶段数据类型（PHASE）的标签。这个标签可以用来查看设备阶段所处的状态，保持失效的代码、步骤索引号和单元识别号（ID）等，以及处理外部请求的数据和状态。

6.3.2 设备阶段开发

设备阶段在项目任务中与程序处于同等的地位，有许多类似的地方，也有自己专门的指令、独立的数据库和例程。Studio5000 组态编程软件❶内置的【阶段管理器】（PhaseManager）用于设备阶段的编程、管理、实时监控和控制功能，有效简化了工程人员对状态模型的应用过程。

（1）规划

每个设备阶段都控制着设备进行的一项特定活动。设备阶段通知设备执行什么活动和何时执行活动。在具体的项目应用中，可根据需要使用模型的部分状态或全部状态。确定的原则是：

① 确保每个设备阶段都进行一项相对独立于其他设备的活动，设备阶段控制共同进行该活动的所有设备；

② 设备阶段和程序的总数不能超过 ControlLogix 控制器允许的范围，即 100 个；

③ 列出跟随设备阶段运行的设备。

如设备阶段可以是将瓶子装箱，向罐注水；相关的设备可以是输送带、水泵、阀门和限位开关等。

（2）填写状态模型工作表

状态模型将设备的操作周期划分为一系列状态，每个状态是设备操作的一个临时状态。填写状态模型时要遵循以下准则：

① 为各个阶段填写一组状态模型，每个阶段运行自己的一组状态；

② 确定通电后用什么状态作为设备的初始状态，通常默认为【空闲】（Idle），也可以是【完成】（Complete）和【已停止】（Stopped）等；

③ 从初始状态开始完成设备阶段模型。

在具体项目应用中，可根据需要使用设备阶段的部分或全部模型，并为每个设备阶段定义模型工作表，其中注水设备模型工作表如图 6-39 所示。对于不使用的状态，设备阶段会跳过不执行。

（3）编写设备阶段例程代码

采用设备阶段的一个优点，就是可以将生产过程（如配方）与对生产过程的设备控制分离开来，可以大大简化使用同一设备执行不同过程来生产不同产品的过程，如向罐注水阶段，程序驱动泵，打开进水阀和测量液位等。这样，可以根据各个阶段的逻辑关系和对应流程，在不同的例程中编写相应的程序代码。

---

❶　或 RSLogix5000 V15 及以上版本。

同时，为每个设备阶段创建一个一直运行的预设状态例程。预设状态例程通过命令去控制和处理状态之间的状态转换、任何异常（故障、失效、非正常状况）的判断处理以及人工干预复位等工作。

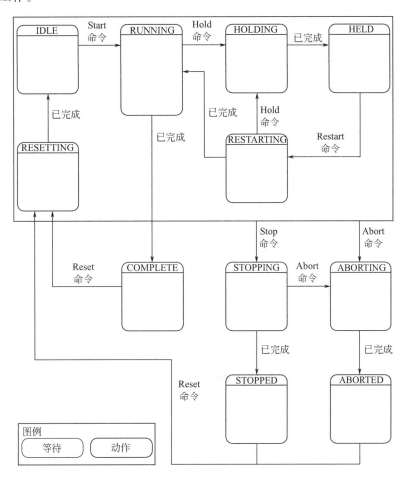

图 6-39　某个设备阶段工作表

6.3.3　创建设备阶段

下面通过一个制作原料罐的设备操作来说明创建设备阶段的过程。

（1）工艺描述

原料罐及相关控制设备如图 6-40 所示。开始时先注水，水位到达指定位置时停止注水，然后开始加热，加热到一定温度后加入混合料，同时搅拌，最后打开排料阀排出混合料。

（2）设备阶段规划

根据工艺操作过程，可以规划的设备阶段为注水、加热、添加混合料、搅拌和排料等 5 个阶段。每个阶段所控制的设备如图中的虚线框内的设备。

（3）创建设备阶段

像创建程序一样创建设备阶段，分别为创建注水（TK_Add_Water）、加热（TK_Heat）、添加混合料（TK_Add_Ingr）、搅拌（TK_Mix）和排料（TK_Drain）等 5 个阶段，如图 6-41 所示。图中，设注水阶段有 4 种状态，即 Holding、Resetting、Restarting 和

Running，同时创建注水预设状态 PreState_Add_Water。其他 4 个设备阶段的创建内容类似，每个状态中的逻辑实现自身设备阶段中各设备的控制。

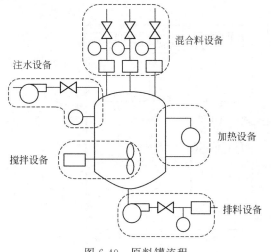

图 6-40　原料罐流程　　　　　　　　图 6-41　创建设备阶段和预设例程

(4) 手动调试

设备阶段提供手动调试的功能，可以快速进入和调试设备阶段。把项目下载到控制器，并将控制器处于运行或远程运行模式。

① 右击指定的注水设备阶段（TK_Add_Water），选择【监视设备阶段】（Monitor Equipment Phase）。

② 点击手形【所有权】（Owners）按钮，然后选择【是】（Yes），取得所有权，这时就可以逐一手动进入各个状态。

③ 点击指定的命令进行调试，如点击【开始】（Start）命令，可以使设备阶段由【空闲】（Idle）状态进入【运行中】（Running）状态，执行运行中的所有代码。点击【停止】（Stop）命令，使设备状态停止等。

④ 当设备阶段调试完成后，再点击【所有权】按钮，释放对注水阶段的控制权。

6.3.4　设备阶段指令

设备阶段管理指令共有10条，完成设备阶段状态转换的全部自动控制和外部批处理数据交换。这些管理指令支持梯形图和结构化文本，指令形式和简明功能说明如表 6-5 所示。

表 6-5　设备阶段指令

指令	说明	功能
PSC	阶段状态完成	发出信号通知设备阶段，状态例程已完成，因而进入下一状态
PCMD	设备阶段命令	更改设备阶段的状态或子状态
POVR	设备阶段重写命令	无论所属权如何，向设备阶段提供 Hold、Stop 或 Abort 命令
PFL	设备阶段失效	发出信号指示设备阶段失效
PCLF	设备阶段清除失效	清除设备阶段的失效代码
PXRQ	设备阶段外部请求	开始与 FactoryTalk Batch 软件的通信
PRNP	设备阶段新参数	清除设备阶段的 NewInputParameters 位
PPD	设备阶段暂停	在设备阶段的逻辑中设置断点

指令	说明	功能
PATT	附加到设备阶段	获取设备阶段的所属权,以便实现下面任一个操作: ①防止其他程序或 FactoryTalk Batch 软件命令设备阶段; ②确认其他程序或 FactoryTalk Batch 软件尚未拥有设备阶段
PDET	脱离设备阶段	释放对设备阶段的所属权

下面举例说明 PSC 和 PCMD 指令的使用,其他指令在有应用时参阅有关技术文档。

(1)PSC 指令

使用 PSC 指令向设备阶段发出指示信号,状态例程已经完成,因而进入下一个状态。PSC 指令放在例程的最后步骤,状态完成时执行 PSC 指令。PSC 指令举例如图 6-42 所示。PSC 通常不在预设状态例程中使用,也不会停止当前的例程扫描。PSC 执行时,控制器扫描余下的例程,然后将设备阶段转换到下一个状态。PSC 指令没有操作数,执行结果也不会影响算术状态标志位。

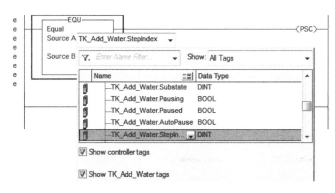

图 6-42　PSC 指令举例

(2)PCMD 指令

使用 PCMD 指令可以更改设备阶段的状态或子状态。PCMD 指令的执行只用于单次扫描,通常是上升沿、下降沿或一次启动指令执行。PCMD 指令有 3 个操作数,即【阶段名称】(Phase Name)、【命令】(Command)和【结果】(Result),如图 6-43 所示。梯形图指令表明,如果注水阶段已完成,通过 PCMD 中复位(Reset)指令,将注水设备阶段的状态更改为【复位中】(Resetting),并前进到步数 30。执行结果不会影响算术状态标志位。

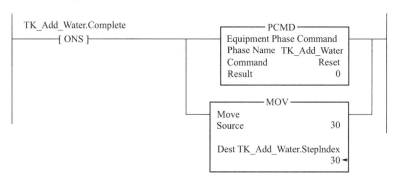

图 6-43　PCMD 指令举例

如果用一个标签来存储 PCMD 指令的结果值（Result），那么指令执行完时会返回一个值，数值和它的意义说明如表 6-6 所示。

表 6-6　PCMD 指令结果值和说明

结果值	说明
0	PCMD 指令成功执行
24577	命令无效
24578	指令在当前状态下无效。如当设备阶段已经处于 Running 状态时，Start 命令是无效的
24579	不能命令设备阶段。可能其他程序在使用该设备阶段，如 Studio5000、外部顺序程序或控制器其他程序等
24594	设备阶段未规划、被禁止或处于被禁止的任务中

6.4　可视化和人机接口

可视化和人机接口（HMI）是控制系统不可或缺的设备，起到显示、报警、操作员介入操作等作用，包括指示灯、按钮、报警箱、记录仪、图形终端、工业计算机、监视器、瘦客户端和计算机 HMI 软件等。控制系统可以根据需要，设计、配置合适的可视化和 HMI 设备。当前通常采用图形终端和计算机 HMI 软件作为可视化和 HMI 接口，通过编程和高级应用软件，实现从流程显示、报警管理、操作、生产管理的全方位感知如一。有的应用还配置综合数据中心，通过各种网络、上层软件和移动设备，可以随时随地监控生产过程、远程访问与数据分析，大大提高整体生产和管理效率。

6.4.1　图形终端和监视器

（1）图形终端

通过图形的方式显示和监控应用项目的状态，有的还配置键盘或触屏操作员输入。图形终端专门为安装在现场或环境相对恶劣的地方设计，有较高的抗冲击性、抗振性和耐温性等特点。

PanelView 是罗克韦尔自动化的图形终端，通常称为设备级的监控站，常用于就地监视和操作。有单色、彩色以及有不同的尺寸、显示分辨率、通信接口、存储器配置和操作员输入方式，可以根据不同的需求进行选择。主要型号有 PanelView500、900、1200、1400、5000 和 PanelView Plus6 和 7 系列，分别可以通过串口、DeviceNet、ControlNet 和 Ether-Net/IP 连接到 ControlLogix 系统中，典型的图形终端星形连接如图 6-44 所示。

PanelView Plus 7 标准终端是当前主流的图形终端，可通过 10/100M 自适应以太网口连接到控制系统中，支持总线型和星形网络结构。电阻式触摸屏，屏幕尺寸从 107.5～375mm（4.3～15in），最多支持 25 个画面和 200 条报警信息等。PanelView 的编程组态软件为 FactoryTalk View ME，允许跨平台（包括 Windows CE 和 Windows 桌面）工作，可以提供风格一致、功能强大的操作员监控界面。

PanelView Plus 7 标准终端如图 6-45 所示，图中标号的名称和主要特性说明如表 6-7 所示。此外，终端背后还有锂电池和状态指示灯。锂电池用于保证终端日期和时间的精确运行❶；指示灯用于终端的状态指示。

---

❶　如果对日期和时间没有太高的精确度要求，图形终端可以不需要锂电池也能正常工作和使用。

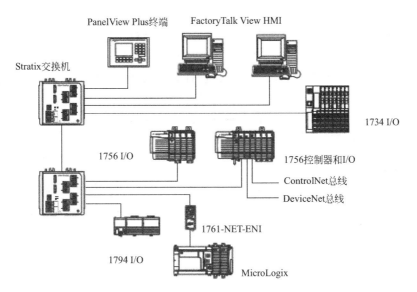

图 6-44 带图形终端的 ControlLogix 系统

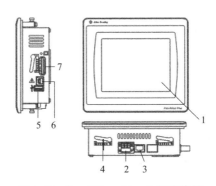

图 6-45 PanelView Plus 7 标准终端

表 6-7 PanelView Plus 7 标准终端的主要特性

序号	名称	特性说明
1	显示屏/触摸屏	TFT 彩色图形显示,有多种尺寸的屏幕(单位 mm): —107.5(4.3in)宽屏触摸屏 —142.5(5.7in)触摸屏 —162.5(6.5in)触摸屏 —225(9.0in)宽屏触摸屏 —260(10.4in)触摸屏 —260(12.1in)宽屏触摸屏 —225(15.0in)触摸屏
2	电源接口	24V DC(18~30V DC)电源输入
3	以太网端口	用于与控制器通信,10/100M Base-T,单口,自适应
4	安装槽	安装在面板或机柜中
5	USB 主机端口	USB 2.0(A 型)端口
6	USB 设备端口	USB 2.0(B 型)端口
7	SD 卡槽和防护盖	安装外部存储 SD 卡

（2）监控站和监视器

指各种面板、无显示屏和机架安装等类型的工业计算机，通常称为区域级（厂级）监控站，常用于就地和区域监视和操作。采用适用于严峻工业环境（如危险场所、食品和饮料生产等）的最新显示技术，有较好抗温性、抗冲击性和抗振性。还可以选择各种屏幕尺寸、存储器容量、铝制或不锈钢面板边框、电阻式触摸屏和内置键盘等。典型的监控站和监视器有 VersaView 系列工业计算机和瘦客户机、6100 系列计算机和工业监视器，以及专门用于危险场所的 6181X 计算机等。

6.4.2　操作站

安装有 FactoryTalk View HMI 软件的计算机，是当前主流使用的监控设备和操作站，用于集中监视控制和操作管理。FactoryTalk View Studio 软件提供功能强大、稳定可靠的 HMI 解决方案，支持罗克韦尔自动化的集成架构❶，包括独立的、设备级 HMI 到分布式可视化。通过 FactoryTalk View HMI，实现用单一的软件完成生产过程、批处理、离散应用和报警管理等全部功能，并能在多种生产系统中实现集成数据和共享，从而提高生产效率。

此外，可视化和人机接口还有 FactoryTalk ViewPoint 和瘦客户端软件等。FactoryTalk ViewPoint 版将 FactoryTalk View HMI 应用程序扩展到 web 浏览器界面，只要能够连接到互联网上，就可以随时随地了解生产和管理的各种信息。瘦客户端管理软件 ThinManager 提供风格接近的多功能应用程序、工具和访问方法，通过一个可扩展的平台来实现控制，既可以降低管理和维护成本，同时又提高了安全性。ThinManager 软件无缝地集成工业级计算机和瘦客户端设备，是一种新型集中式管理的解决方案。

6.4.3　HMI 软件

FactoryTalk View Studio 软件有单机版、多服务器和多用户的 HMI 应用软件❷，包括 SE 现场版和 ME 机器版，SE 版又有网络版、本地版等。FactoryTalk View SE 版软件通过与 Logix 控制平台和 FactoryTalk 信息系统的紧密集成，优化和扩展了 RSView SE 的技术和功能，提供全面、准确的操作监控界面，同时实现 HMI 与其他罗克韦尔软件产品、微软产品和第三方应用程序的更好连接，性能发挥更优。FactoryTalk View SE 操作站是当前 ControlLogix 控制系统中操作管理 HMI 的标准配置，通常称为管理级监控站。

双击桌面的图标或在开始菜单的 FactoryTalk View Studio 启动 SE 软件❸，如图 6-46 所示。

（1）FactoryTalk View Studio 组件

FactoryTalk View Studio 除了开发和应用 HMI 的组态和测试功能外，还提供项目部分或全部的通用软件服务❹组件，如包括：

① FactoryTalk Directory，目录，通过地址簿方式管理系统的资源，包括本地目录和网络目录；

---

❶　简单而言，就是罗克韦尔自动化 Logix 控制平台＋FactoryTalk 管理平台＝自动化系统（过程控制）和信息系统（生产管理）的融合。

❷　罗克韦尔在 2013 年初推出新的 FactoryTalk View Studio 软件 7.0 版，可用单一系统支持多 HMI 客户机和服务器。

❸　当正确安装 FactoryTalk View Studio 软件和授权后，桌面会出现快捷启动图标。这里设定有关软件和授权都已正确安装。安装过程请参阅安装手册，不再一一赘述。

❹　具体视软件系统的版本和配置情况而定。

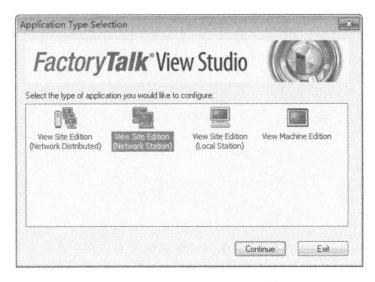

图 6-46   FactoryTalk View Studio 界面

② FactoryTalk Security，安全，操作用户登录、密码等安全管理；

③ FactoryTalk LiveData，实时信息，全厂范围的实时生产、管理信息；

④ FactoryTalk Diagnotics，诊断，收集、存储诊断系统信息并提供访问；

⑤ FactoryTalk Audit，审计，系统维护的任何变化记录管理；

⑥ FactoryTalk Activation，激活，系统软件的授权管理；

⑦ FactoryTalk Alarms&Events，报警和事件，系统（设备）与生产过程（标签）的报警和事件管理；

⑧ FactoryTalk Historical Data，历史信息，全厂范围的历史信息管理等。

（2）FactoryTalk View Studio SE 应用步骤

以网络型应用程序为例，应用的基本步骤可以分为：

① 创建本地或网络型的应用程序；

② 建立一个或多个控制区域；

③ 在每个控制区域添加一个 HMI 服务器，并选择任意操作面板界面；

④ 设置数据服务器的数据通信，添加一个或多个类型的数据服务器，包括罗克韦尔的设备服务器（Device Server）或第三方的 OPC 数据服务器，可以直接使用 ControlLogix 控制器中的标签；

⑤ 设置标签报警和事件服务器；

⑥ 创建 HMI 服务器的图形界面、全局对象和其他有关组件；

⑦ 设置 FactoryTalk 报警和事件历史记录；

⑧ 设置安全相关内容；

⑨ 设置 FactoryTalk SE 运行客户端等。

（3）应用举例

双击【View SE 网络版】［View Site Edition（Network Station）］图标，进入组态界面。这里作为举例，建立一个罐区监控的新应用。输入应用名 Wu_test，选择语言为中文，点击【创建】（Create），如图 6-47 所示。

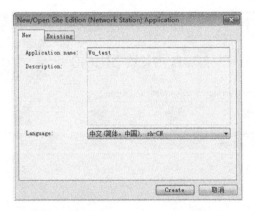

图 6-47　新建 FactoryTalk View SE 项目

右击应用 Wu_test，选择【新分区】（New Area）在应用中建立 1 号罐区分区 Tank Farm1。右击分区 Tank Farm1，选择【增加新服务器】（Add New Server），点击【HMI 服务器】（HMI Server）创建对应的 TFarm1 的 HMI 服务器，按照设计和控制要求开始 HMI 的应用开发。项目应用的浏览器界面显示如图 6-48 所示❶。

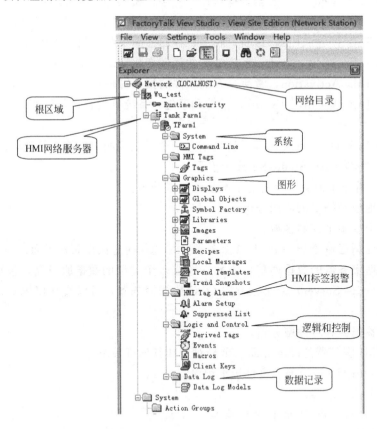

图 6-48　FactoryTalk View SE HMI 项目浏览器界面

---

❶　FactoryTalk View Studio 的组态应用是 ControlLogix 系统应用不可或缺的一部分，这里限于篇幅不做详述。请参阅软件的用户手册等资料。

6.5 系统优化

ControlLogix 控制器具有强大的控制功能，I/O 模块种类丰富，通信和网络扩展方便且兼容性好，使得在各种工业应用中可以灵活配置。但这并不等于说系统就可以随意组态、配置和扩展。当控制系统比较小时，由于系统内存资源充足，控制器运行速度快，通信负荷轻，控制效果好，可能掩盖一些组态、设置等问题。当系统扩展到越来越大时，这些问题就有可能显露出来，使得控制系统的性能没有得到充分的发挥，或引起控制效果变差、控制不稳定等异常状况。

本节将从控制器内存、程序执行、数据寻址、生产和消费数据、I/O 通信和网络等方面讨论如何进一步优化，使控制系统在已有的资源下发挥出最佳的性能，运行更稳定和可靠。

6.5.1 控制器资源优化

（1）内存使用

内存的大小是 ControlLogix 控制器关键的技术参数，1756-L7X 控制器的内存使用如图 6-49 所示❶。控制器含有两个 CPU，即逻辑 CPU 和背板 CPU，两个 CPU 各自独立工作。逻辑 CPU 执行应用程序代码和处理信息，背板 CPU 通过背板传送 I/O 内存和其他模块的数据。发送和接收 I/O 数据和程序执行是不同步的。当内存不足时，有可能出现数据传送慢，甚至控制器无法正常工作。因此，系统在新建或扩展时，必须考虑有足够的内存。

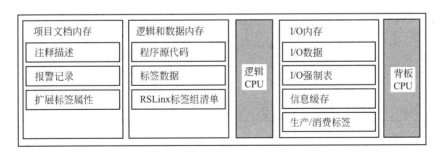

图 6-49　1756-L7X 控制器内存使用

（2）内存使用估算

项目工程师在新建项目时会提供对内存容量的建议。ControlLogix 控制器的内存可以通过估算表进行估算，掌握这个方法对系统维护和扩展非常有用。如果内存估算不足，就要进行适当的扩展或升级，以满足系统应用和不断扩展的需要。内存使用估算如表 6-8 所示，最后在合计的基础上再加上 20%～30% 的余量，作为以后扩展的需要。

（3）控制器连接

ControlLogix 控制器使用【连接】（Connections）去建立两个设备之间的通信链路，控制器到本地 I/O 和通信模块、控制器到远程 I/O 和远程通信模块、生产/消费标签、信息、

---

❶　不同系列的 ControlLogix 控制器对内存的使用有所不同（如 ControlLogix 控制器和 1769-CompactLogix 控制器），同一系列不同目录号的控制器对内存的使用也有差异（如 1756-L7X 与 1756-L6X）。使用时要留意。

表 6-8　内存使用估算表

内存使用细目	数量	基本内存	单项数量	备注
控制器任务		×4000	＝　B	至少 1 个任务
数字点 I/O 点		×400	＝　B	
模拟量 I/O 点		×2600	＝　B	
DeviceNet 模块 ❶		×7400	＝　B	
其他通信模块 ❷		×2000	＝　B	
运动轴		×8000	＝　B	
FactoryTalk 报警指令		×2200	＝　B	每报警
FactoryTalk 用户		×2000	＝　B	每用户
合计			＝　B	

Studio5000 组态编程软件访问、HMI 或其他软件应用，通过 RSLinx 访问等都会建立连接。不同控制器的通信连接数量有不同的限制，1756-L7X 控制器最大允许连接数量为 500。常用通信模块的通信连接限制如表 6-9 所示。应用时不能超过限制的数量，最好控制在推荐的连接和限制范围中。

表 6-9　常用通信模块的通信连接限制

通信设备	支持的连接
1756-CN2R、1756-CN2RXT	100 CIP 连接（任意规划和信息连接的组合）
1756-CN2/B	128 CIP 连接
1756-CNB、1756-CNBR	64 CIP 连接，取决于 RPI，推荐使用 48 个连接（任意规划和信息连接的组合）
1756-EN2F、1756-EN2T、1756-EN2TR、1756-EN2TXT、1756-EN3TR	256 CIP 连接 128 TCP/IP 连接
1756-ENBT 1756-EWEB	128 CIP 连接 64 TCP/IP 连接

通信模块和 HMI 应用等也占用连接，本地通信模块和远程通信模块所占的连接数量都在 3 个连接以下，HMI 软件或其他应用软件占用的连接数不大于 5 个连接。而冗余控制器系统占用 8 个连接。这些连接数在应用时要做统一考虑和估算。

6.5.2　程序执行优化

ControlLogix 控制器是一种支持中断的多任务控制器，任务有连续型、周期型和事件型等三种类型，它给一组（或多个）程序提供运行规划和优先级信息。任务一旦开始运行，程序（或设备阶段）就按照【控制器管理器】（Controller Organizer）中列出的顺序执行。

程序有自己的例程和程序范围的标签，这对于多个人员开发的项目很有用。开发期间，使用程序范围标签的程序代码可以复制到另一个程序中去，能够最大限度减少标签名冲突的可能性。

例程含有可执行的代码，每个程序有一个首先执行的主例程，主例程使用跳转子例程

---

❶　第一个 DeviceNet 模块占用 7400B，以后每加 1 个，增加 5800B。

❷　包括系统所有本地和远程的通信模块、连接模块、适配器和 PanelView 终端等。

（JSR）指令来调用子例程，也可以指定一个程序故障例程。

（1）任务、程序和例程优化

对于 1756-L7X 控制器，支持 32 个任务，每个任务可以有 100 个程序和设备阶段以及它们的组合❶，每个程序中的例程数量没有限制。使用任务、程序和例程时的主要优化考虑如表 6-10 所示。

表 6-10　任务、程序和例程优化

比较	任务	程序/设备阶段	例程
功能	决定如何和何时执行代码	管理共用数据区和功能的例程	包含可执行的代码（LD、FBD、SFC 或 ST）
使用方法	①大多数代码放在连续型任务中 ②对较慢的过程或对时间要求苛刻的场合使用周期型任务 ③对需要与指定事件同步处理的操作使用事件型任务	①把主要的设备组件或工厂单元分别放到相互独立的程序中 ②使用程序去区分不同编程人员或创建可重用代码 ③在任务中组态代码执行顺序 ④隔离独立的批量阶段或不相关的机器操作	①在例程中隔离机器或单元功能 ②对不同的过程采用适当的编程语言 ③把代码模块化为可以多次调用的子例程
优化考虑	①任务太多时难以调试 ②通过禁止某些任务的输出处理来改善性能 ③通过禁止任务来防止任务执行 ④不要把多个任务组态为相同的优先等级	①跨多个程序的数据必须放在控制器范围的数据区域中 ②在控制器管理器中列出执行顺序	①具有多个调用的子例程会调试困难 ②数据可以从程序范围和控制器范围的区域中引用 ③调用太多的例程影响扫描时间 ④在控制器管理器中列出主例程和故障例程，然后按字母顺序排列

（2）指定优先级别

控制器的每个任务都有一个优先级别，较高优先级（如 1 级）可以中断任何一个较低优先级别的任务（如 15 级）。连续型任务的优先级别最低，周期型或事件型任务总是可以中断连续型任务。1756-L7X 控制器的任务共有 15 个优先级别，任务类型如表 6-11 所示。

表 6-11　1756-L7X 任务类型

优先级	用户任务	说明
最高级别	N/A	CPU 开销——串口和常规 CPU 操作
	N/A	运动规划——粗略更新率下运行
	N/A	安全任务——安全逻辑
	N/A	冗余任务——冗余系统中通信
	N/A	趋势数据采集——趋势数据值的高速采集
	优先级别 1 事件/周期型	用户定义
	优先级别 2 事件/周期型	用户定义
	……	……
	优先级别 14 事件/周期型	用户定义
最低级别	优先级别 15 事件/周期型	用户定义
	连续型	信息处理——基于系统开销时间片

---

❶　不同类型和不同目录号的控制器支持的任务数量、程序和例程数量是有差异的。

当一个周期型或事件型任务启动时，如果另一个周期型或事件型任务正在执行，而且两个任务具有同一个优先级，那么，该任务的时间片按 1ms 递增方式执行，直到其中的一个任务完成。

(3) 管理和优化任务

要根据不同的应用来组态不同类型的任务。

① 连续型任务　连续型任务总是在运行，任何未分配给其他操作或任务的 CPU 时间都用来执行连续型任务。当完成一次全扫描后，又立即重新开始运行。一个项目不是一定需要连续型任务，如果有，Logix5000 控制器只支持一个连续型任务❶。

当使用组态编程软件创建项目时会自动创建一个连续型任务。在一次连续型任务结束时可以组态是否更新输出模块。CPU 时间在连续型任务和系统开销之间切换，每次任务切换都需要更多的 CPU 时间去装载和恢复任务信息。连续型任务的执行间隔可以通过下面的等式计算：

$$连续时间＝(100/系统开销时间片\%)-1$$

Studio5000 组态编程软件❷强制连续型任务执行时间至少为 1ms 而不管系统开销时间片，这样做可以更好地利用系统资源。缩短连续型任务的执行时间就意味着切换任务更频繁。系统开销时间片、通信执行和连续型任务执行的时间关系如表 6-12 所示。

表 6-12　系统开销时间片、通信执行和连续型任务执行时间关系

系统开销时间片/%	通信执行时间/ms	连续型任务执行/ms
10	1	9
20	1	4
33	1	2
50	1	1
66	2	1
80	4	1
90	9	1

② 周期型任务　周期型任务在指定的时间间隔内（如每 100ms）完成一个功能，当时间到时，会中断较低优先级别的任务，执行一次任务，然后返回中断离开的地方继续执行控制。

周期型任务在预定义的时间间隔内自动执行❸，在周期型任务结束时可以组态是否更新输出模块。任务执行完成后就停下来，到预定义的时间间隔到来时又再次执行。如果项目应用中有很多通信，如 RSLinx 通信，就应该使用周期型任务而不是连续型任务。

③ 事件型任务　事件型任务由触发条件（事件）触发，触发条件不满足时不会自动执行，当事件型任务的触发条件出现时，事件型任务会中断较低优先级别的任务，执行一次任

---

❶　连续型任务类似于传统控制器 PLC-5 和 SLC-500 处理器的逻辑执行，有传统处理器应用经验的读者会更容易理解。Logix5000 控制器的连续型任务不是必需的，有的应用可以没有。

❷　或 RSLogix5000 V16 版及以后的版本。

❸　周期型任务类似于传统 PLC-5 和 SLC-500 处理器的可选时间中断。

务，然后返回中断离开的地方继续执行控制。

事件型任务在执行完成后就停下来，直到事件再次出现。任务结束时可以组态是否更新输出模块。每个事件型任务都需要指定触发条件，常用的触发条件如表 6-13 所示。

表 6-13　常用触发条件

触发条件	说明
模块输入状态变化	①对于 Logix5000 控制器,远程输入模块(数字或模拟)触发基于模块组态中的状态变化(COS)事件型任务。模块的 COS 只激活一点,如果激活 COS 多点,事件型任务就会出现重叠。 ② ControlLogix 的 SOE 模块(1756-IB16ISOE、1756-IH16ISOE)使用激活 CST 捕获功能代替 COS。 ③ 在 1769-L16ER-BB1B、1769-L18ER-BB1B 和 1769-L18ERM-BB1B 模块中的嵌入式输入点可以组态为当 COS 出现时触发事件型任务
消费标签	只有一个消费标签可以触发指定的事件型任务。在生产标签的控制器中使用 IoT 指令去表示新产生的数据
轴线配准 1 或 2	轴线配准输入触发事件型任务
轴瓦	轴瓦位置触发事件型任务
运动组执行	运动组的伺服更新周期触发运动规划和事件型任务的执行。因为运动规划中断所有其他任务而首先执行
EVENT 指令	多条 EVENT 事件指令会触发同一个任务

事件型任务的优化考虑因素有：

a. 把用来触发事件的 I/O 模块和控制器放在同一个框架，减少控制器的网络通信时间和响应处理时间；

b. 限制数字输入的事件为模块的一个输入位，模块的所有输入点触发一个事件，所以，如果使用多个位，会增加任务重叠的可能性，组态模块去检测触发输入的状态变化并关闭其他位；

c. 设置事件型任务的优先级别为控制器的最高级别，如果事件型任务的优先等级低于周期型任务，事件型任务就必须等待周期型任务执行完成；

d. 限制事件型任务的数量，事件型任务的增加会减少可用的 CPU 带宽和增加任务重叠的可能性。

用户创建的任务在控制器的任务文件夹中出现，预定义的系统任务则不会出现，并且不计入控制器的 32 个任务限额中，如运动规划、系统开销和输出处理等❶。影响任务执行的因素如表 6-14 所示。

表 6-14　影响任务执行的因素

考虑因素	说明
运动规划	运动规划中断所有优先级别的其他任务。轴的数量和伺服运动组更新周期影响运动规划的执行时间和执行效率,如果运动规划正在执行时有任务启动,该任务会一直等待,直到运动规划完成。如果伺服更新周期❷出现时一个任务正在执行,该任务会暂停而让运动规划执行

---

❶　有些控制器还有 I/O 处理预定义任务，如 CompactLogix、SoftLogix 控制器等。由于这类控制器没有专门用于处理 I/O 信息的背板 CPU，逻辑处理和 I/O 处理是同一个 CPU，所以有预定义的 I/O 处理任务。

❷　伺服更新周期是一个粗略的时间周期，对于 1756-L7X，通常设置为每轴 0.125ms。

考虑因素	说明
系统开销	①系统开销是控制器用于信息通信和后台任务的时间,它仅中断连续型任务。 ②信息通信是没有通过项目 I/O 组态文件夹组态的任何通信,如 MSG 指令等。只有在周期型任务或事件型任务不运行时才执行信息通信。如果有多个任务,要确保它们的扫描时间和执行间隔留有足够的时间用于信息通信。 ③系统开销时间片指定控制器用于信息通信的时间百分比,不包括周期型和事件型任务的时间。控制器执行信息通信时间一次长达 1ms,然后恢复连续型任务。 ④如果需要,调整任务的更新速度来获取逻辑执行和进行信息通信的最佳平衡
输出处理	在任务结束时,控制器执行系统中输出模块的输出处理,处理过程取决于在 I/O 树中组态的输出连接数量
任务太多	如果任务太多,就可能出现下面几种情况: ①连续任务需要很长时间完成; ②其他任务出现重叠,如果任务被中断太频繁或太长时间,该任务需要重新触发完成执行; ③控制器通信会更慢; ④如果系统用于数据采集,要避免多任务

下面举例说明具有这些任务的项目执行,任务情况如表 6-15 所示,时间片运行如图 6-50 所示。

表 6-15　任务执行举例

任务	优先级别	周期	执行时间	持续时间
运动规划	N/A	8ms(伺服更新率)	1ms	1ms
事件型任务 1	1	N/A	1ms	1···2ms
周期型任务 1	2	12ms	2ms	2···4ms
系统开销	N/A	时间片＝20%	1ms	1···6ms
连续型任务	N/A	N/A	20ms	48ms

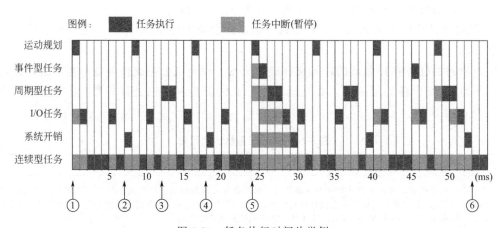

图 6-50　任务执行时间片举例

图中的时间轴说明如下:

① 开始,控制器执行运动规划和 I/O 任务(如果有);

② 在执行连续型任务 4ms 后,控制器启动系统开销;

③ 周期型任务 1 在 12ms 时启动，中断连续型任务；

④ 在又执行连续型任务 4ms 后，控制器启动系统开销；

⑤ 事件型任务 1 触发条件出现，事件型任务 1 等待运动规划完成，较低优先级别的任务等待更长时间；

⑥ 连续型任务自动重新开始。

对于周期型和事件型任务还要考虑：

① 事件型任务中代码的长短　每个逻辑元素（如梯级、指令或 ST 的组成等）都会增加扫描时间；

② 任务优先级别　如果事件型任务不是最高级别，较高优先级的任务会延迟或中断事件型任务的执行；

③ CPS❶ 和❷指令　如果 CPS 或 UID 指令激活，事件型任务就不能中断正在运行的带有 CPS 或 UID 指令的任务；

④ 通信中断　通过串口输入的字符处理会中断所有优先级别的任务；

⑤ 运动规划　运动规划优先于事件型或周期型任务执行；

⑥ 趋势　趋势数据采集优先于事件型或周期型任务执行；

⑦ 输出处理　可以通过禁止任务结束时的输出处理来减少任务处理的时间❸。

(4) 选择系统开销百分比

系统开销时间片指定连续型任务用于通信和冗余功能的执行时间百分比。系统开销包括编程和 HMI 设备（如 Studio5000 组态软件）的通信、发送和响应信息、串口信息和指令处理、报警指令处理和冗余确定等内容。控制器完成系统开销工作一次最长可达 1ms，如果完成时间不到 1ms，控制器就继续执行连续型任务。连续型任务和周期型任务的执行比较如图 6-51 所示。

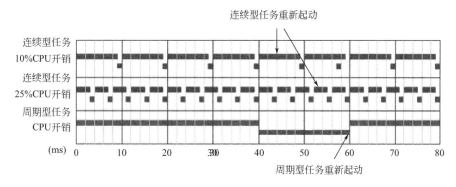

图 6-51　连续型任务和周期型任务执行比较

图中，第一行的系统开销时间片设为 10%，代码执行时间给定为 40ms，连续型任务执行完成时间在 44ms 以内。在 60ms 时间范围内，控制器有 5ms 时间用于通信处理。

---

❶　CPS 是同步复制指令，特别用于从基本内存数据缓存区复制到内部数据区。CPS 指令有屏蔽中断的功能，在复制过程中，背板 CPU 不能中断复制过程，因而可以获得完整的数据。

❷　UID 是中断禁止指令，在其后的梯级执行不会被定时或事件任务中断，直到出现 UIE 中断使能指令，中断禁止才被解除。

❸　RSLogix5000 V16 版及以后的组态软件中，控制器管理器中有显示输出处理是否被禁止。

增加系统开销时间片到 25％，控制器完成连续型任务扫描时间在 57ms 内，控制器在 60ms 的时间中的 15ms 用于通信处理。

把同样的代码放到周期型任务中会有更多的通信处理时间。图中第三行设代码在 60ms 的周期型任务中，代码执行完成后就停下来直到 60ms 时刻再次触发，控制器有 20ms 时间用于通信处理。在 20ms 时间窗口内根据通信的处理量，周期型任务会因为需要等待系统中的其他模块去处理所有需要通信的数据而被延迟。

总的来说，增加系统开销时间片百分比，控制器分配给执行连续型任务的时间就会减少，而总体的扫描时间变长。当控制器没有通信处理时，会把通信用的时间来执行连续型任务。通常，系统开销时间片为 15％～25％，当控制器通信量较大时可适当放大，并注意寻找合适的比例关系❶。

（5）控制器逻辑预扫描

当控制器切换到运行模式（从编程状态切换至运行状态或上电状态自动切换到运行状态）时控制器执行预扫描逻辑来初始化指令，并复位状态指令（如 OTE 输出指令、TON 定时器指令和 ONSR 存储位等）。预扫描期间不刷新输入和输出，对各种编程语言程序的影响如表 6-16 所示。

表 6-16　预扫描对编程语言程序的影响

编程语言	预扫描影响
梯形图（LD）	控制器复位非保持型 I/O 和中间值
功能块图（FBD）	控制器复位非保持型 I/O 和中间值,同时复位清除所有 FBD 的【允许输入】(EnableIn)参数
顺序功能图（SFC）	嵌入式 ST 和 ST 的影响相同
结构化文本（ST）	①控制器复位所有的位标签并强制数值型标签为 0。 ②预扫描期间,非保持型赋值操作（[:=]）的值强制为 0,保持型赋值操作（:=）的值保持其预扫描前的最后状态

预扫描与控制器的首次扫描不同。预扫描期间控制器不执行逻辑，首次扫描时执行逻辑。控制器对下面的 3 种扫描都置状态位 S:FS 为❷：

① 在预扫描后进行首次扫描；

② 程序被解除禁止后进行首次扫描；

③ 每次一个步被首次扫描（当步的 .FS 位被置 1 时），S:FS 状态位只有在含有动作的逻辑中被置 1，这些动作在它们的上一级步（限定符为 N、L、P 和 P1）首次扫描期间执行。

AOI 预扫描逻辑在主逻辑预扫描执行之后执行，在执行 AOI 逻辑前通过预扫描逻辑去初始化标签的值，如设置 PID 指令在首次执行前的手动模式输出为 0％。

当 AOI 指令在预扫描模式下执行时，所有需要的参数都会传递其数据，包括数值从指令调用的变量中传递给输入参数，以及输出参数的数值传递到指令调用中定义的变量中。

（6）控制器 SFC 逻辑后扫描

SFC 支持自动复位选项，当转换条件指示一个步完成时，执行一次和该步相关动作的

❶ 在控制器属性的【高级】（Advanced）选项页面中设置。一般不应大于 50％。请参阅第 3 章 3.2 相关内容。

❷ 控制器状态标志位，S:FS 表示当前程序首次正常程序扫描时置 1。类似的还有 S:MINOR，表示程序运行产生轻微故障时置 1。与算术运算状态标志位一样，可以不用创建直接引用。

后扫描。此外，每个跳转子程序指令（JSR）会触发控制器对调用例程的后扫描。在后扫描期间：

① 输出指令（OTE）为零，非保持型定时器复位；

② 在 ST 的代码中，非保持型赋值操作（[:=]）的标签值复位，保持型赋值操作（:=）标签保持最后的状态；

③ 可以抑制选定的数组故障，当抑制该故障时，控制器会使用一个内部的故障处理程序去清除故障。

清除故障会触发后扫描过程去跳过含有故障的指令并继续执行下一条指令。这种情况只有在 SFC 指令组态为自动复位时才会出现。

当 AOI 指令被 SFC 动作中的逻辑调用且自动复位选项为 1 时，AOI 指令在后扫描模式下执行。AOI 指令在主逻辑后扫描模式执行之后执行后扫描例程。当 SFC 动作完成时，用后扫描逻辑去复位内部状态和状态值，或者去禁止指令的输出。

（7）定时器的执行

PLC、SLC 和 Logix5000 控制器中的定时器在每次扫描时都会存储一个实时时钟值，在下次扫描时控制器会把存储值与当前时钟比较，然后根据差值调整累积值 ACC。

在传统的 PLC/SLC 处理器中，定时器以 10ms/位的速度存储 8 位，定时器时间间隔最大为 2.56s（$2^8/100$）。如果程序跳过定时器，好像定时器暂停了一样，实际上是定时器超时了。根据定时器逻辑下一次执行时间，失去的时间范围在 $0\sim2.56s$ 之间。

Logix5000 控制器使用 32 位数据，有 22 个存储位存储时间。定时器以 1ms/位的速度存储，时间间隔最大为 69.906min [$(2^{22}/1000)/60$]。如果程序跳过定时器，需要比 PLC/SLC 处理器更长的时间使定时器超时，这会导致定时器代码在下次执行时有更大的时间间隔跳跃。

程序会在以下情况跳过执行定时器，这时要特别注意定时器指令的使用和处理：

① 子程序没有被调用；

② 跳转执行代码；

③ SFC 动作；

④ 非激活 SFC 步；

⑤ 事件或周期型任务没有执行；

⑥ 设备阶段状态例程。

对于 SFC 步定时器的执行，SFC 步在每次步执行时存储时钟时间。在步顺序扫描时，控制器比较当前时间和上次扫描时间，并根据差值更新步定时器的累积值 ACC。当暂停 SFC 然后释放，步定时器会向前跳跃暂停的持续时间。如果希望步定时器在暂停后保持在原来的时间，可以在暂停释放时锁存恢复位，也可以在步后增加一个步存储步定时器的累积值 ACC，并在暂停恢复位为 1 时还原累积值。

（8）模块化编程技术

模块化编程技术有助于编程结构、约定、组态和策略的标准化，使项目应用具有较好的一致性，可以更快、更容易进行软件开发、测试，使程序具有更高的可靠性、更容易维护和扩展，可以提高程序代码的重用性、可读性，同时也利于大型项目的团队开发。代码重用优化原则如表 6-17 所示。

表 6-17　代码重用优化原则

原则	说明
使用用户定义数据类型（UDT）到组数据中	在 UDT 中： ①可以混合数据类型 ②分配自定义结构的标签名
使用 AOI 指令创建跨项目的重用代码标准化模块	使用 AOI 指令去： ①封装特定或关注的操作，如电机或阀门操作，而传送带或罐区操作用例程管理更好 ②创建扩展指令到基本控制器指令中，如创建一个 AOI 指令来执行 Logix5000 控制器中没有的 SLC 或 PLC 指令 ③封装一种语言的指令到另一种语言中使用，如创建一个功能块指令 PIDE 在继电器梯形图中使用
使用程序参数在程序之间共享数据	程序参数： ①可在程序外部公开访问 ②支持外部 HMI 对每个参数独立地进行外部访问 直接访问允许在逻辑中引用程序参数，而不需要在本地程序中组态参数。比如，如果程序 A 有一个输出参数 Tank_Level，程序 B 可以在逻辑中引用 Tank_Level 参数，而不需要创建相应的参数连接到程序 A
使用部分导入/导出程序、例程、AOI 指令和代码段去建立可重用代码库	例程和程序的部分导入/导出： ①对从项目中提取的内容的范围提供更多的控制 ②为大型机器、单元或单元控制提供可重用代码 ③促进团队协作、代码标准化和重用 输出的 .L5X 文件包含所有相关信息，包括程序组态、代码、用户定义数据类型、标签和描述以 XML 格式、ASCII 文本文件表示。使用部分导入/导出到： ①从项目 .ACD 文件中分发代码 ②使用其他编辑工具编辑和创建程序和例程
使用子例程在程序中重用代码	子例程： ①可以在标准和安全应用中创建和使用 ②传递用户定义结构（UDT） ③传递所有输入和输出参数值 ④子例程在调用时需要最大的开销来传递参数 ⑤只能从子例程所在的程序中调用

6.5.3　数据寻址

（1）基本数据类型

Logix5000 控制器支持 IEC 61131-3 定义的基本数据类型（如 BOOL、SINT、INT、DINT、和 REAL）、特殊用途的基本数据类型 LINT（长整型），还支持数组、预定义结构（如定时器和计数器）等复合数据和用户定义结构类型。数据寻址把标签与内存建立了唯一的联系，它的优化考虑因素如表 6-18 所示。

表 6-18 数据寻址优化考虑因素

数据类型	说 明	
	优点	考虑因素
基 本 数 据 类 型 （BOOL、SINT、INT、DINT、REAL）	①标签名称独立 ②不限制标签数量 ③标签编辑器和数据监视器可以过滤单个标签和显示所有引用 ④标签编辑器和数据监视器始终按字母顺序显示 ⑤完全支持别名标签(包括基本标签和标签的位) ⑥在线编程时可以增加 ⑦支持作为 AOI 指令的输入/输出参数	①需要更多的通信开销,并且可能比复合数据类型需要更多的控制器内存 ②离线编程时只能修改标签的数据类型 ③结构标签按字母顺序在标签编辑器和数据监视器显示,但结构中的标签按在定义的顺序显示
	优点	考虑因素
特殊用途的基本数据类型(LINT)	①64 位整型值,用于存储日期和时间值 ②数据监视器显示日期和时间的基数,可以显示 LINT 值为年、月、日、小时、分钟、秒、微秒	①支持指令:GSV、SSV、ALMD、ALMA、COP 和 CPS ②数学运算或比较时,复制 LINT 值到两个 DINT 中,然后执行代码操作 ③仅用于 AOI 指令中的输入/输出参数
	优点	考虑因素
复合数据类型(数组、结构)	①可用特定名称和用户定义结构 ②整合控制器内存中的信息 ③减少通信时间和内存的影响 ④数组可动态索引 ⑤在线编程时可创建数组 ⑥别名支持用户定义结构、数组中的标签和标签的位	①每个用户定义结构或数组限制为 2MB 数据 ②用户定义结构按 32 位数据的整数倍放 ③别名标签不支持数组标签 ④标签编辑器和数据监视器没有过滤功能 ⑤离线编程时只能创建或修改用户定义结构 ⑥离线编程时只能修改数组 ⑦仅用于 AOI 指令中的输入/输出参数

逻辑 CPU 读取和操作 32 位的数据值,标签数据的最小值内存分配为 4B。当创建一个标签存储的数据小于 4B 时,控制器仍分配给标签 4B,而数据只占用标签数据类型对应的位数。

特殊用途的 LINT 数据类型,占用 64 位,共 8B,可以表示有效的日期/时间范围是从 1970 年 1 月 1 日 12:00:00 AM 协调世界时 （UTC) 到 3000 年 1 月 1 日 12:00:00 AM UTC。

控制器分配额外的内存来存储标签名、符号和数据。当控制器对 SINT 或 INT 数据进行操作时,先把这些数值转换为 DINT 后进行程序计算,然后将结果转换为 SINT 或 INT 值。这与使用相同操作的 DINT 相比需要更多的内存和执行时间。因此,在创建标签时尽可能多地使用 DINT 数据类型。

确定数据类型的原则如表 6-19 所示,不同数据类型的内存占用和指令消耗时间对比如表 6-20 所示。

表 6-19 确定数据类型原则

原则	说明
尽可能使用 DINT 数据类型	Logix5000 控制器执行 32 位的 DINT 和 REAL 型数学运算。DINT 数据类型使用较少的内存,执行速度比其他数据类型快。使用以下数据类型: ①DINT 用于大多数数值和数组索引 ②REAL 用于操作浮点和模拟值 ③SINT 和 INT 主要用于用户定义结构中,或在与外部不支持 DINT 值的设备通信时使用

原则	说明
把 BOOL 值成组放到数组中	当使用较多 BOOL 值时,把它们成组放到 DINT 的数组中可以更好地节省控制器内存,并通过 FBC 或 DDT 指令访问数据位

表 6-20 内存占用和指令消耗时间对比

对比内容	SINT	INT	DINT	REAL
独立标签占用内存数	4B	4B	4B	4B
用户定义结构占用内存数	1B	2B	4B	4B
ADD 指令中访问标签占用内存数	236B	260B	28B	44B
完成 ADD 指令需要的执行时间❶	$3.31\mu s$	$3.49\mu s$	$0.26\mu s$	$1.45\mu s$

可以看出,内存占用和运算时间的差异是非常大的,在实际应用时应重视这些优化建议,能够大大节省存储空间,提高运算效率。

(2) 数组

数组分配一个连续的内存块来存储特定的数据类型到数据表上,支持 1 维、2 维或 3 维数组,用户定义结构可以包含 1 维数组作为结构的元素。ControlLogix 控制器支持多维数组数据库,使得控制器具有更强的数据处理能力。不同数据类型的数组使用连续内存块的空间不同,但都比基本数据类型的标签可以节省大量的存储空间。可以对比:95 个 BOOL 型标签占用 95 个 4B 的空间,放在 BOOL 型数组中只占用 3 个 4B 空间,空余了 1 位;同理 10 个 SINT 型标签放在 SINT 数组中只占 3 个 4B 空间,空余了 2B,5 个 INT 型标签放在 SINT 数组中只占 3 个 4B 空间,空余了 2B;3 个 DINT 和 REAL 型标签放在 DINT 和 REAL 型数组中都占用 3 个 4B 空间,没有空余位。对比如图 6-52 所示,灰色部分为未使用的空余存储空间。数组的选用原则如表 6-21 所示。

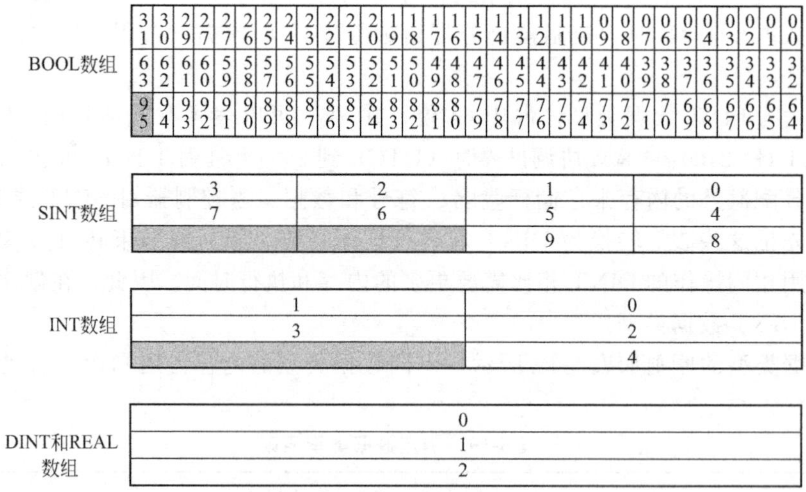

图 6-52 数组占用空间对比

---

❶ 数据来自 1756-L6X 控制器,L7X 控制器的运算时间暂无数据。

表 6-21 数组选用原则

原　则	说　明
可创建大多数数据类型的数组,但报警、轴、坐标系、运动组和消息数据类型除外	下标表示数组中的单个元素。下标从 0 开始,扩展到元素数量减 1(基于零) ①与 2 维或 3 维数组相比,1 维数组占用的内存更少,执行速度更快 ②对数组元素的直接引用执行速度比索引引用快 ③数组最大可达 2MB ④如果创建一个结构数组,则根据结构定义给每个元素分配内存

	数组类型	优点	注意事项
	1 维数组	①通过本机文件指令提供更好的支持 ②完全支持用户定义结构和数组 ③索引引用的影响最小(执行时间和内存) ④在线编程时可以创建数组	①多个数组不能像在 PLC 或 SLC 处理器中那样间接引用(例如,N[N7:0]:5) ②文件指令不直接支持 BOOL 数组 ③仅在离线编程时修改
	2 维和 3 维	①能够为物理系统提供更精确的数据表示 ②可以用 2 维数组模拟可编程逻辑控制器文件/字的间接寻址 ③在线编程时可以创建数组	①索引引用的影响更大(执行时间和内存) ②文件操作需要额外的代码和文件指令 ③只能在离线编程时更改

原　则	说　明
嵌套数组	文件指令对数组提供有限的支持。要使用数组数据,可创建一个用户定义结构,其中数组是结构的元素。然后使用用户定义结构作为其数据类型来创建数组标签
根据数据和操作该数据的指令选择数组的数据类型	虽然 SINT 和 INT 数组可以将更多的数值压缩到给定的内存区域中,但对于引用数组的每条指令,需要更多的内存和执行时间
将数组限制为 2 MB 的数据	数组最大为 2 MB。如果试图创建过大的数组,软件将显示警告。如果数组是 1.5MB～2MB,即使还在有效范围内,软件也会显示警告
在线和离线编辑数组	可以在线或离线时创建数组。但是,离线时只能修改现有数组的大小或数据类型

(3) 数据范围

数据范围定义了访问标签的位置,所有程序都可以访问控制器范围的标签。程序范围的标签只能由特定程序中的代码访问;阶段范围的标签只能由特定设备阶段中的代码访问。数据分配范围的考虑因素如表 6-22 所示。把控制器或不同站点的各种控制数据分离到独立的程序或设备阶段中,并使用程序范围或阶段范围的标签,这样可以保证程序和设备阶段之间的相互隔离,防止标签名冲突和提高重用代码的能力。

表 6-22 数据分配范围的考虑因素

如果希望	分配范围
在同一项目的多个程序中使用标签	控制器范围(控制器标签)
在信息(MSG)指令中使用标签	
生产或消费数据	
使用运动标签	
与 PanelView 终端通信	
控制器内的不同部分或过程多次重复使用同一个标签	程序范围(程序标签) 阶段范围(阶段标签)
多个程序员一起编程,并希望把逻辑合并到一个项目中	

(4) 标签命名原则

标签是 ControlLogix 控制器处理的数据或对象,是分配内存的基本机制和寻址单位。命名标签通常与设备名、仪表位号相同或关联,而且应遵循的原则如表 6-23 所示。

表 6-23　标签命名原则

原则	说明
建立描述性标签,但尽可能短	标签名的长度可以为 1~40 个字符 ①标签名的每个字符使用 1B 控制器内存,占用 4B 的整数倍数。例如,1~4 个字符的标签名使用 4B,5 个字符的标签名使用 8B ②标签名存储在控制器中 ③使用结构减少所需标签的数量和大小 程序上传保留标签名
建立命名规则	制定电气图纸或机器设计的标签命名规则。例如,Conv1_Full_PE101 将传感器功能与光电眼编号结合起来
在标签名中使用正确的字符	Logix5000 标签名遵循 IEC 61131-3 标准。可以使用: ①字母 A 到 Z(不分大小写) ②数字 0~9 ③下划线字符(_) 标签必须以字母开头,以避免与逻辑表达式混淆。其余字符可以是如何允许的字符
使用字符长度相同的标签改进排列顺序	Studio5000 按字母顺序显示标签。如果在标签名中使用数字,可在数字前补 0 来使标签长度相同,以便名称按正确顺序排列 如标签名:TS1、TS2、TS3、TS10、TS15、TS20、TS30 显示为:TS1、TS10、TS15、TS2、TS20、TS3 和 TS30 在数字前补 0,则显示为:TS01、TS02、TS03、TS10、TS15、TS20、TS30

6.5.4　生产和消费数据

Logix5000 控制器支持生产(广播)和消费(接收)系统的共享标签。

(1) 生产和消费数据的使用

要使两个控制器共享生产或消费标签,两个控制器必须位于同一背板中,或连接到同一个控制网络。不能在两个网络上桥接生产和消费的标签。

如果没有其他连接,则控制器作为生产者时,支持生产标签数≤127;作为消费者时,支持消费标签数≤250(或控制器最大值)。控制器支持的生产和消费标签的总数为:

$$(生产标签)+(消费标签)+(其他连接)≤250(或控制器最大值)$$

注意:在项目中通过 ControlNet 或 EtherNet/IP 组态的实际生产和消费标签的数量,取决于传送生成或使用标签的通信模块的连接限制。生产和消费标签的使用原则和说明如表 6-24 所示,与 MSG 信息指令的比较如表 6-25 所示。

表 6-24　生产和消费标签的使用原则和说明

原则	说明
不能在不同的网络上桥接生产和消费标签	要使两个控制器共享生产或消费标签,两个控制器必须连接到同一网络。可以通过 ControlNet 或 EtherNet/IP 网络生产和消费标签
在控制器范围内创建标签	只能生产和消费(共享)控制器范围的标签
限制标签的大小为 ≤500B	如果传送一个超过 500B 的标签,要编写逻辑以包的形式传送数据。 如果通过 ControlNet 跳点去消费(接收)标签,则标签必须为≤480B。这是 ControlNet 网络的限制,而不是控制器的限制
合并去同一控制器的数据	如果要为同一控制器生产多个标签: ①将数据分组到一个或多个用户定义结构。这比单独生产每个标签使用更少的连接 ②根据相似的更新间隔对数据进行分组,为了节省网络带宽,对不太紧急的数据使用更大的 RPI

原则	说明
使用以下数据类型： ①DINT ②REAL ③DINT 或 REAL 数组 ④用户定义结构	①要共享 DINT 或 REAL 以外的数据类型，创建一个用户定义结构来包含所需的数据 ②生产标签和相应的消费标签使用相同的数据类型
使用用户定义结构去生产或消费 INT 或 SINT 数据	要生产或消费 INT 或 SINT 数据，使用 INT 或 SINT 元素创建用户定义结构。元素可以是单独的 INT 或 SINT，也可以是 INT 或 SINT 数组，使用户定义结构成为生产和消费数据
生产者和消费者中的数据类型必须匹配	生产或消费标签的数据类型与生产者和消费者中的数据类型必须相同
对非 Logix 设备，生产用户定义结构标签	控制器以 32 位字生产标签，对于以其他字长（例如 16 位字）进行通信的设备，目标设备中接收的数据字长不对齐。为了避免错位，使用用户定义结构来统一生产数据
使用编程握手来帮助确定数据已被交换	生产的标签以 RPI 速率持续传送，因此很难知道何时会有新的数据到达。可以设置一个位或一个嵌入到生产标签中的增量计数器，以向消费者标识当前的新数据。也可以通过反向的生产/消费标签提供一个返回握手，以便原生产者知道消费者接收并处理了标签
使用 CPS 指令缓存生产和消费的数据	①使用 CPS 指令将数据复制到生产者侧的发出标签，然后使用另一条 CPS 指令将数据复制到消费者侧的缓存标签中 ②CPS 指令保证大于 32 位的数据结构的数据完整性 注意：控制器在执行 CPS 指令时禁止所有中断
使用单播 EtherNet/IP 通信来减少广播网络流量	为了减少带宽的使用和保持网络的完整性，一些设备会阻塞多播以太网数据包。使用 Studio5000❶ 可以组态生产和消费标签使用多播或单播连接。单播连接有助于： ①减少网络带宽 ②简化以太网交换机组态

表 6-25　生产/消费标签与 MSG 信息指令的比较

方法	优点	考虑因素
读/写信息	①编程方式初始化 ②仅在需要时使用通信和网络资源 ③支持大数据包的自动分段和重新组合，最多达 32767 个元素 ④可以缓存一些连接以改善重新传送时间 ⑤通用 CIP 信息可用于第三方设备	①如果资源在需要时不可用，则可能发生延迟 ②MSG 指令和处理会影响控制器扫描（系统开销时间片） ③数据到达与程序扫描异步（使用编程握手或 UID/UIE 指令对来减少影响，不支持事件任务） ④可以在运行模式下在线添加其他信息
生产/消费标签	①组态一次并根据请求数据包间隔（RPI）自动发送 ②多个消费者可以同时从生产标签中接收相同的数据 ③当消费数据出现时，可以触发事件任务 ④预留 ControlNet 资源 ⑤不影响控制器的扫描	①仅支持 Logix5000 和 PLC-5 控制器，以及 1784-KTCS I/O Linx 和选定的第三方设备 ②通过背板通信限制为 500B，通过网络通信限制为 480B ③使用 ControlNet 时必须进行规划 ④数据到达与程序扫描异步（使用编程握手或 CPS 指令和事件任务进行同步） ⑤连接状态必须单独获得 ⑥对于 Studio5000❷ 可以为生产/消费标签组态状态信息 ⑦在 EtherNet/IP 网络上，可以组态生产/消费标签为使用多播或单播连接 ⑧不能在运行模式下在线创建额外的生产/消费标签

---

❶ 或 RSLogix 5000 V16 及以后版本。

❷ 或 RSLogix 5000 V17 及以后版本。

（2）指定生产/消费标签的 RPI 速率

当组态生产和消费标签时，要指定请求数据包间隔（RPI）的速率。RPI 值是控制器与模块通信的速率。RPI 的使用原则和说明如表 6-26 所示。

表 6-26　RPI 的使用原则和说明

原则	说明
确保 RPI 大于或等于 NUT	使用 RSNetWorx for ControlNet 软件来选择网络刷新时间（NUT）时，软件会规划网络的连接 如果网络上的模块或生产/消费标签具有比网络刷新时间更快的 RPI，则 RSNetWorx 软件无法规划 ControlNet 网络
最小（最快）的消费者 RPI 决定了生产标签的 RPI	如果多个消费者请求同一个标签，则最小（最快）的请求决定了为所有消费者生产标签的速率

（3）组态消费标签的事件任务

事件任务根据预先组态的事件发生而自动执行。一个这样的事件可以由消费标签的引起。

① 只有一个消耗标签可以触发特定的事件任务。

② 在生产标签的控制器中使用 IOT 指令来通知生产新的数据。

③ 当消费标签触发事件任务时，事件任务在接收到所有数据之后才开始执行。

6.5.5　I/O 通信优化

在 ControlLogix 系统中，I/O 值在一段时间内更新，即通过项目的 I/O 组态文件夹中的【模块属性】（Module Properties）对话框进行组态的请求数据包间隔（RPI），模块以指定的 RPI 向控制器发送输入数据，数据传送与逻辑执行是不同步的，因此，控制器中的 I/O 值在扫描过程期间会发生变化。

ControlLogix 控制器通过连接（Connection）来建立通信，因此，任何模块（当然也包括通信模块）都要设置连接，并且按照设定的请求信息包间隔（RPI）时间与控制器进行通信和数据交换。控制器与模块的连接有两种方式：直接连接和机架优化连接。直接连接是控制器对占用插槽的设备之间的数据传输连接，不通过任何网络，因而不受网络的限制，可以进行大量的数据交换，但占连接数多。模拟量 I/O 只采用直接连接。机架优化连接采用传统的扫描器和适配器的方式通信。

（1）缓存 I/O 数据

如果多次引用 I/O 标签，而且在程序扫描期间，如果值发生变化会影响应用程序，则必须在程序代码中第一次引用该标签之前，将 I/O 值复制到缓存标签中，在程序代码中引用缓存标签而不是 I/O 标签。

使用同步复制（CPS）指令去复制数据时，I/O 更新或其他任务不能更改这些数据，中断 CPS 指令的任务也会被延迟，直到 CPS 指令完成。如果用户定义结构具有表示 I/O 设备的元素，则必须使用逻辑代码将数据从相应的 I/O 标签复制到结构的元素中。由于 CPS 指令会阻止所有其他任务的执行，因此，过多使用会极大地影响控制器的性能。仅当要缓存的 I/O 数据量大于 32 位（或 4B）时才使用 CPS 指令。

缓存 I/O 数据可以做到：

① 防止输入或输出值在程序执行期间发生变化，使 I/O 更新与逻辑执行同步；

② 将输入或输出标签复制到结构的元素或数组的元素中；

③ 防止生产或消费数据在程序执行期间发生变化；

④ 确保所有生产和消费的数据都作为一个组接收或发送，不会出现多次接收或发送数据造成新旧混合的情况。

（2）指定 I/O 模块的 RPI 速率

组态每个模块的 RPI 速率。RPI 值是控制器与模块通信的速率，设置原则和说明如表 6-27 所示。

表 6-27　设置 I/O 模块 RPI 的原则和说明

原则	说明
按实际需要的 50% 指定 RPI	设置的 RPI 比应用程序需要的要快（指定一个较小的数字）会浪费网络资源，如 ControlNet 规划带宽、网络处理时间和 CPU 处理时间 例如，如果每 80ms 需要一次信息，就设置 RPI 为 40ms。数据与控制器扫描是异步的，因此，采样数据的频率是所需频率的 2 倍（但没有快于 2 倍），以确保有最新的数据
将具有相似性能需求的设备分组到同一模块上	通过将具有相似性能需求的设备分组到同一个模块上，可以将数据传送合并到一个模块而不是多个模块，这样可以节省网络带宽
将 ControlNet 网络刷新时间（NUT）设置为等于或小于最快 RPI	组态 ControlNet 网络时，将网络刷新时间（NUT）设置为小于或等于系统中 I/O 模块和生产/消费标签的最快 RPI。例如，如果最快的 RPI 为 10ms，则将 NUT 设置为 5ms，使规划网络时更加灵活
在 ControlNet 系统中，使用 NUT 的偶数倍作为 RPI 值	将 RPI 设置为 NUT 的 2 的指数倍。例如，如果 NUT 为 10ms，则选择 RPI，例如 10、20、40、80 或 160ms
在 ControlNet 系统中，隔离 I/O 通信	如果使用非规划的 ControlNet 通信或希望能够在运行时添加 ControlNet I/O，将一个 ControlNet 网络专门用于 I/O 通信。在专用的 I/O 网络上，确保没有 HMI 流量，没有 MSG 通信，没有编程工作站，在多处理器系统架构中没有点对点互锁
在 EtherNet/IP 系统中，模块状态的变化限制为 RPI 的 1/4	如果为通过 EtherNet/IP 网络连接的远程框架中的模块组态状态变化通信，则模块只能以与模块 RPI 相同的速率发送数据。初始时，模块会立即发送数据。然而，当输入变化时，模块数据将保持在适配器上，直到达到 RPI 的 1/4，以避免 EtherNet/IP 网络与模块通信过载
数据传送取决于控制器	控制器的类型决定数据传送速率。 ①ControlLogix 和 SoftLogix 控制器以模块组态的 RPI 速率传送数据 ②CompactLogix 控制器以 2ms 的指数倍（如 2、4、8、16、64 或 128）传送数据。例如，如果指定的 RPI 为 100 ms，则实际上以 64 ms 的速率传送数据

6.5.6　网络优化

ControlLogix 系统具有开放的网络结构，包括 EtherNet/IP、ControlNet 和 DeviceNet 组成的无缝数据交换平台，可以满足不同层次通信的需要，应用时可根据需求和网络特点选择合适的网络类型和结构。ControlLogix 系统的 3 层网络应用参数对比如表 6-28 所示。

表 6-28　网络应用参数对比

对比项	EtherNet/IP	ControlNet	DeviceNet
连接设备	主机、可编程控制器、HMI、I/O、驱动器、机器人、过程仪表	可编程控制器、I/O 框架、计算机、驱动器、机器人	传感器、电机启动器、驱动器、按钮、低端 HMI、条码阅读器等
数据传送	大包，数据发送规则	中包，数据发送确定性和可重复	小包，数据需要时发送
数据传送速率	10M、100M 或 1Gbps	5Mbps	125K、250K 或 500Kbps
最大站点数量	没有限制	99 个	64 个

对比项	EtherNet/IP	ControlNet	DeviceNet
典型应用	全厂范围架构、高速应用	冗余应用、规划通信	低端设备连接
拓扑结构	星形、环形、总线型、设备级环网、冗余星形	总线型(干线)	总线型(干线)
在线添加模块	支持	支持	支持

(1) EtherNet/IP 网络

EtherNet/IP 的最大优点是兼容了几乎所有商用以太网的特点，便于各种高速设备的连接、组态、全厂管理以及企业网/互联网连接应用等。缺点是没有数据优先级通信规划，实时性通信存在时间不确定性等。因此，EtherNet/IP 网络优化应考虑：

① 推荐使用管理型交换机，所有端口全双工，网速自适应 10/100Mbps 运行，支持端口诊断、端口镜像、虚拟局域网（VLAN）、简单网络管理协议（SNMP）、网络组管理协议（IGMP）和生成树协议（STP）防止环路等；

② EtherNet/IP 模块的 CIP 连接不要超过 128 个，IP 地址设置通常为 192.168.X.X，屏蔽子网为 255.255.255.0 或 255.255.0.0；

③ EtherNet/IP 常用于监视操作和管理层连接，接入企业网/互联网时要有安全隔离措施；

④ 采用屏蔽双绞线（STP）5 类（CAT5、CAT5E）线及以上连接，距离超过 100m 时使用光缆连接等。

(2) ControlNet 网络

ControlNet 是专门为工业控制需求而设计的网络，数据按规划性和非规划性进行传送，确保关键数据及时传送。采用同轴电缆作干线，长度可达 1000m，使用光纤连接可达距离更远。最大连接节点数达 99 个。ControlNet 网络的优化应考虑以下几方面。

① 干线长度与节点数量有关，节点数量越多，干线长度越短，一个网段最多可有 48 个节点，这时的电缆长度限为 250m。建议节点数不要超过 40 个。

② 优化 RSNetworx for ControlNet 的默认设置，其中最大非规划节点数（UMAX）默认值为 99，修改为比实际非规划节点数略大，既预留系统扩展，又接近实际，减少网络等待时间。最大规划节点数（SMAX）默认值为 1，修改为比实际规划节点数略大，且 SMAX<UMAX。网络刷新时间（NUT）在大多数应用中都不宜小于 5ms。设置网络上节点地址最小的且能用作保持器（Keeper）的设备用作 Keeper。

③ 冗余网络的通道连线任何一个节点都不能出现交叉，冗余干线长度的差值不能超过 400m。

④ 将通信模块（如 1756-DNB、MVI 等）放置在本地框架以减少规划性网络的带宽。

⑤ 限制 1756-CNB 和 CNBR 模块的连接数在 40~48 个，如果需要的连接数较多，可以增加通信模块或更换通信模块为 1756-CN2 或 CN2R（支持 100~130 个连接）。

⑥ 将 I/O 模块的 RPI 设置为 NUT 的 2 的指数倍。

⑦ 在线增加 I/O 模块时要考虑 ControlNet 模块的版本、负荷、NUT 等多重因素，避免不必要的波动和停机。

（3）DeviceNet 网络

DeviceNet 是连接底层现场设备的开放式网络，主要用于分布式连接传感器、电机启动器、驱动器、按钮、低端 HMI、条码阅读器以及第三方智能设备等。采用干线和支线连接，主干线最长距离可达 500m，数据传送速率有 125Kbps、250Kbps 和 500Kbps。DeviceNet 网络的优化应考虑：

① 网络拓扑灵活，使用粗缆、扁平电缆和细缆时，不同的数据传送速率对应的距离是不一样的；

② 保证网络接地良好和采用唯一接地点，采用多个电源时要注意电源模块之间的隔离；

③ 使用 RSNetworx for DeviceNet 去组态设备，建立扫描器的扫描列表；

④ 将 1756-DNB 通信模块放置在本地框架来提高网络性能；

⑤ 在加入扫描列表之前组态好设备参数，并确定所有的设备具有最新的 EDS 文件，否则会出现组态不匹配，无法识别出设备或无法在浏览网络时显示出来；

⑥ 预留节点地址 62 给组态计算机使用，预留节点地址 63 给新加设备使用；

⑦ 设置扫描器的运行位为 1。

【本章小结】

本章着重介绍了 AOI、梯形图之外的其他编程语言、设备阶段管理、可视化和人机接口以及系统优化等内容。这些内容对于进一步掌握 ControlLogix 系统的功能和应用都是十分有用的。

AOI 是用户自己创建的指令，可以像子程序一样被重复调用，有用户定义的输入输出参数，可以用梯形图、结构化文本和功能块图来编写，能被任何形式的例程引用。对特定功能或算法编写的 AOI，封装后成为独立使用的特殊指令，有效保护知识产权和防止修改。

梯形图编程是使用最广泛的一种编程语言，指令最丰富，功能最强。项目的主例程常使用梯形图编写，程序易学、好理解。大多数工程技术人员喜欢使用。而 ST、FBD 和 SFC 语言也在不同场合有着越来越多的应用，掌握梯形图之外的其他编程语言，有助于提高编程的灵活性，更好地满足不同行业应用的项目例程开发需要。

设备阶段管理采用标准化状态模型的方法，将设备的操作周期划分为一系列状态，通过定义设备在不同条件下的行为和状态转换来实现控制。状态模型将生产过程与设备的控制分离，简化了使用同一设备执行不同过程来生产不同产品的过程，也简化了区分设备的正常执行与异常状况的过程。

可视化和人机接口是 ControlLogix 系统应用不可或缺的一个部分。大多数控制系统或项目都配置设备级的监控终端 PanelView 和管理级的 HMI 操作站，分别通过 FactoryTalk View ME 和 SE 进行组态和编程。

系统优化是为了使系统能够发挥出最佳性能的一系列组态和设置动作，主要有控制器资源优化、程序执行优化、数据寻址、生产/消费数据、I/O 通信优化和网络优化等。一个好的系统，应该从硬件设计、I/O 分配、控制器组态和网络配置等全面考虑，才能使系统处于最佳的控制运行状态，保证整个控制系统能够长周期、稳定运行。

【练习与思考题】

（1）什么是 AOI？将一段例程创建为 AOI 有什么优点？

（2）创建一个 AOI，实现电机启停互锁控制。

（3）ST 由哪些部分组成？ST 中的结构有哪几种？

（4）用 ST 写一段例程，实现输入数据的阶乘。

（5）FBD 由哪些部分组成？用 FBD 写一段例程实现量程转换，即将输入 0～100 转换为 4～20。

（6）SFC 有哪几种结构？对比选择分支和并行分支的执行顺序。

（7）设备阶段中有哪几条状态转换命令？这些命令有什么作用？

（8）对于任务的优化，应考虑哪些因素？为什么说任务太多会影响任务的执行？

（9）对比 ControlLogix 系统的三种网络的主要参数。

（10）系统开销时间片通常设置为多少？在哪里进行设置？

（11）如何理解 I/O 数据刷新与程序逻辑执行的不同步？有什么办法解决？

附
录

本书缩略语

缩略语	中文简义	原词
AC	交流电	Alternating Current
ACK	确认	Acknowledge
AD；A/D；ADC	模数转换	Analog Digital Convert
AI	模拟输入	Analog Input
AO	模拟输出	Analog Output
AOA	应用附加（插件）结构	Add-On Architecture
AOI	用户自定义指令	Add-On-Instruction
APC	先进控制	Advanced Process Control
API	应用编程接口	Application Programming Interface
ASCII	ASCII 码,美国信息交换标准码	American Standard Code for Information Interchange
B	字节	Byte
BCD	二进制编码的十进制	Binary Coded Decimal
BNC	同轴电缆连接器	Bayonet Nut Connector
BPCS	基本过程控制系统	Basic Process Control System
bps	位每秒	Bit Per Second
CAN	控制器局域网络	Controller Area Network
CAT	类别	Category
CC	协调控制	Coordinated Control
CF	压缩闪存卡	Compact Flash
CI	ControlNet 国际	ControlNet International
CIO	控制网 I/O 传送	ControlNet I/O Transfer
CIP	通用工业协议	Common Industry Protocol
CMOS	互补金属氧化物半导体	Complementary Metal-Oxide-Semiconductor Transistor
COM/DCOM	组件对象模型	Component Object Model/Distributed COM
COS	状态改变	Change of State
CPU	中央处理器	Central Processing Unit
CRC	循环冗余校验	Cyclic Redundancy Check
C/S	客户机/服务器	Client/Server
CSMA/CD	带冲突检测的载波侦听多路访问协议	Carrier Sense Multiple Access with Collision Detection
CST	协调系统时间	Coordinated System Time
DA；D/A；DAC	数模转换	Digital Analog Convert
DC	直流电	Direct Current
DCS	分散控制系统	Distributed Control System
DDE	动态数据交换	Dynamic Data Exchange
DF1	缺省协议 1	Default1
DH＋	增强型高速数据总线	Data Highway Plus
DI	离散输入/开关量输入	Discrete Input/Digital Input
DIN	德国工业标准	Deutsche Industrie Normen
DINT	双整型数	Double Integer
DIP	双列直插式组件	Double In-line Package
DLR	设备级环形网	Device Level Ring
DO	离散输出/开关量输出	Discrete Output/Digital Input
DRAM	动态随机存取存储器	Dynamic Random Access Memory
E	偏差	Error
EDS	电子数据表	Electronic Data Sheets

缩略语	中文简义	原词
EEPROM	电可擦除可编程只读存储器	Electrically Erasable Programmable Read Only Memory
EMC	电磁兼容	Electro-Magnetic Compatibility
EMI	电磁干扰	Electro-Magnetic Interference
EPROM	可擦除可编程只读存储器	Erasable Programmable Read Only Memory
ESM	储能模块	Energy Stored Module
ETAP	以太网分接器	Ethernet Tap
EUI	允许用户中断	Enable User Interrupt
FAT	工厂验收测试	Factory Acceptance Test/Factory Acceptance Trial
FBD	功能块图	Function Block Diagram
FCS	现场总线控制系统	Fieldbus Control System
FCU	现场通信单元	Field Communication Unit
FET	场效应晶体管	Field effect transistor
FF	基金会现场总线	Foundation Fieldbus
GDS	可燃气体和有毒气体检测报警系统	Gas Detect System
HART	高速可寻址远程传感器协议	Highway Addressable Remote Transducer Protocol
HMI	人机界面接口	Human-Machine Interface
HTML	超文本链接标示语言	Hypertext Markup Language
IA	工业以太网协会	Industrial EtherNet Association
IO;I/O	输入输出	Input Output
IGMP	网络组管理协议	Internet Group Management Protocol
IoT	物联网	Internet of Things
IOT	立即输出	Immediate Output
IEC	国际电工委员会	International Electrical Committee
IEEE	美国电气与电子工程师学会	Institute of Electrical and Electronic Engineers
IFM/AIFM	接口模块/模拟量接口模块	Interface Modules/Analog Interface Modules
IMC	内模控制	Internal Model Control
INT	整数	Integer
IP	进入防护,或 国标防护,或 互联网协议,或 工业协议	Ingress Protection,or International Protection,or Internet Protocol,or Industrial Protocol
IPC	工业(个人)计算机	Industrial Personal Computer
LD	梯形图	Ladder Diagram
LAN	局域网,本地网	Local Area Network
LED	发光二极管	Light-Emitting-Diode
LSI	大规模集成电路	Large Scale Integration Circuit
MCP	主控程序	Main Control Program
MES	生产执行系统	Manufacturing Execution System
MMC	多媒体卡,或 模块化多变量控制	Multi-Media Card,or Modular Multivariable Control
MMI	人机界面接口	Man-Machine Interface
MTBF	平均故障间隔时间	Mean Time Between Failures
MTTR	平均修复时间	Mean Time to Repair
N/A	不可用,没有有效数据	Not Available
NAK	没有应答	Negative Acknowledge
NAP	网络访问端口	Network Access Port
NEMA	美国电气制造业协会	National Electrical Manufactures Association
NSE	非储能	No Stored Energy

缩略语	中文简义	原词
NUT	网络刷新时间	Network Upgrade Time
NVS	非挥发性存储	Non-Volatile Storage
ODBC	开放式数据库互联	Open Database Connectivity
OEM	原始设备制造商	Original Equipment Manufacturer
OLE	对象链接和嵌入	Object Linking and Embedding
OPC	过程控制的 OLE	OLE for Process Control
ODVA	DeviceNet 供货商协会	Open DeviceNet Vender Association
P&ID	仪表和管道图	Piping & Instrumentation Diagram
PACS	可编程自动控制系统	Programmable Automation Control System
PE	保护接地	Protective Earthing
PID	比例积分微分	Proportional Integral Differential
PLC	可编程逻辑控制器	Programmable Logic Controller
POSP	位置比例	Position Proportional
PROM	可编程只读存储器	Programmable Read Only Memory
PV	过程变量；过程参数	Process Variable
RA	罗克韦尔自动化	Rockwell Automation
RAM	随机存取存储器	Random Access Memory
RAS	远程访问服务器	Remote Access Server
RFI	射频干扰	Radio Frequency Interference
RIO	远程输入输出	Remote Input Output
RISC	精简指令处理器	Reduced Instruction Set Computer
RIUP	带电插拔	Removal and Insertion Under Power
RMCT	冗余模块组态工具	Redundancy Module Configuration Tools
ROM	只读存储器	Read Only Memory
RPI	请求信息包间隔	Requested Packet Interval
RTC	实时时钟	Real Time Clock
RTD	电阻式温度检测器	Resistance Temperature Detector
RTS	实时采样	Real-Time Sampling
RTU	远程终端单元	Remote Terminal Unit
SCADA	数据采集和监控	Supervisory Control and Data Acquisition
SD	安全数字存储卡	Secure Digital Memory Card
SDK	软件开发工具	Software Development Kit
SE	信号接地	Signal Earthing
SFC	顺序功能图	Sequence Function Chart
SIL	安全完整性等级	Safety Integrity Level
SINT	短整形	Short Integer
SNMP	简单网络管理协议	Simple Network Management Protocol
SIS	安全仪表系统	Safety Instrumented System
SMAX	最大规划节点地址	Max Scheduled Address
SMT	表面贴片技术	Surface Mounted Technology
SNMP	简单网络管理协议	Simple Network Management Protocol
SP	设定值	Set point
SRAM	静态随机存取存储器	Static Random Access Memory
SRTP	分程时间比例	Split Range Time Proportional
ST	结构化文本	Structured Text
STP	屏蔽双绞线，或 生成树协议	Shielded Twisted Pair, or Spanning Tree Protocol

缩略语	中文简义	原词
STI	可选定时中断	Selectable Timed Input
TCP/IP	传输控制协议/互连协议	Transmission Control Protocol/Internet Protocol
TFT	薄膜晶体管	Thin Film Transistor
UMAX	最大非规划节点地址	Max Unscheduled Address
UPS	不间断电源	Uninterrupted Power Supply
USB	通用串行总线	Universal Serial Bus
UTP	非屏蔽双绞线	Unshielded Twisted-Pair
UDF	用户定义文件结构	User Define File
UDT	用户数据类型	User Data Type
UTC	协调世界时	Universal Time Coordinated
VLAN	虚拟局域网	Virtual Local Area Network
VPN	虚拟私有网络	Virtual Private Network
VLSI	超大规模集成电路	Very Large Scale Integration Circuit
WAN	广域网	Wide Area Network
WDT	监视定时器、看门狗定时器	Watch Dog Timer
XML	可扩展标记语言	Extensible Markup Language

参 考 文 献

［1］ 伍锦荣，等. PLC热备系统及其应用. 第十三届全国过程控制年会论文，2002.

［2］ 伍锦荣. 加氢精制装置高速泵联锁控制系统的设计与实现，计算技术与自动化，2003，22（增刊1）.

［3］ 斯可克，王尊华，伍锦荣. 基金会现场总线功能块原理及应用. 北京：化学工业出版社，2003.

［4］ 伍锦荣. 可编程控制器系统应用与维护技术. 广州：华南理工大学出版社，2004.

［5］ 伍锦荣. 工业控制系统网络安全现状及解决方案. 石油化工自动化，2017，53（4）.

［6］ GB 50093 自动化仪表工程施工及质量验收规范.

［7］ SH/T 3081 石油化工仪表接地设计规范.

［8］ SH/T 3082 石油化工仪表供电设计规范.

［9］ SH/T 3164 石油化工仪表系统防雷设计规范.

［10］ SH/T 3521 石油化工仪表工程施工技术规程.

［11］ SH/T 3551 石油化工仪表工程施工质量验收规范.

［12］ HGT 20513 仪表系统接地设计规范.